信息技术应用丛书

多媒体技术基础

第2版

胡小强　主编

中央广播电视大学出版社 · 北京

图书在版编目（CIP）数据

多媒体技术基础／胡小强主编．—2 版．—北京：中央广播电视大学出版社，2014. 7

（信息技术应用丛书）

ISBN 978－7－304－06619－2

Ⅰ. ①多…　Ⅱ. ①胡…　Ⅲ. ①多媒体技术－开放大学－教材　Ⅳ. ①TP37

中国版本图书馆 CIP 数据核字（2014）第 148379 号

信息技术应用丛书

多媒体技术基础（第 2 版）

DUOMEITI JISHU JICHU

胡小强　主编

出版·发行：中央广播电视大学出版社

电话：营销中心 010－66490011　　**总编室：**010－68182524

网址：http://www.crtvup.com.cn

地址：北京市海淀区西四环中路 45 号　　**邮编：**100039

经销：新华书店北京发行所

策划编辑：邹伯夏　　**版式设计：**赵　洋

责任编辑：邹伯夏　　**责任校对：**张　娜

责任印制：赵联生

印刷：北京宏伟双华印刷有限公司　　**印数：**0001～5000

版本：2014 年 7 月第 2 版　　2014 年 7 月第 1 次印刷

开本：787×1092　1/16　　**印张：**21　　**字数：**459 千字

书号：ISBN 978－7－304－06619－2

定价：35.00 元

信息技术应用丛书编委会

PREFACE

第二版前言

多媒体技术是基于计算机、通信和电子技术发展起来的一门学科领域，多媒体技术能使计算机具有综合处理图像、文字、声音、视频和动画的能力，它以多维的信息表达方式和良好的交互性，改善了人机界面，改变了计算机的使用方式。当前多媒体已经渗透到工作、娱乐、生活、学习的各个领域，人们的生活已经无法离开它。

由于多媒体相关技术发展速度异常迅猛，自本书第一版出版发行至今，原书中一些内容已经落后于时代，因此本书进行了修订，删除了原 1.2.2、1.4、2.3、2.4、5.3 小节等理论性过强的内容，更新和补充了 3.1.2、3.1.3、3.1.4、3.2.2、4.1.3、4.1.4、4.2.1、5.1.2、5.1.3、5.2.1、5.2.2、5.2.3、5.2.4 以及相应的思考与练习。

全书共分3篇8个章节：第1章“多媒体技术基础的基本概念”主要介绍了多媒体技术的概念、定义、分类以及多媒体技术的应用；第2章“超文本与超媒体技术”主要介绍了超文本与超媒体的概念、发展历史、特征等；第3章“多媒体信息表示与处理”主要介绍了文本、声音、图像、视频和动画等多媒体信息的计算机表示方法，如多媒体信息的参数、标准以及常见多媒体编码方案；第4章“多媒体硬件系统”主要介绍了与多媒体相关的常用硬件，如声卡、视频采集卡、数码相机、数码摄像机以及其他常用硬件等，除了一些理论常识外，还有一些硬件操作使用方面的知识；第5章“多媒体软件平台”主要介绍了常见的多媒体信息的加工软件以及多媒体系统开发平台，包括多种多媒体素材的获取与处理、常用多媒体创作工具的介绍等；第6章“多媒体应用系统开发过程”主要介绍了多媒体应用系统的系统过程、人机界面设计以及多媒体应用系统种类；第7章“多媒体创作软件 Authorware”主要介绍了多媒体创作软件 Authorware 的入门应用教程；第8章“多媒体作品典型实例制作与分析”主要介绍了几个多媒体作品综合实例制作过程。

本书的系统性较强，从多媒体相关理论到应用样样具备。在学习中，学生可根据教学需要对其内容进行调整，本书中带 * 号的章节，可作为选学内容，供读者学习时参考。

本书第一版参加编写的人员有胡小强、贺忠编、万华明、万孝星、李建耀、易力、袁玖根。第二版修订部分由韩卫国、姚大庆、万芬芬编写，全书由胡小强统稿。本版由胡小强任主编，胡新生主审。

本书在编写过程中得到了李广振、汪艳、况扬等同志的帮助和支持，并参考、引用了一些国内外论文、论著和研究成果，谨在此一并表示衷心的感谢。

由于多媒体技术的发展非常迅速，同时鉴于作者学识和能力有限，书中漏误和不当之处在所难免，恳请广大读者不吝指教和斧正。

编　者

2014 年 4 月

CONTENTS

目　录

第1篇　多媒体基础理论知识

第1篇

多媒体基础理论知识

第1章　多媒体技术基础的基本概念

学习目标

通过本章的学习，了解多媒体技术的定义与发展、应用情况，了解多媒体的关键技术，并熟悉多媒体研究的内容。

本章要点

- 多媒体技术的定义及其特性。
- 多媒体技术的发展简史与趋势。
- 多媒体技术的应用现状。
- 多媒体技术的研究内容。
- 多媒体技术的关键技术。

多媒体技术是20世纪80年代发展起来的一门综合技术，由美国波士顿的麻省理工学院多媒体实验室最早研究，虽然发展历史并不长，但它加速了计算机进入家庭和社会各个方面的进程，给人们的工作、生活和娱乐带来了深刻的变革。

自诞生后，多媒体技术就成为人们关注的热点之一，成为一个重要的研究与应用方向。多媒体技术是一种迅速发展的综合性电子信息技术，它给传统的计算机系统、视频和音频设备带来了革命性的变化，将对大众传媒、信息传播产生深远的影响。多媒体计算机技术被认为是继印刷术、无线电、电视技术等之后的又一次新技术革命，是信息处理和传播技术的第四次飞跃。多媒体系统声、影、图、文并茂，形象生动，可使用户多方位、多层次地获得信息，提高生活质量和工作效率。

多媒体技术的出现，将使生活在“数字化”时代的人们再一次体会到计算机技术对人类生活、工作与学习环境所带来的巨大影响。

为便于教学和自学，本教材在“深圳广播电视大学远程教学平台”网站上建立了教学平台。

1.1 媒体概念

1.1.1 多媒体技术的分类

CCITT，它现在被称为 ITU－T（国际标准化组织电信标准化分部），是世界上主要的制定和推广电信设备和系统标准的国际组织。它位于瑞士的日内瓦。

简单地说，媒体就是信息的载体，又称媒介、媒质。媒体在计算机领域有两种含义：一是指存储信息的各种实体，如硬盘、光盘、移动存储盘等；二是指传递信息的载体，如数字、文字、声音、图形和图像等。多媒体技术中的媒体通常是指后者。根据国际电信联盟（International Telecommunication Union，ITU）下属的国际电报电话咨询委员会（International Telephone and Telegraph Consultative Committee，CCITT）的定义，媒体分为以下6类。

1. 感觉媒体

能直接作用于人们的感觉器官，从而能使人产生直接感觉的这一类媒体称为感觉媒体，如各种声音、图像、动画、文本、气味及物体的质地、形状、温度等。它是人们感觉器官所能感觉到的信息。

2. 表示媒体

说明交换信息的类型，定义信息的特征。它指的是为了传送感觉媒体而人为研究出来的媒体。借助此种媒体，人们能更有效地存储感觉媒体或将感觉媒体从一个地方传送到遥远的另一个地方，如对声音、图像、文字等信息的数字化编码表示，如图1－1－1所示。

图形是一种视觉传播媒体，是继语言后的最早采用的信息交流方式。由人的模仿本性来决定，如哑语实质也是一种图形的表达方式。

图像是在图形的基础上，将实际景象摄制下来形成的。

图1－1－1　图形与图像

3. 呈现媒体

人们用以获取信息或再现信息的物理手段，输入或输出信息的设备，如显示器（见图1－1－2）、打印机和音箱等输出设备，键盘、鼠标器、扫描仪和摄像机等输入设备，都可称之为呈现媒体。

图 1-1-2　液晶显示器

4. 存储媒体

用于存放某种信息的媒体，如纸张、磁带、磁盘、光盘、U 盘、内存等被称为存储媒体。

5. 传输媒体

传输数据和信息的物理设备，如无线电波、电话线、同轴电缆、双绞线、光纤等被称为传输媒体。

6. 交换媒体

交换媒体是在系统之间交换信息的手段和类型，可以是存储媒体或传输媒体，也可以是这两种媒体的组合。

1.1.2　多媒体技术的定义

既然有如此多的媒体，那么到底什么是“多媒体”？“多媒体”是指能够同时获取、处理、编辑、存储和展示两个以上不同类型信息媒体的技术，这些信息媒体包括文字、声音、图形、图像、动画、视频等。由此我们不难看出，多媒体本身是计算机技术与视频、音频和通信等技术的集成产物，是把文字、图形、图像、音频、视频和动画等多种媒体信息通过计算机进行数字化存储、采集、获取、压缩、编辑等加工处理，再以单独或合成形式表现出来的。因此，通常可以把多媒体看作是先进的计算机技术与视频、音频和通信等技术融为一体而形成的新技术或新产品。

“多媒体”一词译自英文“Multi-media”，该词由 multiple（多）和 media（媒体）复合而成，主体词是媒体。与多媒体相对应的称为“单媒体”（Monomedia）。

多媒体技术（Multimedia Technology）的定义是：计算机综合处理多种媒体信息，诸如文本、图形、图像、音频、视频和动画，使多种信息建立逻辑关联，集成为一个具有交互性的系统。简要地说就是：计算机综合处理文、图、声、影信息，使之具有集成性和交互性。

1.1.3 多媒体技术的主要特性

多媒体的关键特性主要包括信息媒体的多维性、集成性、交互性、实时性、非线性5个方面，这是多媒体的主要特征，也是在多媒体技术研究与应用中须解决的主要问题。

1. 多维性

早期的计算机主要用于处理数值运算，后来逐渐转向处理文字信息和辅助进行绘图并发展了三维图形动画技术。发展到今天，它已可以处理数字视频、音频等多种数字媒体信息。因此，多媒体扩展和放大了计算机处理空间和种类，使之不再仅仅局限于数值和文本，而是广泛采用图像、图形、视频和音频等信息形式来表达思想。这样一来，信息的表现更加人性化，极大地丰富了信息的表现能力和效果，使得用户能够更全面、准确地理解和接受信息。

2. 集成性

多媒体计算机技术中的集成性有两层含义：第一层含义指的是可将多种媒体信息有机地进行同步，综合成一个完整的多媒体信息系统；第二层含义是把输入、输出设备集成为一个整体。因此，多媒体的集成性是指以计算机为中心，综合处理多种信息媒体的特性，它包括信息媒体的集成和处理这些信息媒体的设备与软件的集成。多媒体的集成性是计算机体系结构的一次飞跃。

3. 交互性

交互性是多媒体计算机技术的特色之一。所谓交互性是指人的行为与计算机的行为互为因果关系，通过技术使得二者进行交互性沟通，这也正是它和传统媒体最大的不同。在传统媒体单向的信息空间中，用户很难自由地控制和干预信息的获取与处理过程，只能被动地“使用”信息。多媒体的交互性为用户提供了更加有效地控制和使用信息的手段，交互可以增加对信息的注意和理解，延长信息保留的时间。以目前多媒体软件为例，它们允许用户自行选择所学习的内容，还可以按不同方式与屏幕显示内容进行沟通，从而实现“人机对话”。

4. 实时性

在多媒体中，声音及视频图像是与时间密切相关的信息，很多场合要求实时处理，如声音和视频图像信息的实时压缩、解压缩、传输与同步处理等。另外，在交互操作、编辑、检索、显示等方面也都要求实时性处理。正是借助多媒体的实时性，才使得进行媒体交互时，就好像面对面（Face to Face）一样，图像和声音等各种交互媒体信息都很连续，也很逼真。

5. 非线性

一般而言，用户对非线性、跳跃式的信息存取、检索和查询的需求几率要远大于线性的存取、检索和查询。过去，在查询信息时，用户大部分时间用在寻找资料及接收重复信息上。多媒体系统能够克服这个缺点，使以往我们依照章、节、页的线性结构循序渐进地获取知识的方式得到改观，借助“超文本”，人们可以跨越式、跳跃式地进行阅读和学习。所谓“超文本”，简单地说，就是非线性文字集合，它可以简化使用者查询资料的过程，这也是多媒体特有的功能之一。

线性阅读指用户在读书时按顺序从前到后地进行。

1.2　多媒体技术的应用

随着计算机的迅猛普及，多媒体计算机已经逐渐渗透到社会的各个领域。人们对多媒体需求越来越大，对多媒体技术的要求也越来越高。在教育培训、商业展示、信息咨询、电子出版、科学研究和家庭娱乐等诸多领域，多媒体系统得到了广泛的应用。特别是当多媒体技术和网络通信技术相结合后，网络远程教育、远程医疗、视频会议系统等多媒体应用系统展示着非常诱人的市场前景。

1. 教育培训

多媒体技术对教育的影响远比对其他领域产生的影响要深远得多。有调查显示：在多媒体技术的应用中，教育培训应用大约占40%。多媒体教育培训源于计算机辅助教学（Computer Aided Instruction，CAI）。多媒体教学是指在教学过程中，根据教学目标和教学对象的特点，通过教学设计，合理选择文字、图形、图像、声音等多种媒体信息要素，并利用多媒体计算机对它们进行综合处理和控制，通过多种方式的人机交互作用，呈现多媒体教学内容，完成教学过程。计算机多媒体技术应用于教育培训使它发生了以下变化：

① 教学信息多媒体化。

② 教学信息组织超文本化。

③ 教学过程交互性增强。

④ 教学信息传输网络化。

⑤ 学习个别化。

⑥ 教学管理自动化。

多媒体技术能够为学生创造出图文并茂、活灵活现的教学情景，能够很好地激发学生的学习积极性和主动性，提高学习效率和学习质量，改善教学效果。多媒体技术提供的交互性，有利于因材施教，有利于个别化教学，如图 1－2－1 所示为教学用多媒体课件的界面，用户可以根据自身的需求来选择学习目标。多媒体技术还可以弥补不同学校、不同地区之间教学资源、教学质量的差异，促进全社会教育的公平性。

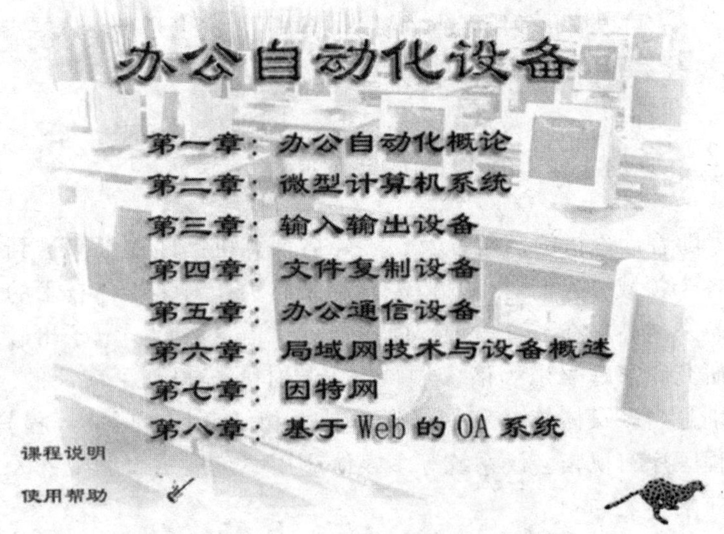

图 1－2－1　多媒体教育中使用的多媒体课件

2. 商业展示

多媒体技术和触摸屏技术的结合为商业展示、销售和信息咨询提供了新的手段，现已广泛应用于交通、商场、饭店、宾馆、邮电、旅游、娱乐等公共场所，如医院管理系统、宾馆查询系统、商场导购信息查询系统等。信息咨询系统主要使用多媒体技术形成信息平台，信息内容包括文字、数据、图形、图像、动画、声音和影像，支持视频卡和触摸屏等。多媒体技术为商家展示它们的产品提供了一个新的途径，因此商家可以不仅仅局限于报纸、电视等广告。各大厂商通过制作多媒体演示光盘，可以将产品性能、功能及其特色表现得淋漓尽致，客户亦可通过多媒体演示光盘更形象直观地了解产品。以房地产为例，房地产公司在推销某一处楼盘时，可将该楼盘的周围环境、交通状况、外观、内部结构、室内装修等通过文字、图像、图形、影像等多种方式表现出来，加入对应的解说，并可结合虚拟现实技术，再制作成多媒体展示光盘，十分适合对建筑小区、房产的展示要求，如图 1－2－2 所示。

采用多媒体技术进行宣传比传统媒体更具有吸引力。

图 1－2－2 多媒体技术的商业展示应用

3. 电子出版

计算机多媒体技术的发展正在改变传统的出版业，CD-ROM 大容量、低成本等特点加速了电子出版物的发展。国家新闻出版广电总局将电子出版物定义为：“电子出版物是指以数字代码方式将图、文、声等信息存储在磁、光、电介质上，通过计算机或类似设备阅读使用，并可复制发行的大众传播媒体。”

电子出版物的内容可分为电子图书、辞书手册、文档资料、报纸杂志、宣传广告等，如图 1－2－3 所示。下面以电子图书（E－Book）为例来说明多媒体技术在出版领域的应用。电子图书是以互联网为流通渠道，以数字内容为流通介质，以网上支付为主要交换方式的一种崭新的信息传播方式，是网络时代的新生产物，是网络出版的主流方式。相对于传统出版，电子图书具有无可比拟的优越性。在资源利用上，它不需要纸张、不需要油墨等，是一种纯粹的环保、绿色产品；在发行方式上，它不需要运输，不需要库存；电子图书的更正、修订、改版等都十分方便，不需要重新出片、打

但电子出版物同时也具有易盗版、需计算机辅助工作等缺点。

样、输出、装订等烦琐的过程。

图 1-2-3　电子出版

同时，对于短版、几乎绝版的图书，电子图书的出版、发行方式显得更加实用、可行。电子图书的诞生，预示着无纸化时代的来临，它将在阅读方式、阅读习惯，甚至是阅读文化上引发人们沟通方式、信息传播的一次新的变革。

4. 娱乐游戏

影视作品和游戏产品制作是计算机应用的一个重要领域。多媒体技术的出现给影视作品和游戏产品制作带来了革命性变化。多媒体的声、文、图、像一体化技术，使计算机与人之间的界面更加自然、逼真、简单，同时多媒体技术也使计算机具有了语言、音乐、动画、图像等功能。未来的家用多媒体计算机将可以提供声像一体的交互式教育功能、游戏功能、电视和音响功能、卡拉 OK 功能等。也就是说，家用计算机将取代电视、音响和功放等家电。事实也是如此，越来越多的多媒体系统已大量进入家庭，用于家庭娱乐。多媒体产品作为娱乐性消费产品已被各阶层的用户所接受。

多媒体技术为娱乐业创造了一个新的辉煌时代。有了多媒体技术，我们的消费娱乐产品立体感将更强，人物更逼真，交互性更直接，界面更友好。例如，由于多媒体技术的介入，游戏能够提供各种感官的刺激，同时玩游戏者通过与计算机的交互使他们觉得身临其境，多媒体技术使计算机游戏流行，甚至成为一个产业。同时，伴随着计算机多媒体技术的发展，数字照相机、数字摄像机、DVD 等产品在市场上的普及，为人类的娱乐生活开创了一个新的时代。

图 1－2－4所示是一款网络游戏界面。

图 1－2－4　网络游戏

游戏是人类娱乐生活的一部分，但人们过多地沉迷于游戏，它就成了害人的“鸦片”。

1.3　多媒体研究的内容

多媒体的研究一般分为两个主要的方面。一是多媒体技术，主要关心基本技术层面的内容；二是多媒体系统，主要重心在多媒体系统的构成与实现。这两个方面的侧重点不同。还有专门研究多媒体创作与表现的，则更多地属于艺术的范畴。

1.3.1　多媒体技术的基础

研究多媒体首先要研究媒体。媒体是传播信息的载体，需要研究媒体的性质与相应的处理方法。对每种媒体的采集、存储、传输和处理，就是多媒体技术要做的首要工作。

ISO 于 1992 年制定了运动图像数据压缩编码的标准 ISO CD 11172，简称 MPEG（the Moving Picture Expert Group）标准，它是视频图像压缩的一个重要标准。

多媒体的另一个技术基础是数据压缩。基于时间的媒体，特别是高质量的视频数据媒体，其数据量非常大，致使目前流行的计算机产品，特别是在个人计算机上开展多媒体应用难以实现。因此，采用相应的压缩技术对媒体进行压缩，是多媒体数据处理的必要基础。数据压缩技术，或者称为数据编码技术，不仅可以有效地减少媒体数据占用的空间，也可减少传输占用的时间，如 MPEG-1、MPEG-2 等数据编码标准；另外，这些编码还可用于复杂的内容处理场合，增强计算机对信息内容的处理能力，如 MPEG-4、MPEG-7 等。

MPEG－1 制定于 1993 年，是针对 1.5 Mbps 以下数据传输率的数字存储媒质运动图像及伴音编码的国际标准。主要用于在 CD－ROM 上存储同步的彩色运动视频信号。

MPEG－2 制定于 1995 年，它追求的是 CCIR 601 建议的图像质量 DVB、HDTV 和 DVD 等制定的 3～10 Mbps 的运动图像及伴音的编码标准。

1.3.2　多媒体硬件技术

硬件设备是实现多媒体技术的物质基础。大容量的光盘、数字视频交互卡（DVI）等都曾直接推动了多媒体技术向前迅速发展。在这个方面，媒体输入/输出设备、处理设备、存储设备等都是需要研究的内容。

现在，各种多媒体的外部设备已经成为标准配置，如光盘驱动器、声音卡与图形显示卡等。计算机 CPU 也都加入了多媒体与通信的指令体系，许多难以实现的性能在现有的计算机上成为可能。扫描仪、彩色打印机、带振动感的鼠标、机顶盒、交互式键盘、遥控器与数码相机等越来越普及。多媒体已经在向更复杂的应用体系发展，其硬件平台自然更加复杂。目前在基于网络的、集成一体化的多媒体设备上还需做更多的努力。

1.3.3　多媒体软件技术

随着硬件的进步，多媒体软件技术也在快速发展。从操作系统、编辑创作软件，到更加复杂的专用软件，产生了一大批多媒体软件系统。特别是在互联网发展的大潮之中，多媒体的软件更是得到很大的发展。

多媒体操作系统是多媒体操作的基本环境。一个系统是多媒体的，其操作系统必须首先是多媒体化的。使计算机的操作系统能够处理多媒体信息，并不是增加几个多媒体设备驱动接口那么简单。其中，基于时间媒体的处理就是最关键的环节。对连续性媒体来说，多媒体操作系统必须支持时间上的时限要求，支持对系统资源的合理分配，支持对多媒体设备的管理和处理，支持大范围的系统管理，支持应用对系统提出的复杂的信息连接的要求。

多媒体的素材采集和制作技术包括文本、图形图像、动画等素材的通用软件工具和制作平台的开发和使用，音频和视频信号的抓取和播放，音频和视频信号的混合和同步，数字信号的处理，显示器和电视信号的相互转换及相应媒体采集和处理软件的使用问题。

多媒体创作工具或编辑软件是多媒体系统软件的最高层次。多媒体创作工具应当具有操纵多媒体信息，进行全屏幕动态综合处理的能力，支持开发人员创作多媒体应用软件。

直至目前，多媒体的全面应用还有许多软件技术问题有待解决。

因此，必须掌握和了解软件基础知识，如面向对象的设计方法和编程技术，对象的链接与嵌入技术，超媒体链接与导航技术，OpenGL编程技术等。

1.3.4　多媒体信息管理技术

信息及数据管理是信息系统的核心问题之一。多媒体的数据量巨大、种类繁多，每种媒体之间的差别十分明显，但又具有种种信息上的关联。这些都给数据与信息的管理带来了新的问题。处理大批非规则数据主要有两个途径：一是扩展现有的关系型数据库；二是建立面向对象的数据库系统，以存储和检索特定信息。在多媒体信息管理中，最基本的是基于内容检索技术，其中对图像和视频的基于内容的检索方法将是主要的内容。

多媒体各个信息单元可能具有与其他信息单元的联系，而这种联系经常确定信息之间的相互关系。因此，各个信息单元将组成一个由节点和各种不同类型的链构成的网，这就是超媒体信息网。超媒体被称为天然的多媒体信息管理方法，它一般也采用面向对象的信息组织与管理形式。超媒体在多年理论研究的基础上出人意料地在互联网上找到了自己的最佳位置，也就是 Web 技术。它为人们带来了信息管理方面的巨大变革。

1.3.5　多媒体界面设计与人机交互技术

多媒体界面设计与人机交互技术主要是指媒体集成技术和智能化技术。目前，多媒体界面一般都能集成文本、声音、图像、图形、动画及视频等多种形式的信息于一个或多个窗口，且提供对多种媒体信息进行编辑、查询、检索等多项功能。应当看到多媒体信息的引入为建立高效的人机交互界面带来了希望，但其复杂性也对人机设计提出许多新的研究课题。

虚拟现实技术是由人工建立的多维空间，具有多种特性，即置身于环境中具有立体感的视觉显示，多模态的交互手段等。它为多媒体应用提供了相当逼真的三维交互接口。可视化技术则把科学计算或管理信息数据转换成形象化的信息形式，有利于各种信息的融合。它们为多媒体技术的应用提供了逼真、新颖的交互接口。

模态一方面指感知信息的感觉，如语音可以通过听觉与视觉（唇语识别）来实现。另一方面指交互作用的风格，如可采用键盘输入与声音输入等。

1.3.6　多媒体通信与分布应用技术

除简单的多媒体应用以外，多媒体系统一般说来都是基于网络的分布应用系统。多媒体通信网络系统将为多媒体的应用系统提供多媒体通信的手段。这种手段不仅支持快速的、高带宽的通信和数据交换，更重要的是，它可以支持符合多媒体信息特点的通信方式，如实时性要求、同步性要求等。要想广泛地实现信息共享，计算机及其在网络上的分布化、协作性操作就不可避免。

基于计算机的会议系统，计算机支持的协同工作、视频点播及交互式电视技术的研究，将缩小个体工作与群体工作的差别，缩小地区局部性合作与远程分布性合作的差别，更有效地利用信息，超越时间和空间的限制，协同合作，相互交流，也可节省大量的时间和经费。

思考与练习

一、填空

1. 多媒体技术起源于________，最早开始研究的实验室是________。
2. 媒体在计算机领域有两种含义：一是指________，二是指________。
3. 常见的媒体有________、________、________、________、________、________。
4. 多媒体信息包括________、________、________、________、________和________。
5. 多媒体技术的特性主要有________、________、________、________、________。
6. 多媒体技术的首要工作是对每种媒体的________、________、________和________，其技术基础是________。
7. 多媒体系统软件的最高层次是________或________。
8. 信息系统的核心问题是________及________。

二、选择题

1. 以下属于计算机综合处理多媒体信息的有（　　）。

   A. 文本　　B. 图形　　C. 图像　　D. 音频

2. 信息处理和传播技术的第四次飞跃是（　　）。

   A. 电视技术　　B. 无线电技术

   C. 多媒体计算机　　D. 超媒体计算机

3. 从用以获取信息或再现信息的物理手段方面来说，输入或输出设备指的是（　　）。

   A. 表示媒体　　B. 呈现媒体　　C. 存储媒体　　D. 传输媒体

4. 下面属于存储媒体的是（　　）。

A. 优盘　　B. 电话线　　C. CCITT　　D. 键盘

5. 下面属于传输媒体的是（　　）。

A. 光盘　　B. 光纤　　C. ITU　　D. 温度

三、问答题

1. 按照国际电信联盟电信标准部的 ITU－TI. 347 建议，我们可把媒体分为哪几大类？
2. 多媒体技术的定义是什么？
3. 多媒体技术的主要特性是什么？
4. 多媒体技术有何社会需求？
5. 请用例子说明多媒体技术在教育等领域的应用。
6. 相对于传统出版，电子出版具备哪些优越性？
7. 多媒体研究的主要内容有哪些？
8. 多媒体人机交互技术主要提供哪些功能？

* 第 2 章　超文本与超媒体技术

学习目标

通过本章的学习，了解超文本和超媒体的概念及其发展简史，掌握超文本和超媒体系统的组成结构，了解超文本和超媒体技术的应用以及对当前我们的工作和生活带来了什么样的影响。

本章要点

- 超文本和超媒体的概念（发展历史）。
- 超文本的结构和基本组成及节点、链和网络。
- 超文本与超媒体的应用。
- 超文本与超媒体的问题及发展前景。

2.1　超文本与超媒体的起源

今天，互联网技术已经渗透到我们工作和生活的方方面面，并且对军事、教育、经济和文化等社会生活领域产生了前所未有的影响，使我们能够真正做到《道德经》中所描述的“不出户，知天下”，而使得互联网拥有如此强大功能的正是超文本与超媒体技术。

众所周知，正如经典系统理论中的“蝴蝶效应”所阐述的现象一样，人类文明中的知识与信息都是相互关联的。而建构主义心理学的最新研究也表明，人类生活中最基本的思维活动——学习，是一种联想式的思维活动，知识在人脑中构成链层网状记忆结构，遵循着一种知识间的相互连接的构架关系。

正是基于对于人类思维能力和思维方式的实践理解，美国早期的计算机科学家范尼瓦·布什提出了“超文本”的概念。经过 10 多年的探索，他于 1945 年，在美国《大西洋月刊》上发表了以《按照我们的想象》（*As We May Think*）为题的文章，他的这篇文章呼唤在有思维的人和所有的知识之间建立一种新的“关系”——“链”的关系。由于条件所限，布什的思想在当时并没有变成现实，但是他

蝴蝶效应：是气象学家洛伦兹于 1963 年提出来的。其大意为：一只南美洲亚马逊河流域热带雨林中的蝴蝶，偶尔扇动几下翅膀，可能在两周后引起美国得克萨斯州一场龙卷风。此效应说明，事物发展的结果，对初始条件具有极为敏感的依赖性，初始条件的极小偏差，将会引起结果的极大差异。

的思想在此后的50多年中产生了巨大的影响，发展到今天就成为了超文本与超媒体理论的基本构架，即超文本技术的实质就是文本信息的一种非线性的数据存储和管理模式，是多媒体数据的组织与管理的一种方式，它使得媒体信息间的关联更加方便，更加符合人类思维活动的运作方式。

2.1.1　超文本与超媒体产生的原因

超文本技术实质上属于信息管理技术，因此超文本技术的产生最根本的原因是信息本身与信息技术的不断发展，它是为适应信息技术发展的新变化、新特点而产生的新生事物。所以分析超文本与超媒体技术产生的原因首先就要了解当前信息与信息技术的新特点。

随着现代科学技术的飞速发展，当前信息有两大显著的特点：信息量大，信息复杂程度大。

1. 信息量之大前所未有

信息量大主要表现在两个方面，一方面是信息的总量非常巨大，另一方面则是信息量的增长速度越来越大。众所周知，科学技术的发展直接导致了信息量的急剧增长，人类文明经过了几千年的演进，其资源库中的信息的数量之大是不言而喻的，当今社会，像“信息时代”“信息大爆炸”这样的词汇人们也早就耳熟能详。那么信息量增长速度到底大到了什么程度呢？英国科学家詹姆斯·马丁在20世纪80年代就曾经推测：人类的科学知识在19世纪是每50年增加1倍，20世纪中叶是每10年增加1倍，70年代每5年就增加1倍，80年代则几乎每3年就增加1倍。而今天，这一速度的增长用日新月异来形容一点都不为过。因此，面对如此海量的信息，我们要在最短的时间内寻找到所需要的信息就再也不能只依赖于传统的信息管理工具，必须开发新的信息管理工具。而超文本与超媒体技术正是这样一种技术和工具。

信息爆炸：加利福尼亚大学伯克利分校研究人员发现，仅过去3年中(2002年)，全球新生产出的信息量就翻了一番。该校信息管理及系统学院莱曼教授领导的小组在研究中对多种信息源进行了采样分析，结果发现，2002年中，全球由纸张、胶片以及磁、光存储介质所记录的信息生产总量达到5万亿兆字节，约等于1999年全球信息产量的2倍。

2. 信息的复杂程度大

信息的复杂程度大主要表现在两个方面：一方面是信息类型的复杂程度大大增加，另一方面是信息间的关系复杂程度大大增加。随着多媒体技术的发展，伴随着一些新的学科领域的出现，诞生了不少新的信息类型，如图片、动画、录像、音响效果等。所有这些信息类型又都有多种的信息编码格式和传输机制，并且大多数编码格式和传输机制之间都存在着或多或少的兼容性问题。同时，新型信息类型（图像、音响效果、动画等）又带来了大量的新型的信息关系，导致信息间的关系再也不是原来单纯的文本、字符类型的关系，而是涉及了多种信息类型之间的错综复杂的关系，这些信息类型之间既可以互相补充和辅助，同时又具有不可替代性。再看信息系统，信息系统中每个环节都有大量各种类型的信息存在，而且各个环节之间又相互关联。技术信息之间、非技术信息之间、技术信息和非技术信息之间、信息与人之间都存在着复杂的关系。由此可见，任何一个信息系统都是一个极其复杂的系统，信息类型越多，关系越复杂。因此，超文本，特别是超媒体技术的诞生也是信息的复杂程度的极大增加的必然结果。

范尼瓦·布什

美国早期的一位计算机科学家，他于20世纪30年代在美国麻省理工学院建造了一台模拟计算机。曾任华盛顿Carnegie学院院长。

2.1.2 超文本与超媒体的发展历史

尽管超文本与超媒体技术被广泛重视和应用是近20年之内的事，但作为一种信息管理技术的突破性构想却要追溯到20世纪30年代，创建超文本与超媒体理论的鼻祖范尼瓦·布什根据多年领导计算机科学研究的经验设想了一种他称之为Memex（Memory extender，存储扩充器）的装置。这种装置功能强大，而更重要的是人们可以以一种关联法快速、灵便地得到这些存储器中的信息，而这种相互关联法就是人的思维的联想跳跃法。用布什的话说："Memex的基本特性就是提供一种方法，使得任何一条信息都可以随意、直接、自动地选择另一条信息。"而在这其中，重要的事情就是将两条信息连接到一起。这就是超文本技术的核心——"关系"。随后，布什将这种思想写成了一篇名为《按照我们的想象》(*As We May Think*) 的文章，并在1945年发表在美国的《大西洋月刊》杂志上。

道格·英格尔伯特

也是美国一名杰出的科学家，不仅完成了"扩展人类智力"等项目，还发明了鼠标、多窗口、图文组合文件等。

美国斯坦福研究院的道格·英格尔伯特在读过布什的文章之后，自20世纪50年代起开始思考人机交互的问题。1959年他开始了一个叫"扩展人类智力"（Augment Human Intellect）的项目。他的研究目的是开发一个计算机系统来帮助人们思维，而不仅仅是记录和检索数据，即要找到使用计算机解决复杂问题的方法。1968年，他在一次计算机科学家的交流会上演示了Augment的一部分：联机系统NLS（ON-Line System）。尽管NLS系统并不是作为超文本系统开发的，但是，它已经具备了若干超文本的特性。

在此之后的20世纪60年代至80年代，美国的许多大学或机构陆续进行了一些超文本方面的类似研究，如布朗大学的"超文本编辑系统（Hypertext Editing System）"，美国麻省理工学院的"白杨树镇电影地图”超媒体系统等。在进入 80 年代以后，超文本与超媒体技术获得了蓬勃发展，这一时期的研究活动也非常丰富，例如：

① 1987 年 11 月 13 日至 15 日在美国北卡洛罗莱纳州由美国计算机学会 ACM 组织召开了第一次国际超文本技术研讨会。这个会议的召开标志着超文本已经受到广泛的关注，正在形成一个新的领域。

② 继 1987 年超文本研讨会之后，自 1989 年起，基本上每年都有一次国际交流会，交替在美国和欧洲举行。

③ 1989 年，第一个专门的超文本杂志《超媒体》诞生。

④ 1990 年 1 月，美国召开超文本标准化讨论会。

同时，超文本与超媒体技术研究领域还集中了众多知名的研究机构：

① 澳大利亚的超媒体研究组 LINKS，由南澳大利亚 Flinders 大学计算机系和国防科技组织信息技术部联合成立。

② 加拿大多伦多的多媒体/可用性实验室。

③ 德国 Darmstadt 技术大学的出版和信息系统一体化研究所。

④ 德国 Konstang 大学的超文本研究组。

⑤ 新西兰 Auckland 大学的超媒体组。

⑥ 英国伦敦大学的人机交互研究组。

⑦ 美国布朗大学的信息与学问研究院。

⑧ 美国得克萨斯 A&M 大学计算机系超媒体研究实验室。

进入 20 世纪 90 年代以后，超文本的发展进入了一个新的层次，技术开始向着网络化、分布式、开放和标准化发展。例如，众所周知的 World Wide Web，即 WWW，是近几年来最有影响的超文本系统。其他的还有开放式超文本系统 OHS（Open Hypertext System）等。

2.2　超文本与超媒体

与“超文本”的概念相比，传统的文本媒体，特别是印刷媒体的内容结构都是线性的，媒体内容的发展过程与媒体内容之间的关系都是固定的，且单一内容与其他内容之间的联系不能明确表达出来，从而束缚了人的联想天性。而这些不足只有用超文本与超媒体的概念与方式来解决，才能解放人的思维，方便知识之间的联想与关联，促进人的思维与文本（媒体）之间的一致性。

世界上第一个实用的超文本系统是美国布朗大学在 1967 年为研究及教学开发的“超文本编辑系统”。之后，布朗大学于 1968 年又开发了第二个超文本系统——“文件检索编辑系统 PRESS”。这两个早期的系统已经具备了基本的超文本特性，如链接、跳转等，不过用户界面都是文字的。

WWW 是 World Wide Web 的缩写，也可以简称为 Web，中文名字为“万维网”。它起源于 1989 年 3 月，是由欧洲量子物理实验室 CERN 所发展出来的主从结构分布式超媒体系统。通过万维网，人们使用简单的方法，就可以很迅速方便地取得丰富的信息资料。

线性关系：就是一个变量其变化与别的变量之间的关系是确定的。比如，牛顿第二定律所描述的物体速度的变化关系就是线性的，在一个已知的力的作用下，我们可以确定地知道物体速度具体是如何变化的，可以定量地确知变化量。

非线性关系：就是用数学方程描述它，得不出方程解的关系，无论是抽象关系的解，还是具体的解都得不出来，换句话说，非线性的定量关系，是完全确定不了的。

2.2.1 超文本的基本概念

随着人类进入信息化社会，信息与数据呈爆炸式增长，现有信息的存储与检索机制越来越不足以使其得到全面而有效的利用，尤其不能像人类思维那样，通过“联想”来明确信息内部的关联性，而这种关联却可以使人们了解分散存储在不同位置信息间的连接关系及相似性。因此，迫切需要一种技术或工具，这种技术或工具可以建立起计算机网络中信息之间的链接结构，形成可供访问的信息空间，使得各种信息能够得到更广泛的应用。既然“超文本”正是我们当前急需的一种技术和工具，那到底什么是“超文本”？超文本又有什么特点？无论是印刷媒体文本，还是早期计算机系统的文本都有一个显著的特点，那就是它在组织上是线性和有序的，这种线性结构是以某种逻辑方法（时间、空间、人物等）为主要发展轨迹，它体现的特征是只提供了一种固定的线性顺序阅读方式。这种线性文本作为一种线性组织表现出贯穿主题的单一路径，而与此相反的是，人类的思维活动和记忆结构是多种路径与网状结构的。人类这种与生俱来的特性我们可以从下面这个常见的例子中得到印证。

开会跑题

销售经理组织下属开会，研究有关促销的问题。

甲说：当前促销形势严峻，经常觉得人手不够。

乙说：是啊，我也有同感，建议多招聘一些业务员。

丙说：在招聘业务员的时候一定要谨慎啊，现在有很多人用假文凭应聘工作。

丁说：岂止是假文凭啊，假文凭发现了辞掉他也就完啦，那些假冒伪劣商品才真的是害死人呢，就像最近的有毒奶粉事件。

戊说：那些孩子真可怜啊，医生说会影响到孩子一生的健康呢，甚至听说有些后遗症是国家婚姻法里禁止结婚的病症呢。

已说：对啦，这一次新的“婚姻法”公布啦，听说新增了一些惩治不良社会风气的条款。

……

看到这里，我们不禁会感到这个研究销售问题的会议开得莫名其妙，从中心意义上来看“产品销售”与“‘婚姻法’新条款”根本是风马牛不相及的两件事，但从整个会议的演变进程来看，它的演变过程又是合情合理的。那么，是什么在这里起作用呢？答案是人的联想思维。我们仔细分析其中的演变过程，不难看出每两个相邻话题都是相关的：

销售人手不够→招聘→假文凭→假冒伪劣商品→毒奶粉→婴儿的健康受损→后遗症→"婚姻法"的条款。

因此，我们不难看出，传统的文本媒体在信息管理形式上的线性方式，束缚了我们的联想思维，人为地割裂了知识或信息间的内在联系。而超文本则恰恰正视了人类思维活动的这一特点，在知识与信息管理的方式上更加符合了人类大脑对于知识结构与信息系统进行处理的模式。至此，我们可以初步给超文本归纳出一个定义了，尽管至今为止，超文本还没有一个统一的、全面的定义。

根据"超文本"概念与技术的发展历史我们不难知道，"超文本"这个词在英语词典上其实并不存在，是美国人泰得·纳尔逊（见图 2-2-1）于 1965 年杜撰的。后来，由于超文本技术及其开发工具和系统的应用领域越来越广泛，超文本一词便得到了世界的公认，成了一种非线性信息管理技术的专用词汇。尽管超文本这个词汇得到了世界的公认，但由于超文本概念在随着现代信息技术的发展而不断变化内涵，同时，超文本的概念也日益广泛地被应用在除计算机学科和信息管理学科以外的领域和学科，它的概念的环境特征也不断丰富和多样化，因此，要给予"超文本"基本概念一个统一的、权威的论述仍然存在困难。所以，本书针对超文本概念给予的界定有着其鲜明的特性，即超文本概念应用在多媒体技术领域的一种比较全面的理念阐述。

图 2-2-1
泰得·纳尔逊

超文本是一种按信息之间关系非线性地存储、链接、管理和查阅信息的计算机技术。超文本与传统的计算机技术的区别在于，它不仅注重所要管理的信息，更注重信息之间的关系的建立和表示。超文本以信息和信息之间的关系来建立和表示现实世界中的各种知识与信息系统。

在了解了超文本概念的基础之上，对于超媒体的概念的理解又紧接着摆在了我们面前。

2.2.2 超媒体的基本概念

多媒体信息：指综合文字、图形与图像、动画、声音和视频等多种媒体信息为一体的信息集合。多媒体技术则是将应用现代信息技术，对多媒体信息进行综合处理、传送和存储的数字技术。

多媒体系统：指具有良好的多媒体信息处理功能的计算机系统，它由多媒体计算机、相关设备和配套软件组成，具有集成性、交互性和数字化、智能化的特点，并且逐步成为人们学习、娱乐的基本方式之一，同时它也使办公自动化功能进一步扩展，极大地提高了工作效率。

超媒体这个词是从超文本衍生而来的，并且超媒体与多媒体之间有着不可分割的密切关系，所以，在理解超媒体概念之前，我们先简单介绍一下多媒体。

1. 多媒体

所谓媒体就是获取、表现、处理、转换和存储信息的工具和技术。而我们将文本、图像、动画、声音、视频影像等几大不同类型的媒体形式进行综合应用的技术和工具叫多媒体技术。由于每种媒体具有不同的来源，因此在计算机中需采用不同的技术存储和展现。一般来说，这些常用的媒体形式有以下这些特性。

（1）文本（text）

文本是指以文字和各种专用符号表达的信息形式，也是现实生活中使用得最多的一种信息存储和传递方式，它的使用范围广泛，属于比较抽象的信息表现层次，主要用于对知识的描述性表示，并且文本信息的制作、处理比较简单。

（2）图像（image）

图像是多媒体软件中最重要的媒体要素之一，它是决定一个多媒体软件的视觉效果的关键因素。图像是信息容量较大的一种信息表达方式，它可以将复杂和抽象的信息非常直观形象地表达出来，有助于分析理解内容，解释观念或现象，是常用的媒体元素。多媒体要素中的图像一般分为两大类：图形（graphic 矢量图）和图像（image 位图），并且图像素材的制作也相对比较复杂。

（3）动画（animation）

动画是利用人的视觉暂留特性，快速播放一系列的连续运动变化的图形、图像、活页、连环图画等，也包括画面的缩放、旋转、变换、淡出/淡入等特殊效果。动画素材可动态地模拟一些现实生活中无法观察或比较抽象，用实验方法难以表现的有关理论和现象的变化过程。

（4）声音（audio）

声音是人们用来传递信息、交流感情最方便、最熟悉的方式之一，它具有瞬时性和顺序性的特点，并且通常可按其表达形式分为讲解、音乐、音效三类。

（5）视频影像（video）

视频影像是多媒体素材中一种重要的媒介元素，它是人类接触的媒体中最直接、最普通，同时也是信息量最大的一种媒介，它具有时序性与丰富的信息内涵，常用于表现事物或现象的发展过程，它能极大地加深观众对所看内容的印象，它在多媒体素材中充当的角色日益重要。

对计算机用户来说，多媒体就意味着不同类型的媒体（文本、图像、声音、动画、视频等）统一在一个计算机环境里，多媒体技术解决的问题就是多种媒体信息的存储、整合与展现，简单地说，就是使用户借助各种编辑处理器能获取、能编辑、能传递、能交流各种媒体信息。

2. 多媒体信息管理与超媒体概念

既然多媒体技术是针对多种媒体信息进行处理的技术，随之而来的多媒体信息的管理就成为了多媒体技术的重头戏。面对这么多种类型，这么大量的媒体信息，我们该如何取舍，我们如何能快速准确地排除干扰信息而掌握目标信息，我们如何不在信息的海洋里迷航，等等，所有这些问题的解决都必须依靠与当前多媒体技术应用相匹配的多媒体信息管理技术和工具。

当前，无论采用哪种多媒体信息管理技术，一般的系统都至少有 3 种控制：多媒体应用控制、多媒体服务控制以及系统服务控制。

多媒体应用控制是指按用户的要求控制不同媒体的再现，也就是接口。

多媒体服务控制是指通过提供一定的数据结构去定义复杂的多媒体对象以及它们自己的访问路径，以便允许不同媒体在不同机器、不同操作系统下同步再现。

系统服务控制是指从媒体存储设备取出多媒体信息（如果是压缩格式的还要还原），然后送给应用控制。如果是在分布式网络环境下，它还要提供多媒体存储设备到客户系统的网络传输。

当前，多媒体信息管理技术主要有两种，一种是传统数据库技术，另一种就是超文本技术。用数据库技术来管理多媒体信息，叫多媒体数据库；而用超文本理念管理的多媒体信息通常被叫作“超媒体”。

因此，简单地说，超媒体 = 超文本理念 + 多媒体技术。

数据库、超文本、多媒体的关系我们可以用图 2 - 2 - 2 来简单地表示。

从图中我们不难看出，超媒体在理论本质上和超文本是一样的，只不过超文本技术在诞生的初期管理的对象是纯文本，所以叫超文

数据库：顾名思义，数据库就是指某些具有特定共同属性的数据集合在一起。

传统的数据库系统大多是关系型数据库，但随着多媒体信息数量的极度膨胀，多媒体数据库对数据的管理方法急需变革，其中有多个关键性技术亟待突破。例如，多媒体数据模型、多媒体数据压缩和解压缩、多媒体信息存储技术、多媒体数据挖掘技术和多媒体数据分布式管理技术等。

本。随着多媒体技术的兴起和发展，超文本技术的管理对象从纯文本扩展到多媒体，为强调管理对象的变化，就产生了超媒体这个词。

尽管超文本发展到超媒体本质上没有变化，但是，它无论在技术方面，还是在应用方面都跨了一大步。从应用角度讲，超媒体更接近人类。

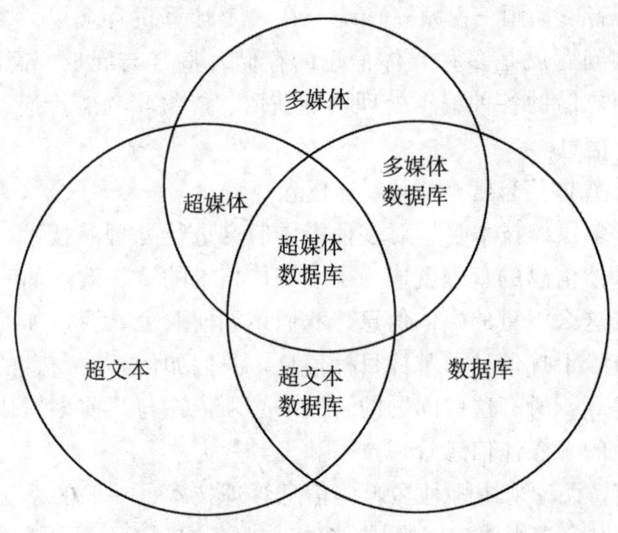

图 2-2-2　数据库、超文本、多媒体的关系

3. 超媒体面临的特殊问题

在明确了超媒体的含义的同时，这样一个简单的公式可能又会使读者产生令人迷惑的问题：既然超媒体是从超文本衍生过来的，而且在理论基础上又是同根同源，那有没有必要将这两个概念区分开呢？如果要区分开的话，它们之间的区别是不是仅仅就是所管理的媒体类型不同和媒体数量的多寡的区别呢？同时，既然从超文本到超媒体没有本质的变化，多媒体又是现成的技术，那超媒体还有什么事可做呢？不就是把超文本和多媒体放在一起就行了吗？

要回答这些问题，还要从我们当前现有的软、硬件技术和工具谈起。印刷品、音响设备、录像设备、计算机，所有这些我们身边的媒体设备都是我们所熟悉的。但是，要把它们融合在一起，变成一个设备，就不那么简单了。即使是计算机这种集以往众多媒体特性于一身的多媒体设备也只是将各种媒体集合在了一起，在软件上仍然不能“融合”。而从管理纯文本到管理多媒体，情况更为复杂。像我们前面提到的，各种媒体有各自的存储格式、存储方法、展现方式和相应的处理，如文本编辑器、图像处理器、音频采集、播放器等。超媒体不仅要把不同类型的媒体以及相应的工具统一在一个系统里，还要组织、协调、管理它们及它们之间的关系。

例如，图像的格式一般有两种：点阵图（位图）和矢量图（图形），而针对这两种图像的编辑器之间的图像数据就不能进行兼容。与此相同，超文本信息处理中也存在着这样的文本格式不兼容的现象，最明显的就是“记事本”不兼容 Word 中的文本格式，在对同一段文本进行编辑后，将文本在两个软件之间进行传输，则会产生文本格式丢失甚至错误的现象。而对图像编辑来说，即使在同一种图像格式的图像编辑器里采集、处理的图像，其图像格式虽然是相容的，但当把用不同的图像编辑器处理的图像放在一起显示时，就会发生问题。其中最常见的是变色问题。因为，不同的图像编辑器可能用的是不同的颜色处理方法，如果不经过特殊的处理，就只有一张图的颜色是正常的，另一张图就会变色，尽管当前一些主流的图像处理软件虽然在颜色数据格式上采用一致的标准，但由于这些软件所采用的颜色格式处理机制和算法的不同，这种变色的现象仍然是不可避免的。这就需要超媒体技术对这些问题进行全面、系统的处理。因此，从某种程度上讲，超媒体技术其实也是当前五花八门的技术标准和规范统一化的过程。

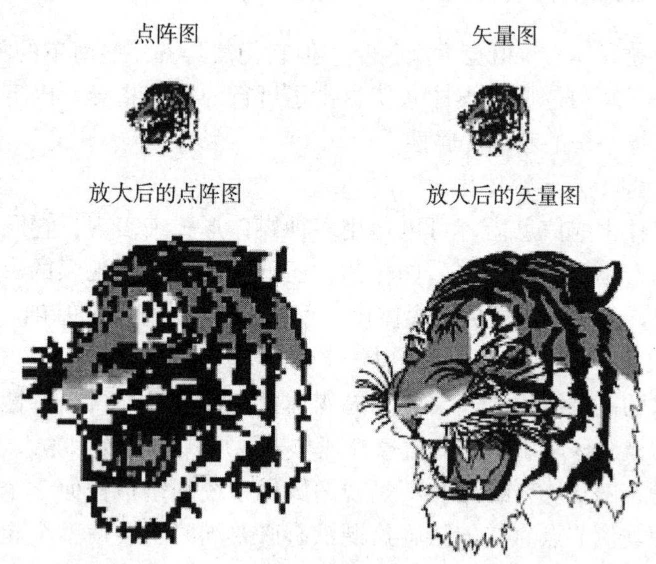

图 2-2-3　位图与矢量图放大后的效果对比

除了各种规范和标准的统一以外，超媒体技术还必须考虑信息块的细分和结构的再重组。针对这一点，文本媒体可能在技术上比

位图图像：亦称为点阵图像或绘制图像，是由像素的单个点组成的。这些点可以进行不同的排列和染色以构成图样。点阵图像是与分辨率有关的，即在一定面积的图像上包含有固定数量的像素。因此，如果在屏幕上以较大的倍数放大显示图像，或以过低的分辨率打印，位图图像会出现锯齿边缘。

矢量图像：也称为面向对象的图像或绘图图像。矢量文件中的图形元素称为对象。每个对象都是一个自成一体的实体，它具有颜色、形状、轮廓、大小和屏幕位置等属性。基于矢量的绘图同分辨率无关。这意味着它们可以按最高分辨率显示到输出设备上。

点阵图(位图)在放大后边缘锯齿现象明显，图变得很不清楚，而矢量图则放大后，与原图一样清楚。如图 2-2-3 所示。

较容易实现，声音媒体和视频媒体也能通过非线性编辑系统做到划分和重组，但是，如果要向一段音乐的某一特定的小节转移，比如，从一篇文章中的“小号”一词，立即跳到乐章中有小号的那段音乐，就不那么简单了。在进行超媒体系统设计时，是否允许直接或间接地引用多媒体（特别是动态媒体）的子成分的问题，这些都需要考虑到。

另外，超媒体除了要将原本五花八门的媒体格式和媒体技术整合在一起以外，最重要的是要最大限度地发挥媒体各自的优势，要让“1+1>2”，而不是“1+1<2”。要做到这一点，就要求超媒体技术和工具必须深刻掌握各种媒体形式的特性，把握各种媒体形式和信息之间的匹配关系，以及产生最优化传播效果的媒体应用原则。例如，同样是抽象的概念，有些用动画、视频技术能生动地解释其抽象性；而有些则比较适合应用文本媒体来表述，以便提供更广泛的想象和领会空间。而对于同样的信息内容，有些使用者习惯使用文本媒体形式，有些使用者则习惯图片、动画等媒体形式。这些问题的解决方案都必须在超媒体系统设计中体现出来，并给予良好的解决、协调和周全的考虑。

通过对上述概念的理解，我们不难看出，超媒体虽然是超文本加多媒体，但绝对不是简单的叠加，它意味着整个信息系统复杂性的急剧上升。在超媒体系统中，媒体类型增加，每种媒体类型又有多种格式、多种处理方法、多种处理工具，它既要处理超文本和多媒体设计问题，又要对付两种技术结合带来的新问题，所以超媒体系统的复杂程度是不难想象的。

2.2.3 超媒体系统特征

尽管超媒体系统既庞大又复杂，但它仍然具备一些简单的特征，这为我们了解和掌握超媒体系统提供了可行的操作指导。以下就是一些超媒体系统的基本的属性。

1. 信息节点多媒体化

超媒体中的信息内容可以运用多种媒体形式来表现，它既可以是文本的、也可以是图形、图像的，还可以是声音和视频的，正是由于信息内容表达方式的多媒体化，才有了超媒体概念的基础。

2. 具有多层网状的复杂信息链接结构

网状的链接结构是超文本与超媒体共同的特性，这一特性也是上述两种概念区别于传统的信息管理与表现形式的主要因素。不过，与此同时，网状复杂结构并不是说超媒体系统网络中任何一个信息节点都和其他节点直接连接，这既没有必要同时也会使整个超媒体网络系统复杂得难以想象甚至不能运行，因此这一网状结构仍然有着一定的层次区分。

3. 具有良好的导航工具

超媒体系统的网状结构对使用者带来的巨大困难就是操作迷航，

正如在海中失去航向一样，这将直接影响超媒体系统的可操作性，因此导航工具是超媒体系统设计中的重中之重，随着数据挖掘技术和工具的不断进步，超媒体系统导航工具也将不断地完善。

4. 具有交互式编辑和管理功能

超媒体网络系统中的交互式编辑和管理功能主要体现在使用者能根据自身独特的需要修改、增加、删除信息节点和链的属性，对信息节点的内容也能进行不断地更新和再编辑，并通过数据库技术将这些编辑和管理的成果与其他用户共享。

琼斯 · 李高特

以上特征并非是所有超媒体都具有的，但对于超媒体系统来说是必须具备的。至于其他一些特征，如智能查询、系统管理、丰富的多媒体展示、更加友好的窗口界面、人工智能和网络协作等，正在被新一代的超媒体系统采用。并且超媒体的这些特征也将是它区别于文本、数据库和多媒体系统等信息管理技术的主要标志。

思考与练习

一、填空题

1. ________的召开标志着超文本已经受到广泛的关注，正在形成一个新的领域。

2. 多媒体技术信息量大主要表现在两个方面：一方面是________，另一方面则是________。

3. 多媒体就是________、________、________、________和________信息的工具和技术。

4. 信息的复杂程度大主要表现在两个方面：一是信息________的复杂程度大大增加，另一个是信息间的________复杂程度大大增加。

5. 一般的系统都至少有________、________、________3 种控制。

6. 传统文本有一个显著的特点，那就是它在组织上是________的和________的。

7. 超文本是一种按信息之间关系非线性地________、________、________和________信息的计算机技术。

8. 超媒体 = ________ + ________。

9. 图像的格式可分成________和________两种。

二、选择题

1. 美国计算机科学家（　　）提出了早期的超文本的概念。

A. 范尼瓦 · 布什　　B. 道格 · 英格尔伯特

C. 泰得 · 纳尔逊　　D. 比尔 · 盖茨

2. (　　) 一词是从超文本衍生而来的。

A. 多媒体　　B. 超媒体　　C. 数据库　　D. 网络节点

3. 图形图像大小在变化时图像质量（分辨率）会降低的是（　　）。

A. 点阵图　　B. 矢量图

C. AutoCAD 图　　D. Adobe Illustrator 图形

4. 范尼瓦·布什写了一篇文章《按照我们的想象》(*As We May Think*)，发表在美国的（　　）杂志上。

A.《大西洋月刊》　　B.《电脑报》　　C.《计算机世界》　　D.《纽约时报》

5. 下面（　　）是超文本编辑系统

A. ON-Line System　　B. Hypertext Editing System

C. Open Hypertext System　　D. Windows 记事本

6. 从应用角度讲，(　　) 更接近人类。

A. 超媒体　　B. 超文本　　C. 纯文本　　D. 多媒体

三、问答题

1. 什么叫超文本?
2. 什么叫超媒体?
3. 超文本和超媒体有什么特征?
4. 试总结一下超媒体系统有什么特征?

第 3 章　多媒体信息表示与处理

学习目标

通过本章的学习，掌握多媒体信息是如何表示和处理的。

本章要点

- 文本、声音、图像、视频和动画等的计算机表示。
- 多媒体信息的数据与冗余。
- 多媒体数据压缩方法。
- 视频编码标准。

在多媒体计算机系统中，计算机要存储、传输、处理包括数字、文本、图形、图像、声音、动画等多媒体信息。我们可以看到多媒体计算机系统处理的媒体类型多样，其中不少媒体类型具有庞大的数据量，在不损失媒体质量的情况下，如何高效地表示和压缩数据成为非常紧迫的问题。因此多媒体信息表示技术和压缩技术成为多媒体系统的关键技术。

3.1　多媒体信息的计算机表示

多媒体系统包含的媒体元素有数字、文本、图形、图像、声音、动画等。

3.1.1　文本的文件格式

文本是计算机文字处理程序的基础，也是多媒体应用程序的基础。通过对文本显示方式的组织，多媒体应用系统可以使显示的信息更易于理解。文本数据的获得必须借助文本编辑环境，如 Word（见图 3－1－1）、WPS 和 Windows 自带的写字板等应用程序。常用的文本格式有 TXT、RTF、DOC、DOT 等。TXT 被称为纯文本文件，它可以在各种应用程序中使用。其他格式的文件往往都包含了排版信息等内容。

Word 和 WPS 是目前国内使用最广的文字处理系统，分别由美国微软（Microsoft）公司和我国金山软件公司出品。

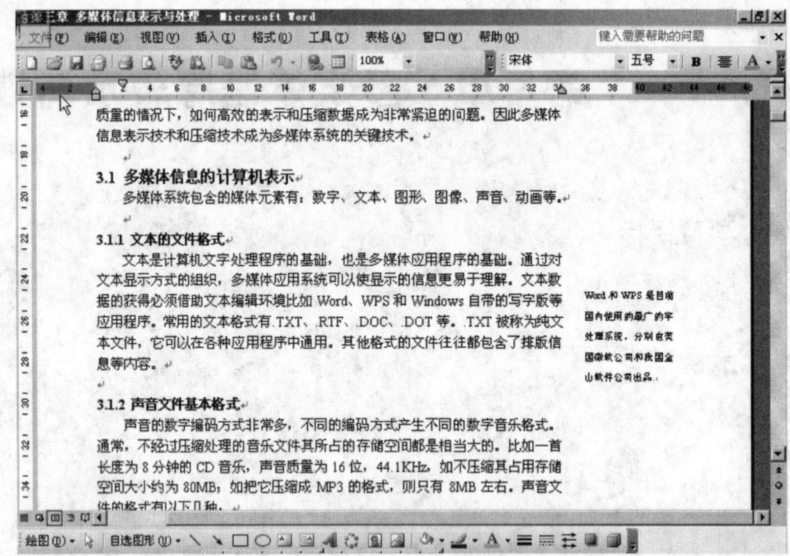

质量的情况下，如何高效的表示和压缩数据成为非常紧迫的问题。因此多媒体信息表示技术和压缩技术成为多媒体系统的关键技术。

3.1 多媒体信息的计算机表示

多媒体系统包含的媒体元素有：数字、文本、图形、图像、声音、动画等。

3.1.1 文本的文件格式

文本是计算机文字处理程序的基础，也是多媒体应用程序的基础。通过对文本显示方式的组织，多媒体应用系统可以使显示的信息更易于理解。文本数据的获得必须借助文本编辑环境比如 Word、WPS 和 Windows 自带的写字版等应用程序。常用的文本格式有.TXT、.RTF、.DOC、.DOT 等。.TXT 被称为纯文本文件，它可以在各种应用程序中通用。其他格式的文件往往都包含了排版信息等内容。

Word 和 WPS 是目前国内使用的最广的字处理系统，分别由美国微软公司和我国金山软件公司出品。

3.1.2 声音文件基本格式

声音的数字编码方式非常多，不同的编码方式产生不同的数字音乐格式。通常，不经过压缩处理的音乐文件其所占的存储空间都是相当大的。比如一首长度为 8 分钟的 CD 音乐，声音质量为 16 位，44.1KHz，如不压缩其占用存储空间大小约为 80MB；如把它压缩成 MP3 的格式，则只有 8MB 左右。声音文件的格式有以下几种。

图 3－1－1　Word 状态下的文本编辑

3.1.2　声音文件基本格式

声音的数字编码方式非常多，不同的编码方式会产生不同的数字音乐格式。通常，不经过压缩处理的音乐文件所占的存储空间都是相当大的。比如，一首长度为 8 分钟的 CD 音乐，声音采样质量为 16 位、44.1 kHz，如不压缩，其占用存储空间的大小约为 80 MB；如把它压缩成 MP3 的格式，则只有 8 MB 左右。以下是几种常见的声音文件的格式：

1. WAV 格式

WAV 格式是 Microsoft 公司开发的一种声音文件格式，也称为波形声音文件，是最早的数字音频格式，被 Windows 平台及其应用程序广泛支持。WAV 格式支持许多种压缩算法，支持多种音频位数、采样频率和声道，采用 44.1 kHz 的采样频率，16 位量化位数，因此它的音质与 CD 相差无几，但 WAV 格式对存储空间需求较大，不便于交流和传播。另外，大多数压缩格式都是在 WAV 格式的基础上通过对数据重新编码来实现存储与传输的。这些压缩格式的声音信号在回放成声音时还要使用 WAV 格式。WAV 格式的声音文件还可以用于手机铃声，如图 3－1－2 所示。

图 3－1－2　WAV 格式的手机铃声

2. MP3 格式

MP3（MPEG－3）格式是将 WAV 声音数据进行特殊的数据压缩后产生的一种声音文件格式。MP3 技术源于 MPEG 技术中的一部分，是专门用来压缩影像中的伴音的。由于 MP3 播放器（见图 3－1－3）具有体积小、声音质量较好、制作和播放简单的特点，故其是现在最流行的声音文件格式之一。又由于其压缩率大，故在网络可视、电话通信方面应用也很广泛。

图 3－1－3　MP3 播放器

3. WMA 格式

WMA（Windows Media Audio）格式是 Microsoft 公司开发的一种数字音频压缩格式。一些使用 Windows Media Audio 编码格式编码其所有内容的纯音频 ASF 文件也使用 WMA 作为扩展名。“Windows Media Audio Professional”可以存储 5.1 甚至 7.1 声道的音乐，而且音质可媲美杜比数字技术（Dolby Digital）。

通常的 WMA 格式也是有损数据压缩的文件格式，一般情况下，相同音质的 WMA 和 MP3 音频文件相比，前者的文件体积较小，64 kbps 的 WMA 音乐就可以达到与 128 kbps 的 MP3 音乐接近的音质。

WMA 9 版本开始支持无损压缩——Windows Media Audio 9 Lossless（在安装 WMP 11 或 Windows Media Format 11 之后升级至 9.1，无损压缩版本最高支持 5.1 声道编码）。此外，WMA 格式也与 MP3 格式一样，同为有专利版权的文件格式。支持的设备需要购买使用版权。

WMA 格式可以用于多种格式的编码文件中。应用程序可以使用 Windows Media Format SDK 进行编码和解码。一些常见的支持 WMA 的应用程序包括 Windows Media Player、Windows Media Encoder、RealPlayer、Winamp 等。其他一些平台，如 Linux 和移动设备中的软硬件也支持此格式。

4. AMR 格式

AMR 格式也是一个声音文件格式，其文件扩展名是 .amr。它使用自适应多速率音频压缩（Adaptive multi-Rate compression，AMR）专利，被第三代合作伙伴计划（3rd Generation Partnership Project，3GPP）选定为 GSM 和 3G WCDMA 应用的宽带语言编解标准。

与 MP3、WMA 等不同的是，AMR 格式是专门为语音记录而开发的一种优化编码方式，因而被广泛用于电话录音，是手机彩信通用的音频格式。常见的智能手机启动录音功能时，可选择 AMR 格式。

5. AAC 格式

AAC 的英语全称为 Advanced Audio Coding（高级音频编码）。为了取代 MP3 格式，1997 年，由 Fraunhofer IIS、杜比实验室、AT&T、Sony 等公司基于 MPEG－2 的音频编码技术共同开发。

AAC 压缩比通常为 18：1，远胜于 MP3；在音质方面，由于采用多声道，和使用低复杂性的描述方式，使其比几乎所有的传统编码方式在同规格的情况下更胜一筹。

AAC 可以支持多达 48 个音轨、最高 96 kHz 的采样率、最多 32bit 音频的采样精度，在当今高清视频领域被广泛运用。

AAC 规格很多，其中低复杂度规格（Low Complexity，MPEG－4 AAC LC）是最常用的规格，简称 LC－AAC。

在制作影视编辑以及网络视频分享时，最终成品常常输出为 MP4 格式，则音频格式一般可以选择 LC－AAC 或 AAC。比如，在 Adobe After Effects 中输出 MP4 格式的文件时，软件会默认使用 AAC 音频格式，设置界面如图 3－1－4 所示。

Adobe 公司：美国著名的图像类软件公司。出品有 Photoshop、Premiere 等软件。

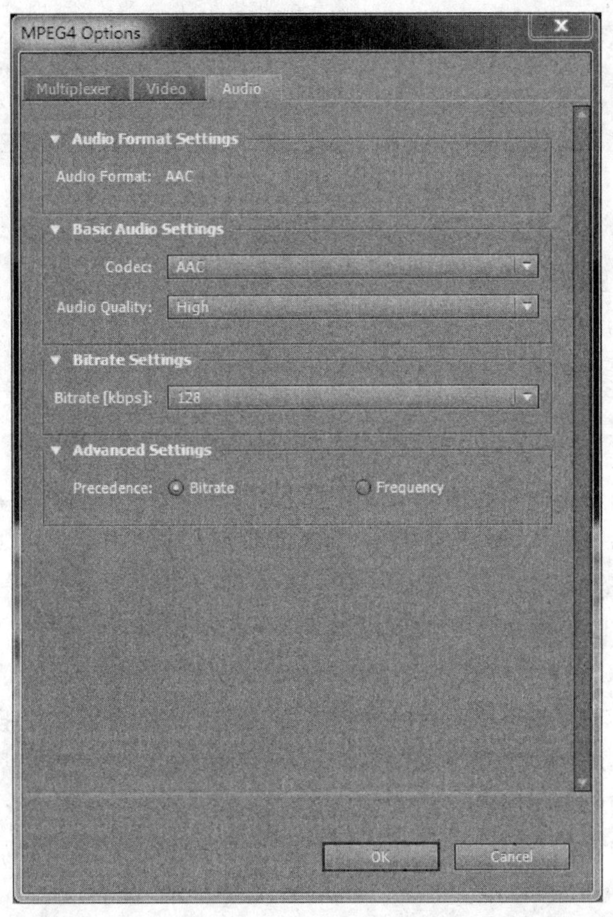

图 3-1-4　Adobe After Effects 输出格式界面

6. APE 格式

APE 格式是由 Monkey's Audio 定义的一种音频文件格式。它采用无损数据压缩，在不降低音质的前提下，能有限地压缩 WAV 音轨文件，一般一张 1 小时时长的 CD 压缩为 APE 后其文件大小大约 300 MB。由于 APE 既对音质无损，也可有显著的压缩，因而被那些对音质要求苛刻的音响发烧友所推崇。在互联网上，有很多 APE 音乐资源，这些大都是由网友将音乐 CD 转成 APE 文件并上传分享的。

在 Monkey's Audio 的主页（http://www.monkeysaudio.com/），提供了 APE 转换软件（见图 3-1-5），以方便这种格式与其他音频文件格式进行互相转换。通过插件，APE 文件可以在 foobar 2000 以及众多媒体播放器中播放。此外，市面上甚至还有针对音乐发烧友的硬件 APE 播放机。

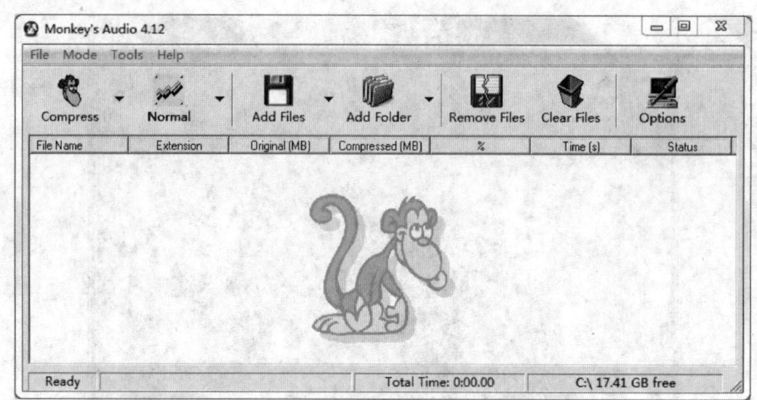

图3-1-5 APE（Monkey's Audio）软件界面

另外，还有一些软件可以直接从音乐CD中将音轨抓取并存储为APE格式的文件，如Exact Audio Copy（EAC）、Easy CD-DA Extractor等。

7. FLAC格式

FLAC是自由音频压缩编码（Free Lossless Audio Codec）的英文缩写，其特点是可以对音频文件无损压缩。不同于其他有损压缩编码，如MP3及WMA（9.0版本支持无损压缩），它不会破坏任何原有的音频信息，所以可以还原音乐光盘的音质。

由于它具有自由开放源代码的特性，所以支持很多不同的平台，包括Windows、Linux、Unix、Mac OS X等。

与APE格式类似，FLAC格式也被众多音乐发烧友所欢迎。相比APE格式，它的压缩率稍低，但技术更先进，占用资源更低，但在国内，可能由于使用惯性的问题，网络上音频资源采用FLAC格式的不如APE格式多见。

FLAC的网站（https://xiph.org/flac/）提供了命令行（Command Line）格式转换软件，其他很多第三方软件也提供了FLAC文件格式的转换功能，如foobar 2000以及Exact Audio Copy（EAC）等。

8. MIDI格式

MIDI是Musical Instrument Digital Interface（乐器数字接口）的缩写。它是由世界上主要电子乐器制造厂商建立起来的一个通信标准，以规定计算机音乐程序、电子合成器和其他电子设备之间交换信息与控制信号的方法。MIDI文件中包含音符定时和多达16个通道的乐器定义，每个音符包括键通道号持续时间、音量和力度等信息。所以，MIDI 文件记录的不是乐曲本身，而是一些描述乐曲演奏过程的指令。故与波形文件相比，MIDI 文件要小得多。例如，同样半小时的立体声音乐，MIDI 文件只有 200 KB 左右，而波形文件（WAV）则要差不多 300 MB。MIDI 格式的主要限制是它缺乏重现真实自然声音的能力，因此不能用在需要语音的场合（这时要与波形文件合用）。此外，MIDI 格式只能记录标准所规定的有限种乐器的组合，而且回放质量受声音卡上合成芯片的严重限制，难以产生真实的音乐演奏效果。近年来，国外流行的声音卡普遍采用波表法进行音乐合成，使 MIDI 格式的音乐文件的质量大大提高（效果接近 CD 音质），但这种声音卡较贵。图 3－1－6 所示是一款 MIDI 键盘。

图 3－1－6　MIDI 键盘

9. CD 唱片

CD（又称 CD－DA）唱片上存放的也是一种数字化声音，是以 16 位采样量化精度，44.1 kHz 频率采样的立体声存储的，可完全重现原始声音，它是我们所介绍的几种声音格式中效果最好的。一般每张 CD 唱片可以存放 74 分钟高质量的音乐曲目。

3.1.3　图像及图像文件格式

为了适应不同应用的需要，图像可以以多种格式进行存储。例如，Windows 中的图像以 BMP 或 DIB 格式存储；另外，还有很多图像文件格式，如 PNG、TIF、GIF、TGA 和 JPG 等；还有一些专供排版和打印输出而设计的图像格式，如 EPS 和 WMF 等。不同格式的图像可通过工具软件进行转换。

RGB 颜色模式：R 代表红色，B 代表蓝色，G 代表绿色。

W3C：该组织在其 Web 站点上宣称：“WWW 协会的存在是为了发挥 Web 的全部潜力。”它的目标就是开发每个人都能够使用的 WWW 规格。

几种最常见的位图图像的文件格式如下：

1. BMP 格式

BMP 是英文 Bitmap（位图）的简写，它是 Windows 操作系统中的标准图像文件格式，多数图形图像软件，特别是在 Windows 环境下运行的软件，都支持这种文件格式。BMP 格式支持黑白图像、16 色和 256 色的伪彩色图像以及 RGB 真彩色图像。这种格式的特点是，包含的图像信息较丰富，几乎不进行压缩，由此导致了它占用磁盘空间较大，但是位图文件编码简单、没有专利约束，使得它至今仍然是一种常用的格式。

2. JPEG/JPEG 2000 格式

JPEG 也是常见的一种图像格式，其扩展名为 JPG 或 JPEG，由联合照片专家组（Joint Photographic Experts Group，JPEG）开发。它可以用不同的压缩比例对文件压缩，其压缩技术十分先进，对图像质量影响不大，因此可以用最少的磁盘空间得到较好的图像质量。由于它优异的性能，所以应用非常广泛，特别是在网络和光盘读物上，肯定能找到它的影子。目前，各类浏览器均支持 JPEG 图像格式，因为其文件尺寸较小，下载速度快，使得 Web 页有可能以较短的下载时间提供大量美观的图像，也就顺理成章地成为网络上最受欢迎的图像格式了。

此外，JPEG 委员会又创建了基于小波变换的图像压缩标准 JPEG 2000，一般文件扩展名为 JP2，压缩比更高，没有 JPEG 典型的马赛克失真。但由于 JPEG 2000 存在版权和专利的风险，支持 JPEG 2000 的软件不够普及，到目前为止并没有得到广泛应用。

3. GIF 格式

GIF（Graphic Interchange Format）由美国联机服务商 CompuServe 开发，支持黑白图像、16 色和 256 色的彩色图像，它实际上是一种压缩文档，采用无损压缩算法（Lempel-Ziv-Welch Encoding，LZW）进行编码，支持透明色和多帧动画，能够在不同平台上交流使用，它是目前广泛应用于网络传输的图像格式之一。

对于图表、计算机操作界面、菜单与按钮等只需少量颜色的图像，采用 GIF 格式效果较好，但由于 GIF 格式最多只能处理 256 种色彩，故不适宜应用于照片类真彩色图像。

4. PNG 格式

流式网络图形（Portable Network Graphic Format，PNG）是 PNG 工作小组于 20 世纪 90 年代中期开始开发的图像文件存储格式，其目的是替代 GIF 和 TIFF 文件格式，同时增加一些 GIF 文件格式所不具备的特性。1996 年 10 月 1 日，PNG 工作小组向国际网络联盟提出 PNG 格式并得到推荐认可，并且大部分绘图软件和浏览器开始支持对 PNG 格式图像的浏览，从此 PNG 图像格式生机焕发。PNG 格式名称来源于非官方的“PNG's Not GIF”，是一种位图文件（bitmap file）存储格式，读成“ping”。PNG 用来存储灰度图像时，灰度图像的深度可多到 16 位，存储彩色图像时，彩色图像的深度可多到 48 位，并且还可存储多到 16 位的 Alpha 通道数据。PNG 使用从 LZ77 派生的无损数据压缩算法。PNG 在 1996 年就出现了动画格式 MNG，2004 年又出现了 PNG 动画的扩展格式 APNG，不过至今一直很少见到。

5. SVG 格式

SVG 是 Scalable Vector Graphics 的首字母缩写，含义是可缩放的矢量图形，是现在最火热的图像文件格式。它是基于可扩展标记语言（Extensible Markup Language，XML），由 World Wide Web Consortium（W3C）联盟进行开发的。SVG 是种开放标准的矢量图形语言，可用来设计激动人心的、高分辨率的 Web 图形页面。该软件提供了制作复杂元素的工具，如渐变、嵌入字体、透明效果、动画和滤镜效果，并且可使用平常的字体命令插入 HTML 编码中。SVG 格式被开发的目的是为 Web 提供非栅格的图像标准。SVG 是种矢量图形格式，提供了 GIF 和 JPEG 所不能提供的功能优势：

① 放大。用户可以任意放大图形显示，但不会牺牲锐利度、清晰度、细节等。

② 文字状态依然保留。文字在 SVG 图像中保留可编辑和可搜寻的状态。没有字体的限制，用户将会看到与他们制作时完全相同的画面。

③ 文件小。平均来说，SVG 文件比 JPEG 和 GIF 格式的文件要小很多，因而下载也很快。

④ 显示独立性。SVG 图像在屏幕上总是边缘清晰，并且可以使用打印机的分辨率打印的。不论是 300 dpi、600 dpi 还是更高，这种格式的图像都不会产生难看的锯齿点阵效果。

⑤ 超级颜色控制。SVG 提供了一个 16 777 216 种颜色的调色板，支持 ICC 颜色描述文件，RGB 格式，渐变和蒙版。

⑥ 交互性和智能化。因为 SVG 是基于 XML 的，所以它提供了无可匹敌的动态交互性。SVG 图像可对动作通过高光显示、工具技巧、特殊效果、声音和动画进行反应和显示。

6. TIFF 格式

标签图像文件（Tag Image File Format，TIFF）是一种主要用来

存储照片和艺术图等图像的文件格式，扩展名一般为 TIFF 或 TIF。它由 Aldus 和 Microsoft 联合开发，其特点是图像格式复杂、存储信息多，同时是工业标准格式，支持所有图像类型。该格式的图像文件分成压缩和非压缩两类，非压缩的文件独立于软硬件，有良好的兼容性。压缩格式支持从 RLE、LZW 到 JPEG 等各种压缩方法。

TIFF 最初的目的是 20 世纪 80 年代中期，桌面扫描仪厂商为了达成一个公用的扫描图像文件格式而设计的，因此常见于扫描仪所保存的图像格式。TIFF 格式支持多页，能够将多个扫描页保存在单个 TIFF 文件中。

7. TGA 格式

TGA 格式（Truevision TGA）也被称作 Targa，是美国 Truevision 公司开发的一种 Targa 和 VISTA 图形卡的原生数据格式，这种格式专门为图像处理和视频编辑而设计，在电视行业使用较多。带有 Alpha 通道的 TGA 文件常常用作字幕卡或非线性编辑卡的字幕。

TGA 通常占用磁盘较多，但可以使用压缩以节省空间。如图 3-1-7所示，用 Adobe Photoshop 软件另存 TGA 文件时，选择“压缩（RLE）”复选框，可以得到较小的文件字节数；如果需要保存 Alpha 通道，则需要选择“32 位/像素”单选按钮。

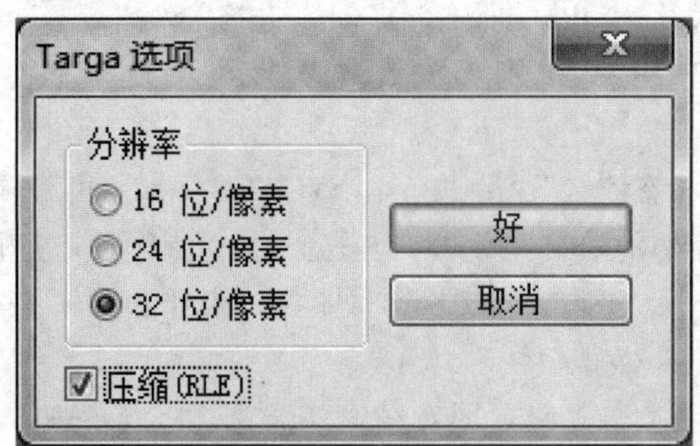

图 3-1-7 Photoshop 软件中存储 TGA 格式的提示框

不过如果使用 Adobe Photoshop 软件设计带通道的 TGA 字幕文件，按图 3-1-7 所示选择“32 位/像素”单选按钮，并不能简单地把 Photoshop 文件的透明通道转换为 TGA 的 Alpha 通道。此时可以使用 XnView 之类的图像浏览软件将带透明通道的 PSD 文件转换为 TGA 文件，这样就完美地保留 Alpha 通道了。

8. RAW 格式

一些从数码相机、扫描仪和电影胶片扫描仪上获取的原始图像文件格式被称为“RAW 图像文件”。原始的数字图像数据保留了拍摄时的大部分图像信息，包括图像传感器数据以及拍摄或捕获条件，如白平衡数据等，所以它比 JPEG 文件占用磁盘空间大得多。如图 3 – 1 – 8所示，佳能 5D2 数码相机拍摄的 RAW 格式采用了 48 bit 存储图像，调入 Photoshop CS5 软件后，可以通过调节参数修改白平衡、恢复曝光过度或者曝光不足之处的细节，而如果是 JPG 图像格式，则这些细节将无法再现或者修复效果不佳。

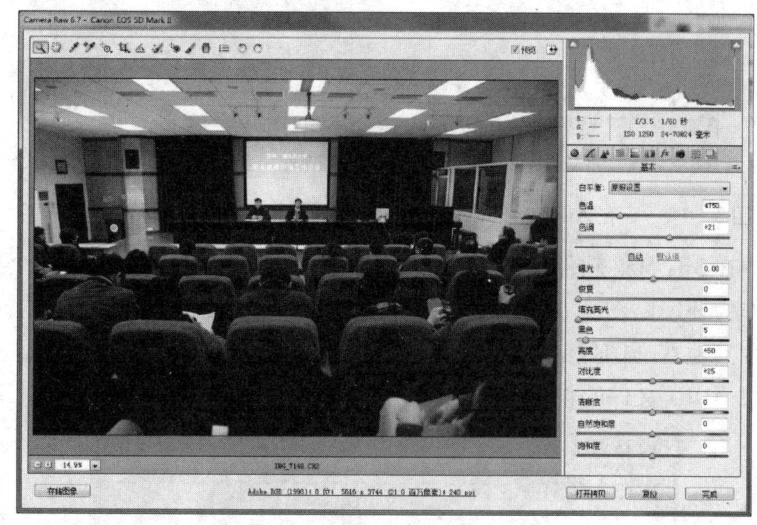

图 3 – 1 – 8　佳能 5D2 相机拍摄的 RAW 文件调入 Photoshop 界面

不过各硬件常见的输出 RAW 格式的编码定义不尽相同，如佳能的通常采用 CR2 扩展名，而尼康则是 NEF，索尼采用 ARW，这些格式通常互不兼容，因此 Adobe 公司提出了一个开放的原始图像标准“数字负片”（Digital News Gathering，DNG）的 RAW 图像格式，文件扩展名为 DNG，目前已经有包括 Adobe 公司在内的越来越多的软硬件厂家开始使用。

9. HDR 格式

普通图形的每个像素只有 256 个灰度范围，记录大反差的环境是远远不够的，因此人们开发了一种高动态范围图像——HDRI（High-Dynamic Range Image），一般扩展名为 HDR。通常制作 HDR 图片是用相机在同一地点采用不同曝光量拍摄多张图片，然后用软件将它们组合成一张，这样做的效果是，可以把阴影部分和高光部分的细节均保存在 HDR 图片中。图 3 – 1 – 9 显示了在 Adobe Photoshop CS5 软件中利用一组数码相片制作 HDR 图像的导入界面。

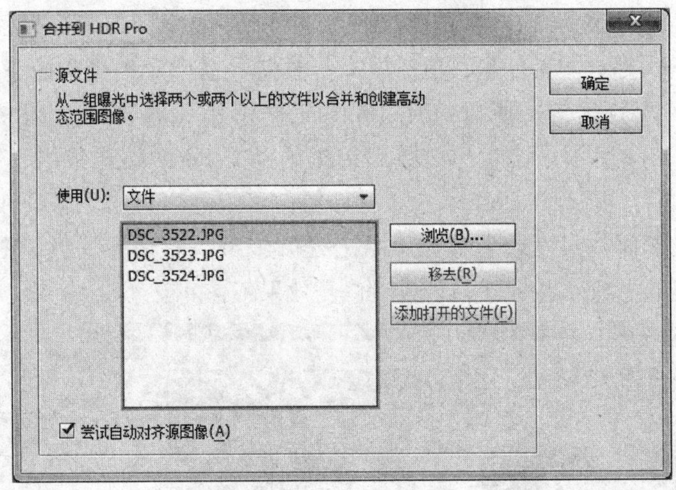

图 3－1－9　在 Adobe Photoshop CS5 软件中制作 HDR 图像的导入界面

在 3ds Max 软件中，常常会用到一种使用 HDR 文件保存的全景图作为环境贴图，在制作金属材质时，这种格式所产生的金属质感，比用其他普通图像的效果更逼真。图 3－1－10 显示了在 3ds Max 中加载 HDRI 文件的设置界面。

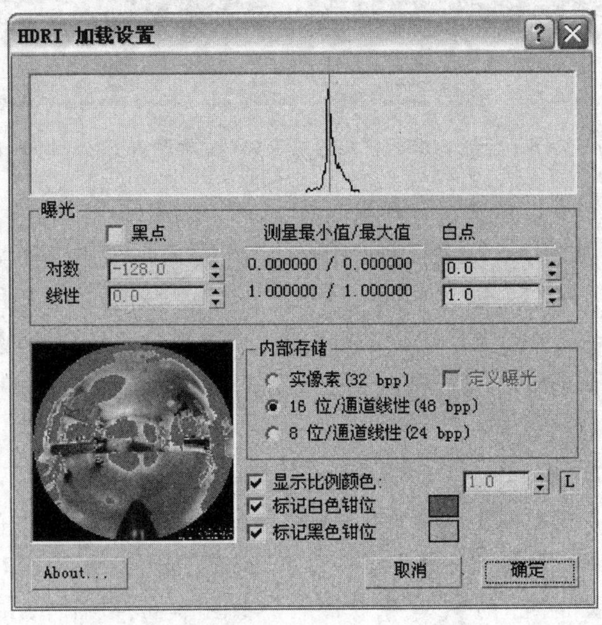

图 3－1－10　在 3ds Max 中设置 HDRI 贴图

10. RLA/RPF 格式

RLA 格式最初由 Alias/Wavefront 公司于 1991 年开发，最初定义了一套标准的 RGBA 位图和用于定义每一个像素与 Camera 之间距离的 Z 轴深度通道信息。

RPF 则是由 Discreet 公司在 RLA 基础上发展而来的，不但可以记录每个像素的 Z 轴通道，还包括材质 ID、物体 ID、UV 坐标、法线方向等更多其他重要的三维信息。

3ds Max 软件可以渲染 RLA 或 RPF 格式，如图 3-1-11 所示（RLA 格式少了右侧“节点渲染 ID”至“子像素遮罩”等 6 个选项，其他相同）。

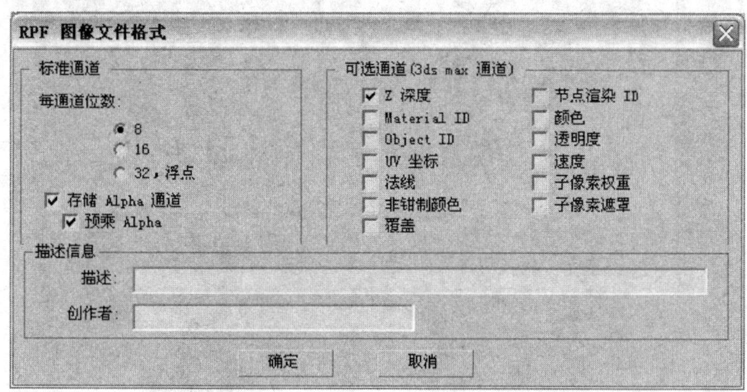

图 3-1-11　3ds Max 软件渲染 RPF 格式

选择了“Z 深度”复选框后，并将 RLA/RPF 格式导入 Adobe After Effects 中，就能利用 Adobe After Effects 的 3D Channel 滤镜 Depth Matte，将素材完美地合成于三维场景之中了。

3.1.4　视频与动画的文件格式

1. ASF/WMV 格式

ASF 是 Advanced Streaming Format 的缩写，字面意思是高级流格式。它是 Microsoft 为了和 Real Media 竞争而开发出来的一种可以直接在网上观看视频节目的文件压缩格式。它的视频部分采用了先进的 MPEG-4 压缩算法，音频部分采用了 Microsoft 新发布的一种比 MP3 还要压缩的格式 WMA，所以压缩率和图像的质量都很不错。

WMV（Windows Media Video）基于 ASF 升级而来。2003 年，Microsoft 公司基于 Windows Media Video 第 9 版编解码起草了视频编解码规范并且提交给电影与电视工程师学会（Society of Motion Picture and Television Engineers，SMPTE）申请作为标准，并在 2006 年 3 月作为 SMPTE 421M 被正式批准，这样 Windows Media Video 9 编解码就不再是一个专有的技术。

用于本地播放的 WMV 文件可以使用 Microsoft 的 Windows Media 编码器进行转换，如图 3 - 1 - 12 所示。也有很多第三方软件支持 WMV 文件的转换。

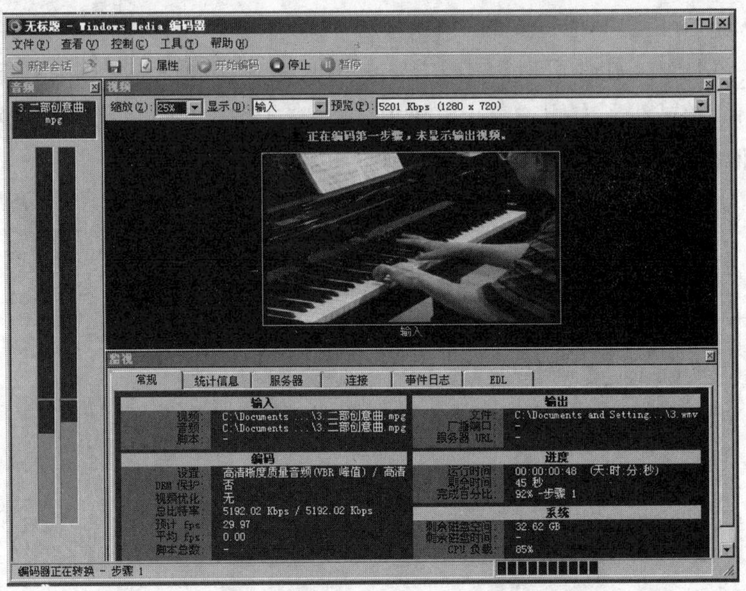

图 3 - 1 - 12　使用 Windows Media 编码器转换 WMV 文件

用于网络直播的 WMV 流媒体，也使用 Windows Media 编码器通过视频采集卡将实时的视频信号编码成 WMV 流媒体，推送至安装有 Windows Media Services 组件的 Windows 服务器上分发。将分发的流媒体地址（一般以 mms://开头）嵌入 Web 网页，即可使用 IE 浏览器观看直播的视频。

2. MOV 格式

苹果（Apple）公司：美国著名的商业公司。

出品有：QuickTime、Mac OS X 操作系统等.

QuickTime 是苹果（Apple）公司创立的一种视频格式，文件扩展名为 MOV。在初期的一段时间里，它只在苹果公司的 Mac 机上运行，后来才发展到支持 Windows 平台。QuickTime 文件格式支持 32 位彩色，支持领先的集成压缩技术，提供了 150 多种视频效果，并配有 200 多种 MIDI 兼容音响和设备的声音装置。QuickTime 能够通过互联网提供实时的数字化信息流、工作流、文件回放功能及自动速率选择功能。此外，它还采用了一种称为 QuickTime VR 的虚拟现实（Virtual Reality，VR）技术，用户只需通过鼠标或键盘，就可以观察某一地点周围 360°的景象，或者从空间任何角度观察某一物体。图 3 - 1 - 13是苹果公司 QuickTime 播放器的运行界面。

图 3-1-13　苹果公司 QuickTime 播放器的运行界面

QuickTime（MOV 格式）以其开放、跨平台的架构以及拥有众多可以免费使用的主流视频编码解码（Video Codec），获得了众多著名软硬件厂商的支持，得到了业界的广泛认可，目前已成为数字媒体软件技术领域的事实上的工业标准。

如图 3-1-14 所示，在一台安装有 QuickTime 和第三方 QuickTime 插件的计算机上，用 Adobe Premiere CS5 输出 QuickTime 文件时，可以选择种类众多的视频编码解码。

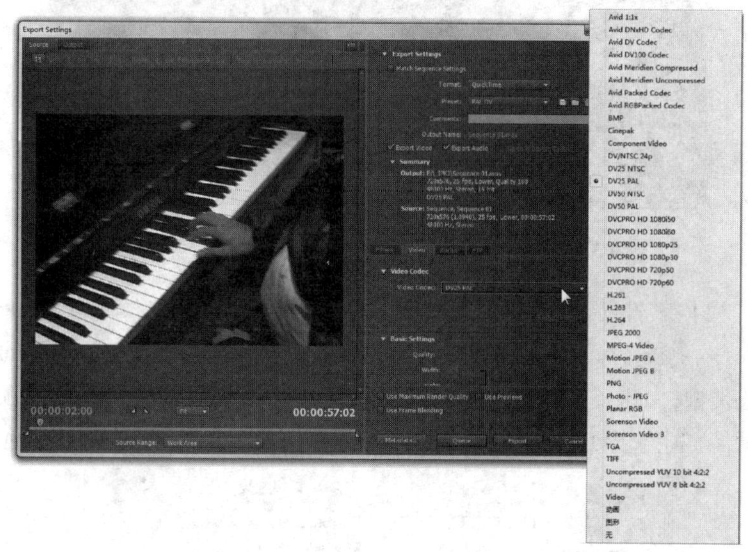

图 3-1-14　输出 QuickTime 文件可选的视频编码解码

采用一些编码，如 DV25、Motion JPEG 等 MOV 文件解码速度快，图像失真小，更适合非线性编辑，但占用磁盘较多；而采用另一些编码，如 H.264 的 MOV 文件，则占用磁盘较少，不少高清摄像机都采用了这种编码，不过解码时对 CPU 要求高，表现为播放时画面卡顿。其他一些编码，如 PNG 等，支持 32bit（24bit RGB + 8bit Alpha），可以携带 Alpha 通道，以供非编合成的叠加类素材选用。

3. AVI 格式

Video for Windows 所使用的文件称为音频—视频交错（Audio-Video Interleaved），文件扩展名为 AVI，所以也简称为 AVI 文件或 AVI 格式。显然，AVI 格式是 Microsoft 公司推出的，其意思是将视频和音频信号混合交错地存储在一起。AVI 文件是目前较为流行的视频文件格式。

与 MOV 文件类似，AVI 文件也有众多的视频编码解码，图 3-1-15显示了在 Adobe Premiere CS5 中输出 AVI 文件时，可以选择的视频编码解码种类。

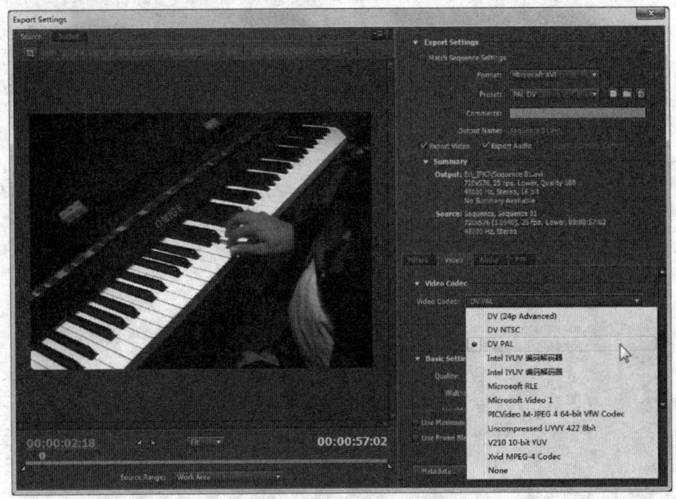

图 3-1-15　输出 AVI 文件可选的视频编码解码

AVI 文件有一个重要的参数，叫作 FOURCC（Four-Character Codes），顾名思义它是由 4 个字母组成的字符串，用来描述音视频的编解码类型，如图 3-1-16 所示，在 VirtualDub（一个著名的开源视频工具软件）中选择 PICVideo M-JPEG 编码时，显示它的 FOURCC 为 mjpg。

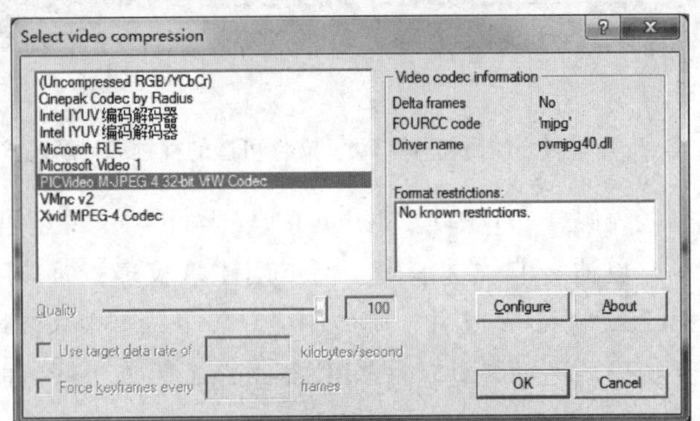

图 3-1-16　PICVideo M-JPEG 编码的 FOURCC 为 mjpg

用 Media Player Classic 播放器（一个流行的开源播放器，官方网站为 http：//mpc-h c. org）打开用 PICVideo M－JPEG 编码的 AVI 格式文件，可以查看视频属性，如图 3－1－17 所示。其中，FOURCC 就是图中的 Codec ID，为 MJPG。Windows 操作系统就是通过检查 AVI 文件的 FOURCC，来调用相应的视频编码进行解码的。

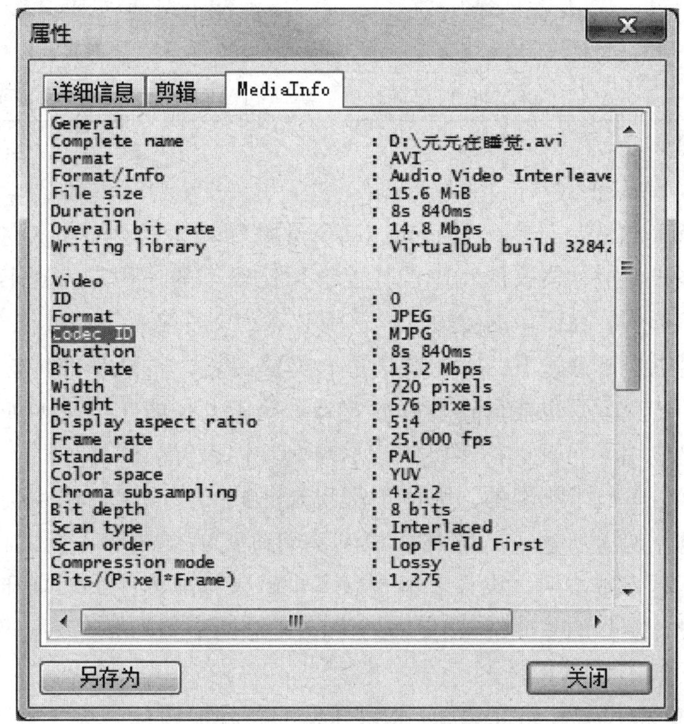

图 3－1－17　一个 AVI 文件的 FOURCC（Codec ID）显示为 MJPG

需要注意的是，许多编码由不同的厂商提供，可能需要额外地安装，图 3－1－17 所示的 PICVideo M－JPEG 就是一个单独安装的第三方软件。如果使用 AVI 文件作为成品文件分享给他人的话，则要提供此 AVI 的编码解码驱动程序，否则他人可能无法打开该 AVI 成品。

另外，不少厂家的视频编码的 FOURCC 相同，如有多家非编卡的编码 FOURCC 都是 MJPG；不少 DV 格式的编码都叫 DVSD。因此，当 Windows 系统安装了相同 FOURCC 的不同编码时，可能会产生冲突。表 3－1－1 列出了一些相同 FOURCC 的不同 AVI 编码。

Macromedia 公司：美国软件公司。其产品有：Authorware、Flash 等软件。2005 年 12 月 3 日，Macromedia 公司被 Adobe 公司收购，从此，Macromedia 品牌也被 Adobe 取代。

VCD 其实是 Video Compact Disk 的缩写，就是一种压缩过的图像格式。它是采用 MPEG-1 的压缩方法来压缩图像，解析度到达 352×240（NTSC）或 352×288（PAL）1.15 Mb/s Video Bit Rate，声音格式则采用 44.1 kHz 取样频率，16 bit 取样值，Stereo 立体声（在未压缩之前，这样的音频格式就是 CD 音质，也就是我们常常听的音乐 CD 的音质）。

表 3-1-1 常见 FOURCC 相同的不同 AVI 编码

FOURCC	视频编码解码类型	厂家
MJPG	PICVideo M-JPEG	Accusoft
	Matrox M-JPEG	Matrox（迈创）
	Blackmagic 8 bit MJPEG Codec	Blackmagic Design
DVSD	Microsoft DV	Microsoft Windows 系统自带
	Canopus Software DV codecs	Canopus（康能普视）
	Cedocida DV Codec	Andreas Dittrich，开源免费

4. SWF 格式

SWF 格式最早是由 Macromedia 公司的 Flash 软件生成的矢量动画图形格式，这种格式的动画图像能够用比较小的体积来表现丰富的多媒体形式。在图像的传输方面，不必等到文件全部下载才能观看，而是可以边下载边看，因此特别适合网络传输，特别是在传输速率不佳的情况下，也能取得较好的效果。现实也是如此，SWF 如今已被大量应用于网页进行多媒体演示与交互性设计。此外，SWF 动画是基于矢量技术制作的，因此不管将画面放大多少倍，都不会有任何损害。综上所述，SWF 格式以其高清晰度的画质和小巧的体积，受到了越来越多网页设计者的青睐，也越来越成为网页动画和网页图片设计制作的主流，目前已成为网上动画的事实标准。

5. RM/RMVB 格式

RM 格式是 RealNetworks 公司开发的一种流媒体视频文件格式，包括 RealAudio、RealVideo 和 RealFlash。RealAudio 用来传输接近 CD 音质的音频数据，RealVideo 用来传输连续的视频数据，而 RealFlash 则是 RealNetworks 公司与 Macromedia 公司新近合作推出的一种高压缩比的动画格式。RealMedia 可以根据网络数据传输速率的不同制定不同的压缩比率，从而实现在低速率的广域网上进行影像数据的实时传送和实时播放。RM 主要用于在低速网上实时传输音频和视频信息的压缩格式。网络连接速度不同，客户端所获得的声音、图像质量也不尽相同。以声音为例，对于 14.4 KB/s 的网络连接速度来说，可获得调幅（Amplitude Modulation AM）质量的声音；对于 28.8 KB/s 的速度来说，则可以获得广播级的声音质量。

RMVB 则是采用了可变码率（Variable Bitrate）技术的一种文件格式。它可以在画面变动较小时降低码率，反之提高码率，这样可以在文件大小与画质之间取得平衡，换言之，同样大小的影片，采用 RMVB 格式比 RM 格式的画质要好一些。

6. MPG/DAT/VOB 格式

扩展名为 MPG 的文件一般是 MPEG－1 或 MPEG－2 格式的视频文件。MPEG－1 格式是运动图像专家组（the Moving Picture Experts Group，MPEG）制定的第一个视频和音频有损压缩标准，采用了块方式的运动补偿、离散余弦变换（Discrete Cosine Transform，DCT）、量化等技术，实现了在 CD 光盘介质上记录 74 分钟的 NTSC 制式 352×240 活动影像，后来被广泛应用在 VCD 光盘上。其视频压缩算法于 1990 年定义完成。1992 年年底，MPEG－1 正式被批准成为国际标准。针对 MPEG－1 的不足，MPEG 工作组于 1994 年发布了 MPEG－2 格式，它提供了对广播电视领域的隔行扫描视频显示模式的支持，因此在数字电视领域以及 DVD 产品上获得了广泛的应用。

本节所述 DAT 不是程序设计中的数据文件格式，而是在基于 MPEG－1 的为 Video CD 或 Karaoke CD 而制定的一种视频文件格式。如果某计算机不能识别播放此 DAT 文件，一般可以简单地将扩展名 DAT 改为 MPG，即可解决问题。

VOB 格式则是基于 MPEG－2 而为 DVD 影碟制定的一种视频文件格式。在制作视频编辑时，如果需要作为素材的 VOB 文件在非线性编辑软件中不支持，则可以尝试将扩展名 VOB 改为 MPG，一般就可以导入至非线性编辑软件了。

7. MP4 格式

MPEG 工作组于 2003 年发布了新的 MPEG－4 视频压缩标准，主要对 MPEG－1、MPEG－2 进行了扩展，技术上更先进。其中，MPEG－4 第十四部分（MPEG－4 Part 14）定义了存储 MPEG－4 内容的视频文件格式，即 MP4 文件，扩展名为 MP4。

MP4 格式压缩率比 MPEG－2 更高，每分钟只需 4 MB 就可以获得相当于 DVD 的画质。在互联网上分享的视频，有相当一部分采用了 MP4 格式。另外，MP4 格式也被很多数码摄像机、数码照相机、行车记录仪以及其他视频记录设备采用。

智能手机与平板电脑基本都支持 MP4 文件的播放，主流视频软件基本都支持 MP4 文件的导入与导出。

8. 3GP 格式

3GP 由第三代合作伙伴计划（Third Generation Partnership Project，3GPP）定义，主要用于 3G 手机上。3GP 是 MPEG－4 Part 14

DVD 的英文全名是 Digital Video Disk，即数字视频光盘或数字影盘，它利用 MPEG－2 的压缩技术来存储影像。也有人称 DVD 是 Digital Versatile Disk，是数字多用途的光盘，它集计算机技术、光学记录技术和影视技术等为一体，其目的是满足人们对大存储容量、高性能的存储媒体的需求。DVD 光盘不仅已在音/视频领域内得到了广泛应用，而且将会带动出版、广播、通信、WWW 等行业的发展。

（MP4）的一种简化版本，减少了存储空间，且带宽需求较低，让手机上有限的存储空间可以使用。目前，3GP 档案有两种不同的标准：

① 3GPP（针对 GSM 手机，扩展名为 3GP）。

② 3GPP2（针对 CDMA 手机，扩展名为 3G2）。

这两种格式视频采用的都是 MPEG－4 及 H. 263 编码标准，而音频则采用了 AAC 或 AMR 编码标准。

3GP 格式的视频有两种分辨率：

① 分辨率 176×144，适合市面上所有支持 3GP 格式的手机。

② 分辨率 320×240，比较清晰，适合高档手机、MP4 播放器、PSP 以及苹果 iPod。

9. FLV/F4V 格式

Flash Video 格式是 Adobe 公司推出的流媒体视频格式，扩展名为 FLV。FLV 格式使用 Sorenson Spark 或 VP6 等压缩编码，后来 Adobe 公司又加入了 H. 264 编码，使用 H. 264 编码的 Flash Video 格式使用 F4V 扩展名。

FLV/F4V 格式可以镶嵌在网页上的 Adobe Flash Player 播放器中播放，可以很好地保护原始视频地址，起到保护版权的作用。在目前的主流视频分享网站上，点播和直播的视频大部分都采用了这种格式。

FLV/F4V 文件一般用 Adobe Flash Media Live Encoder 实时直播并采集，如图 3－1－18 所示。也可在 Adobe 的视频相关软件，如 Premiere CS5、After Effects CS5 中输出。

数字电视的清晰度分为 3 个等级：普通清晰度电视（PDTV），其水平清晰度为 200～300 线；标准清晰度电视（SDTV），其水平清晰度为 500～600 线；高清晰度电视（HDTV），其水平清晰度为 1 000线以上，按照相关的标准定义，其分辨率为 1 920×1 080，采用16∶9的屏幕比例。

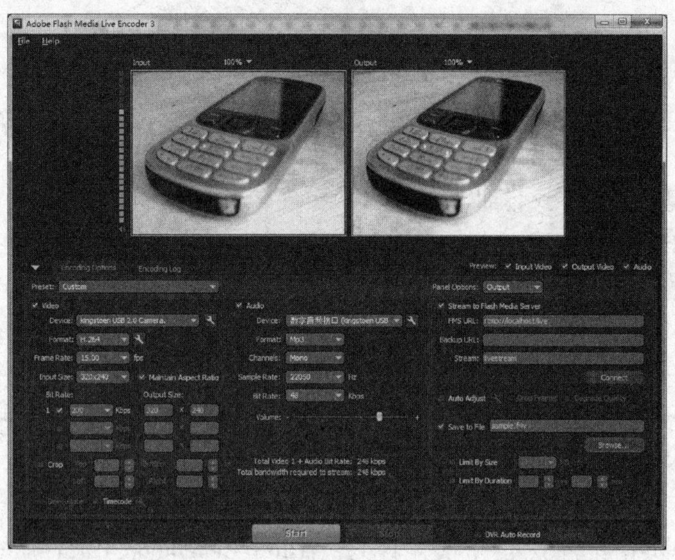

图 3－1－18　Adobe Flash Media Live Encoder 流媒体编码软件

10. MXF 格式

素材交换格式（Material eXchange Format，MXF）是 SMPTE 组织定义的一种专业音视频媒体文件格式。MXF 格式把统称为实体的视频、音频和节目数据（如文本）与元数据（metadata）捆绑在一起。元数据就是与音视频结合的辅助信息，如拍摄时间、地点、人物、场景编号以及其他信息等。拥有元数据的 MXF 文件，为日后的素材管理、资料查找、节目制作等提供了极大的便利。

MXF 格式常见于用闪存卡的摄像机，如常见的使用 P2 卡的某些松下高清摄像机、使用 SxS 卡的索尼某些型号的摄像机都可以拍摄并存储 MXF 格式。但需要注意的是，各厂家的 MXF 格式相互间不一定兼容，可能需要安装厂家的编码解码插件才能读取。

如果在非线性编辑软件中导入 MXF 素材，应注意复制整个包含 MXF 文件的目录再导入，如果单独复制 MXF 文件后就导入，则会缺少元数据的支持，可能导致导入的视频出现时长不全、缺音频等现象。

11. MKV 格式

MKV（Matroska）是一种多媒体封装格式，它可以把多种不同编码的视频及 16 条以上不同格式的音频、不同的字幕封装到一个 Matroska Media文档内。表 3-1-2 为 MKV 格式与 AVI 格式的对比。

表 3-1-2　MKV 格式与 AVI 格式的对比

格式	错误检测	可变帧率	内置多组可选字幕	多音轨	流传输	菜单	非 Microsoft 操作系统
MKV	有	支持	支持	支持	即将支持	即将支持	支持
AVI	没有	不支持	不支持	不支持	不支持	不支持	不够支持

网上很多分享的高清电影是以 MKV 格式封装的，基本当前流行的播放器软件都可以使用这种文件。

3.2　多媒体数据压缩编码技术

多媒体计算机涉及的信息包括：文字、语音、图形、视频和动画等。这些信息经过数字化处理后的数据量非常大，那么如何在多媒体系统中有效地保存和传送这些数据就成了多媒体计算机面临的一个最基本的问题，也是最大的难题之一。数据压缩技术是多媒体计算机发展的关键性技术。

3.2.1 多媒体信息的数据冗余

数据是用来记录和传送信息的，或者说数据是信息的载体。对于人类来说，真正有用的不是数据本身，而是数据所携带的信息。下面我们来看一下常见的几种媒体的容量大小。

(1) 静态图像

分辨率（640×480）的彩色（24 bit/Pixel）数字图像的数据量约7.37 Mbit/帧，则一个100 MB的硬盘只能存放约100帧静态图像画面。当帧速率为1/25 s时，那么视频信号的传输速率需达184 Mbit/s。

(2) 视频图像

根据采样原理，当采样频率≥2倍的原始信号的频率时，才能保证采样后信号保真地恢复为原始信号。彩色电视信号的数据量约为每秒100 Mbit，因而一个1 GB容量的光盘仅能存约1分钟的原始电视数据。

(3) 语音信号

人说话的音频一般在20 Hz到4 kHz，需带宽为4 kHz。按采样定理，并设数字化精度为8 bit，则人讲1分钟的话的数据量约为480 KB。

(4) 音频信号

音乐信号的频带很宽，激光唱盘CD－DA的采样频率为44.1 kHz，每个采样样本为16 bit，二通道立体声，则100 MB的硬盘仅能存储10分钟的录音。

多媒体数据中存在的数据冗余类型如下。

1. 空间冗余

规则物体和规则背景的表面物理特性具有相关性，这些相关性的光成像结果在数字化图像中就表现为数据冗余。一块颜色均匀的块，区域所有点的光强和色彩以及饱和度是相同的，因而数据表达有很大的冗余。

2. 时间冗余

时间冗余是序列图像（如电视图像、运动图像）和语音数据中所经常包含的冗余。图像序列中的两幅相邻的图像，后一幅图像与前一幅图像之间有较大的相关，这反映为时间冗余。同理，在语音中，由于人在说话时其发音的音频是一连续和渐变的过程，而不是一个完全时间上独立的过程，因而存在着时间冗余。

3. 信息冗余（编码冗余）

信息是指对一团数据所携带的信息量，信息冗余一般称为编码冗余。

4. 结构冗余

有些图像从大体上看存在着非常强的纹理结构。例如，草席图像，反映为结构冗余。

5. 知识冗余

有许多图像的理解与某些基础知识有相当大的相关性。例如，人脸的图像有固定的结构。比如嘴的上方有鼻子，鼻子位于正脸图像的中线上等。这类规律性的结构可由经验知识和背景知识得到，在数据处理中可依照规律做编码压缩，此类冗余称为知识冗余。

6. 视觉冗余

人类的视觉系统并非对于图像场的任何变化都能察觉，如对色差信号的变化不敏感。这样在数据压缩和量化过程中引入了噪声，使图像发生变化，只要这个变化值不超过视觉的可见阈值，就认为是足够好的。事实上人类视觉系统的一般分辨能力估计为 26 灰度等级，而一般图像的量化采用的是 28 的灰度等级，像这样的冗余，我们称之为视觉冗余。

7. 其他冗余

如由图像的空间非定常特性所带来的冗余等统称为其他冗余。

3.2.2　数据压缩方法与视频编码标准

1. 数据压缩方法

数据压缩处理一般是由两个过程组成的：一是编码过程，即将原始数据经过编码进行压缩，以便于存储与传输；二是解码过程，此过程对编码数据进行解码，并将其还原为可以使用的数据。

针对多媒体数据冗余类型的不同，存在不同的压缩方法。根据解码后数据与原数据是否完全一致进行分类，压缩方法可被分为有失真编码（有损压缩）和无失真编码（无损压缩）两大类。有失真编码会减少信息量，而损失的信息是不能再恢复的，因此也叫不可逆压缩法。常用的有失真编码方法有：脉冲编码调制（PCM）、预测编码、变换编码、插值和外推法等。无失真编码去掉或减少了数据中的冗余，但这些冗余是可以重新插入到数据中的，因此冗余压缩是可逆的过程。常用的无失真编码方法有：游程编码、霍夫曼编码、算术编码和 LZW 编码等。根据压缩方法的原理，可将压缩编码分成以下 7 类：

① 预测编码（predictive coding）。

② 变换编码（transform coding）。

③ 量化与向量量化编码（vector quantization）。

④ 信息摘编码（entropy coding）。

⑤ 分频带编码（subband coding）。

⑥ 结构编码（structure coding）。

⑦ 基于知识的编码（knowledge - based coding）。

2. 视频编码的国际标准

(1) 视频通信编码标准 H. 261/H. 263

经过多年的努力，CCITT 第 15 研究组于 1988 年提出的电视电话/会议电视的建议标准 H. 261 被审核通过，成为可视电话和电话会议的国际标准。该标准常称为 Px64k 标准，其传输码率为 Px64 kbps，其中 P = 1 ~ 30，为变量，根据图像传输清晰度的不同，码率变化范围在 64 kbps 至 1. 92 Mbps 之间，编码方法包括 DCT 变换，可控步长线性量化，变长编码及预测编码等。Px64k 视频压缩算法也是一种混合编码方案，即基于 DCT 的变换编码和带有运动预测差分脉冲编码调制（Differential Pulse Code Modulation DPCM）的预测编码方法的混合。在低传输速率时（P = 1 或 2，即 64 kbit/s 或128 kbit/s），除 QCIF 技术外，还可以使用亚帧（sub frame）技术，即每间隔一帧（或数帧）处理一帧，压缩比可高达 5 : 1 左右。H. 261 所针对的可视电话信号最初考虑是在一般电话网中传输的，带宽和码率是其考虑的核心问题。其每帧取样点数比 ITU - R601 所规定的低许多，且采取抽帧传输的方法，无法满足数字电视压缩编码的要求，但 H. 261 是此前压缩编码数十年研究的结果，成为以后 JPEG 和 MPEG 编码方法的重要基础。

1995 年，ITU - T 总结当时国际上视频图像编码的最新进展，针对低比特率视频应用制定了 H. 263 标准，该标准被公认为是以像素为基础的采用第一代编码技术的混合编码方案所能达到的最佳结果。随后几年中，ITU - T 又对其进行了多次补充，以提高编码效率，增强编码功能。补充修订的版本有 1998 年的 H. 263 +，2000 年的 H. 263 + +。H. 263 系列标准特别适合于 PSTN 网络、无线网络与互联网等环境下的视频传输。

(2) 静止图像压缩标准 JPEG

1986 年，国际标准化组织 ISO 和 CCITT 共同成立了联合图像专家组（Joint Photographic Experts Group），对静止图像压缩编码的标准进行了研究，JPEG 小组于 1988 年提出建议书，1992 年成为静止图像压缩编码的国际标准。JPEG 是一个达到数字演播室标准的图像压缩编码标准，其亮度信号与色度信号均按照 ITU – R601 的规定取样后划分为 8 × 8 子块进行编码处理。

JPEG 算法共有 4 种运行模式，其中一种是基于空间预测 DPCM 的无损压缩算法，另外 3 种是基于 DCT 的有损压缩算法。下面分别进行简单介绍：

① 无损压缩算法。无损压缩算法可以保证无失真地重建原始图像。

② 基于 DCT 的顺序模式。这种模式按照从上到下、从左到右的顺序对图像进行编码，称为基本系统。

③ 基于 DCT 的递进模式。这种模式按由粗到细的方式对一幅图像进行编码。

④ 分层模式。分层模式以各种分辨率对图像进行编码，可以根据不同的要求，获得不同分辨率的图像。

（3）运动联合图像专家组 Motion JPEG

Motion JPEG 的全称为 Motion Joint Photographic Experts Group（运动联合图像专家组），也简称为 MJPEG，是一种视频压缩格式，它是在 JPEG 基础上发展起来的动态图像压缩技术，它把运动视频作为序列静止图像逐帧进行压缩，因此很适合要求精确到帧的非线性编辑。对于标清视频（720 × 576，25fps），当压缩数据量在 5 MB/s 时，图像质量可达广播级要求。

此外，MJPEG 的编码与解码对 CPU 要求较低，因此在过去计算机运算能力较弱的年代，MJPEG 就已经广泛流行，几乎广播级非线性编辑卡都采用了 MJPEG 作为视频编码方式。

（4）运动图像压缩标准 MPEG

MPEG（Moving Pictures Experts Group，活动图像专家组）的工作兼顾了 JPEG 标准和 CCITT 专家组的 H. 261 标准，对运动图像的压缩编码标准进行了研究。MPEG 标准分成 MPEG 视频、MPEG 音频和视频音频同步 3 个部分。1992 年和 1994 年分别通过了 MPEG – 1 和 MPEG – 2 压缩编码标准。MPEG – 1是针对运动图像和声音在数字存储时传输速率为 1 Mbit/8 到 1. 5 Mbit/8 的普通电视质量的视频信号的压缩，典型应用有 VCD 等家用数字音像产品，其编码最高码率为 1. 5 Mbps。MPEG – 2 针对的则是数字电视的视音频在分辨率为 720 × 576 的条件下每秒 30 帧的视频信号进行压缩，并对数字电视各种等级的压缩编码方案及图像编码中划分的层次做了详细的规定，其编码码率可从 3 Mbps 到 100 Mbps。

1992 年 11 月，MPEG 专家组决定开发新的适应于极低码率的音频/视频（AudioVisual，AV）编码的国际标准，即 MPEG－4。相对于 MPEG 的前两个压缩标准，MPEG－4 已不再是一个单纯的视频音频编解码标准，它将内容与交互性作为核心，从而为多媒体提供了一个更为广阔的平台。它更多定义的是一种格式和框架，而不是具体的算法，这样人们可以在系统中加入许多新的算法。除了一些压缩工具和算法外，各种各样的多媒体技术，如图像分析与合成、计算机视觉、语音合成等也可以充分应用于编码中。

1998 年 11 月，MPEG－4 形成最终的正式国际标准。活动图像专家组的成员们认识到现有的国际标准还不能够解决多媒体信息定位的问题。于是他们决定在这一应用领域发展一个新的国际标准——MPEG－7，它的正式名称是“多媒体内容描述接口（Multimedia Content Description Interface）”。MPEG－7 标准可以独立于其他 MPEG 标准使用，但 MPEG－4 中所定义的音频、视频对象的描述适用于 MPEG－7。MPEG－7 的适用范围广泛，既可应用于存储（在线或离线），也可以用于流式应用（如广播、将模型加入互联网等）。它还可在实时或非实时的环境下应用，实时环境指的是当信息被捕获时，其与所描述的内容是相联系的。

2003 年 5 月，由 ITU－T 视频编码专家组与 MPEG 专家组（ISO/IEC）联合组成的联合视频组开发了基于 MPEG－4 的适合高精度视频的录制、压缩和发布的格式。它有两个名字，ITU－T 组织命名其为 H.264，而 ISO/IEC 组织则命名其为高级视频编码（Advanced Video Coding，AVC）或 MPEG－4 AVC，它是 MPEG－4 的第 10 部分，实际上 H.264 和 AVC 是相同的技术内容的不同称呼。

H.264/MPEG－4 AVC 是目前最流行的视频编码方案之一，QuickTime 和 AVI 以及其他很多视频格式都采用了这种编码。

继 H.264/MPEG－4 AVC 之后，更新一代的“高效率视频编码”（High Efficiency Video Coding，HEVC）——HEVC/H.265 视频压缩标准在 2013 年 4 月 13 日被接受为国际电信联盟的正式标准。HEVC 不仅提升了图像质量，并且只需 H.264/MPEG－4 AVC 一半的比特率即可达到同样的画质，支持 4K（4 096 × 2 160 或 3 840 × 2 160）以及 8K（8 192 × 4 320）分辨率，分别相当于现在 HDTV（1 920 × 1 080）的 4 倍和 16 倍面积。

目前支持 4K 前端及终端的产品均已商业化，如家用 4K 电视机和支持 4K 的摄录像机均已销售，未来采用 HEVC/H. 265 编码压缩的产品将很快普及。

（5）数码影像 DV

20 世纪 90 年代初期，为了避免重蹈 Betamax 和 VHS 规格战的历史教训，松下电器（Panasonic）、Sony、JVC、飞利浦、三洋、日立、Sharp、汤臣多媒体、三菱及东芝十家厂商商讨了数码摄录像机数字化，并于 1994 年制定了家用（Consumer）数码摄录像机标准，这就是所谓的数码影像（Digital Video，DV）规格（原为蓝皮书，官方名称 IEC61834）。

DV 使用 DCT 计算法以 Intraframe 图场内压缩，码率固定为 25 Mbit/s，加上子码数据、侦错、纠错（约 8.7 Mbit/s）共约 36 Mbit/s。色度抽样上，NTSC DV 及 PAL DVCPRO 为 4 : 1 : 1，其他 PAL 为 4 : 2 : 0。音频可以录制双声道（48 kHz、16 bit）或四声道（32 kHz、12 bit）。DV 摄录像机使用 MiniDV 磁带，可使用通用的 IEEE 1394 接口采集视频。

为了增强 DV 的性能，SONY 和松下电器相继分别又发表了 DVCAM、DVCPRO 标准，它们采取在原有磁带轨迹基础上加宽以及其他措施，以增强录放的可靠性，满足专业用户的需求。

不过随着高清视频以及闪存盘记录载体的普及，DV 这种以磁带为基础的数码影像格式几乎被淘汰了。

3. 常见编码解码软件

人们将视频和音频的数据压缩的研究成果开发成便于使用的软件，这类包含编码压缩（Coder）与解码（Decoder）的软件就是编码解码（Codec）软件。播放一个视频文件，实际上就是解码（Decoder）过程。

当我们得到一个 MOV 或 AVI 视频素材文件时，如果没有对应它的 Codec，就无法播放（解码）它，也无法编辑这个视频素材。这时就需要了解并安装此视频素材所使用的 Codec 软件。

下面介绍 Windows 平台下常见的几个 Codec：

（1）QuickTime

在商业素材视频文件、一些带摄像功能的照相机、行车记录仪、硬盘录像机等设备上，常常会见到这种使用 QuickTime 软件播放的文件（MOV 文件）。如果要编辑这些素材，需要从 Apple 公司网站下载并安装 QuickTime（见图 3 - 2 - 1）。该软件可以免费使用，专业版 QuickTime Pro 则需要注册，不过普通版足够一般使用了。

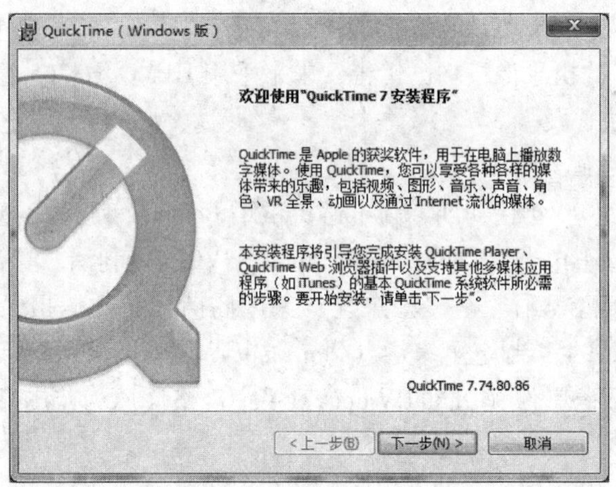

图 3-2-1　QuickTime 7 的安装界面

有一些第三方的厂商，如 Avid 公司为 QuickTime 开发了自己的 Codec 插件，因此这类 MOV 文件在安装了官方的 QuickTime 后，还需要安装第三方厂商为 QuickTime 编写的插件才能解码。

在视频编辑处理软件中（如 Adobe Premiere CS 5.5）选择输出格式选择为 QuickTime（MOV 文件）后（见图 3-2-2），则在 Video Codec（视频编码）选项中，有很多编码可供选择，如图 3-2-3 所示。当在 Video Codec 下拉列表中选择 H.264，将 Quality（品质）滑竿选择为 50 时，视频的画质就已经达到较好的水平，此时文件占用空间较小。

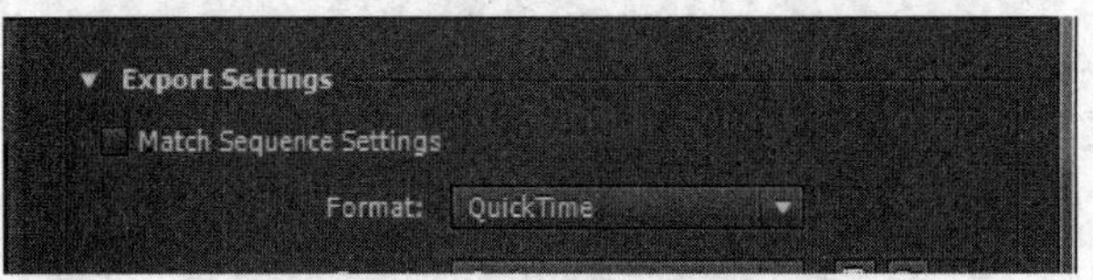

图 3-2-2　输出格式 Format 为 QuickTime

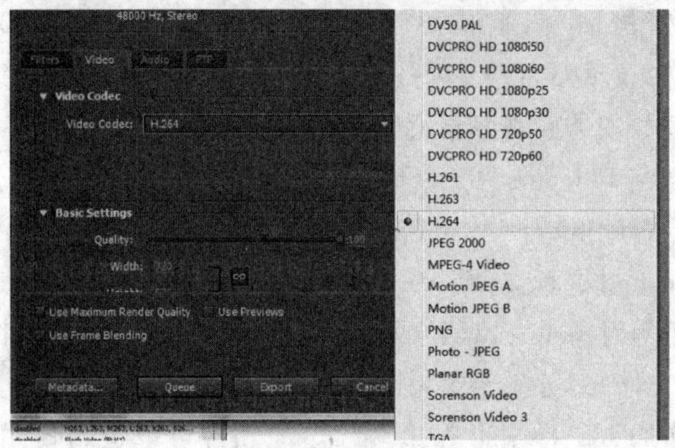

图 3-2-3　选择 Video Codec 视频编码

表 3－2－1 列出了几种 QuickTime 的视频编码的特点和用途，仅供参考。

表 3－2－1　几种 QuickTime 的视频编码的特点和用途

序号	Video Codec 类型	特点	用途参考
1	H. 264	文件占用空间最小，易于分享	最终成品
2	MPEG－4		
4	Photo－JPEG	画质好，解压速度较快，占用空间适中，适合编辑	高品质的存档素材，比如用于视频抠像合成的蓝屏视频、要求高的广告素材等
5	Motion JPEG A/B	与 Photo－JPEG 类似	
6	JPEG 2000	同等画质下文件占用空间比 Photo－JPEG 更小，解压速度较慢	
7	TGA	文件占用空间很大，画质无损	带 Alpha 通道的动态 LOGO、动态字幕条之类素材
8	PNG	文件占用空间比 TGA 小很多，画质无损	

（2）Matrox VFW Software Codecs

Matrox（迈创）是老牌的非线性编辑卡制造商，它的产品在电视台、影视广告公司广泛使用。一些旧型号的 Matrox 非线性编辑卡使用硬件 M－JPEG 编码，对于这类非线性编辑卡采集存档的历史素材，如果编辑时无法正常打开，则可以到 Matrox 网站下载 Matrox VFW Software Codecs 编码软件，其中包含了 Matrox 众多的 Codec。

（3）PICVideo Motion JPEG

与 Matrox 使用硬件编码的 M－JPEG 编码不同，这是一个纯软件的 Motion JPEG Codec，使用模拟电视卡、Pentium 3 以上的 CPU 就可以对标清视频的模拟视频信号进行实时编码。

PICVideo Motion JPEG 编码软件的设置界面如图 3－2－4 所示，调节 Compression Quality 参数到 18 时，相当于通常的非线性编辑卡广播级品质，磁盘占用率大约 22 GB/h，因此一般适合做素材而不是成品。如果参数调到最高 20，则画质最好，但占用空间更大，可作为蓝背景抠像等要求高的素材。

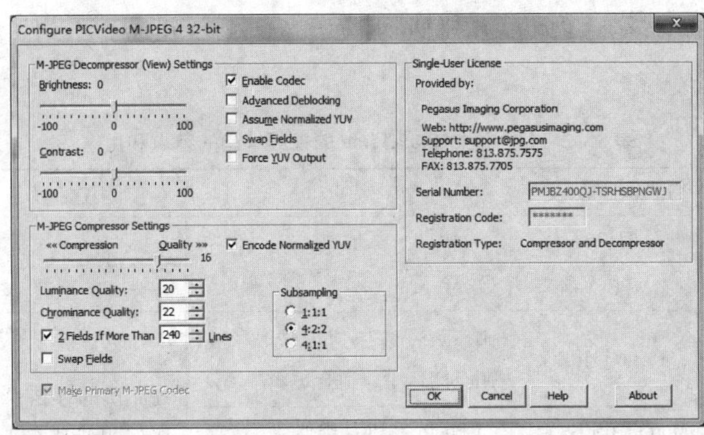

图 3－2－4　PICVideo Motion JPEG 编码软件设置界面

选项“2 Fields If More Than 240 Lines”复选框是指将1个帧画面分成2个奇偶场，用于隔行扫描的电视。如果输出的视频是用于电脑上播放的，则取消复选框的勾选。对于输出分辨率为 720×576 的 PAL 制视频标清，才需要保留。

PICVideo Motion JPEG 是收费软件，如果没有输入序列号进行正确的注册，则输出的 AVI 画面上将会出现“PICVideo M－JPEG ×××”等水印，如图 3－2－5 所示。

图 3－2－5　未注册的 PICVideo M－JPEG 水印

（4）Microsoft DVCodec

这是 Microsoft Windows 自带的 DVCodec，无须额外安装，支持

PAL/NTSC 制式，一般在专题、新闻、教学等 DV 级别的非线性编辑领域中经常使用。

Microsoft DV 编码的码率是固定的，大约 13 GB/h，占用磁盘空间较大，因此一般不作为最终成品的格式。

除了 Microsoft 出品的 DV 编码外，还有其他厂商也有自己的 DV Codec，如康能普视 Canopus DV Codec（原为日本厂商，现被美国 Grass Valley 并购），其画质比 Microsoft DV 稍好。

如果拍摄蓝背景抠像视频，则不建议使用 DV，因为 Microsoft DV PAL 采用 4∶2∶0 色度取样，用它的抠像效果边缘锯齿明显。

（5）DivX 和 Xvid

20 世纪 90 年代，一些黑客非法盗用Microsoft的 MPEG－4 编码，并改写成 DivX 3. 11，这种编码比当时的 VCD、DVD 压缩率更大，且图像质量很好，自此用 DivX 压制的电影一度广泛流传。经过不断变迁，DivX 10 版本已经支持 HEVC/H. 265 编码，并自带文件格式转换软件，可以方便地将视频文件转成 AVI 或 MKV 等流行格式。图 3－2－6 所示为 DivX 的文件转换软件 DivX Converter。

图 3－2－6　用 DivX Converter 转换文件格式

当年曾经开放的 DivX 问世后走向了封闭的商业化，其中参与开发的崇尚开放自由的一些软件高手出走，并重新组织编写了 Xvid（DivX 的反写），并可解码 DivX。网上很多 AVI 格式的视频有一部分是用 Xvid 编码压缩的。

图3－2－7所示显示了在一个视频小工具软件VirtualDub中，选择Xvid MPEG－4 Codec时，进入Xvid的参数调节界面——可根据视频分辨率选择Xvid提供的预设，如要得到1 080 P的高清视频，可以直接选择Xvid HD1080项。

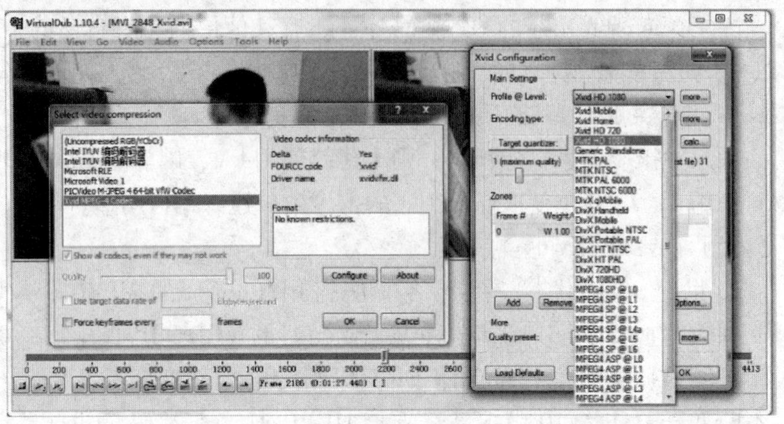

图3－2－7　Xvid编码参数设置界面

（6）K－Lite Codec Pack。由于视频编码、文件格式越来越繁多，为了使普通用户可以无障碍地播放这些视频文件，有一些计算机编程高手基于互联网共享精神，将市面上可能的视频编码打包在一个安装程序里发布，其中有一个免费的安装包叫K－Lite Codec Pack，有Basic、Standard、Full及Mega版（功能最全、最多）。

K－Lite Codec Pack包含了主流的几乎所有种类的视频、音频编码，如H.264、MPEG－4、MPEG－1/2、DivX、Xvid、M－JPEG等，并且安装了Standard、Full或Mega版后，也会同时安装Media Player Classic Homecinema播放器。如果仅仅是用来播放视频，那么这个播放器是一个很好的选择。

K－Lite Code Pack可以选择取消对某种格式的解码。例如，系统安装了Decklink的某款采集卡，它包含MJPEG解码，此时可以进入K－Lite Code Pack的解码设置程序ffdshow video decoder configuration（见图3－2－8），找到Format中的MJPEG，在右侧的Decoder一栏下，单击弹出菜单，选择disabled（取消使用）项，这样K－Lite的解码就不会与Decklink的MJPEG解码产生冲突了。

需要注意的是，非线性编辑软件，如Premiere、After Effects等不一定兼容K－Lite Code Pack所带的各类Codec，因而一些视频文件用K－Lite Code Pack可以正常解码播放，但不一定能导入至Premiere等非线性编辑软件。这时需要用媒体转换程序将这类视频转换为Premiere

等软件认可的格式，如 M－JPEG AVI、DV AVI、MPG、MP4 等。

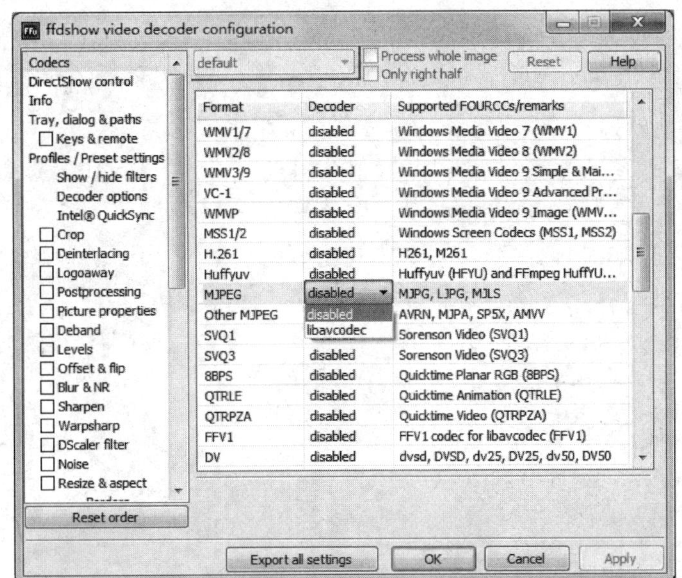

图 3－2－8　对某个格式取消用 K－Lite 解码

思考与练习

一、填空题

1. 多媒体系统包含的媒体元素有：________、________、________、________、________、________等。
2. 3GP 格式主要用于________。
3. SVG 是一种________格式。
4. SWF 是一种________格式。
5. FOURCC 顾名思义是由________个字母组成的字符串，用来描述音视频的________类型。
6. ____________是多媒体计算机发展的关键性技术。
7. ____________目前已成为网上动画的事实标准。
8. 数据是用来________和________的。
9. FLV/F4V 是________________公司推出的流媒体视频格式。
10. ASF/WMV 是________________公司开发的一种视频文件压缩格式。

二、选择题

1. 描述乐曲演奏过程中的指令的是（　　）。

A. CD 唱片　　B. MIDI 格式　　C. MP3 格式　　D. WAV 格式

2. 下面支持透明色和多帧动画的图像格式是（　　）。

A. BMP 格式　　B. GIF 格式　　C. JPG 格式　　D. TGA 格式

3. 对于同一个图像，以（　　）保存占用磁盘空间最大。

A. BMP 格式　　B. GIF 格式　　C. JPG 格式　　D. SVG 格式

4. 目前（　　）已成为数字媒体软件技术领域的事实上的工业标准。

A. MOV　　B. AVI　　C. DAT　　D. MEPG

5. （　　）是信息的载体。

A. 信号　　B. 数据　　C. 新闻　　D. 网页

6. DVD 影碟中的视频格式是（　　）。

A. DAT　　B. RM　　C. VOB　　D. MP3

7. （　　）是多媒体计算机发展的关键性技术。

A. 数据传输技术　　B. 虚拟现实技术

C. 动画制作技术　　D. 数据压缩技术

8. 编码冗余又称（　　）。

A. 结构冗余　　B. 空间冗余

C. 信息冗余　　D. 知识冗余

9. 下面属于无损压缩方法的是（　　）。

（1）PCM　（2）游程编码　（3）算术编码　（4）变换编码　（5）霍夫曼编码

（6）外推法　（7）LZW 编码

A. （1）（3）（5）（7）　　B. （2）（5）（7）

C. （1）（4）（6）（7）　　D. （2）（3）（5）（7）

10. 多媒体计算机中的媒体信息是指（　　）。

（1）文字、数字　（2）语音、图形　（3）动画、视频　（4）音乐、音响效果

A. （1）　　B. （1）（2）　　C. （1）（3）　　D. 全部

三、问答题

1. 声音文件的格式有哪些?
2. 最常见的位图图像格式有几种? 分别是什么? 有哪些支持动画?
3. 视频动画文件格式有哪几种?
4. SVG 有哪些 GIF 和 JPEG 所不能提供的优势?
5. 多媒体数据冗余类型有哪几种?
6. QuickTime 有哪些优点?

7. 什么是 MPEG 压缩标准？
8. 数据压缩方法有哪几种？
9. 数据压缩处理一般需要哪些过程？
10. 视频编码的国际标准有哪几种？

第 2 篇

多媒体硬件系统与软件平台

第 4 章　多媒体硬件系统

学习目标

通过本章的学习，了解多媒体系统的组成，多媒体硬件设备的种类、原理与使用及简单的维护。

本章要点

- 多媒体系统的组成。
- 多媒体系统的硬件输入设备。
- 多媒体系统的硬件输出设备。

随着多媒体技术的发展，多媒体技术的应用十分普遍，其应用的是基于多种媒体的交互处理与大信息量的高度集成，故必须要求有支持声音、图形、图像、文本等各种信息处理与多种媒体共同工作的设备。如使声音与图像等信号在播放时保持连续与同步，要实现此功能就必须有相应的硬件与软件的支持。

4.1　多媒体计算机系统组成结构

一个完整的多媒体系统，由 5 个层次的结构体系组成，如图 4-1-1所示。

在这个层次结构体系中，最底层为多媒体计算机硬件系统。其主要任务是实时地综合处理文、图、声、像等信息，实现全动态视频和立体声的处理，同时还需对多媒体信息进行实时的压缩与解压缩。

第 2 层是多媒体的软件系统。它包括多媒体文件系统、多媒体操作系统、多媒体通信软件等部分。其中操作系统具有实时任务调度，多媒体数据转换和同步控制，对多媒体设备的驱动和控制以及图形用户界面管理等功能。它支持计算机对文字、音频、视频等多种媒体信息的处理，解决多媒体信息的同步等问题，并为用户提供多任务的环境。

目前在微型计算机中，多媒体操作系统主要采用 Windows 98/2000/XP/2003 操作系统。

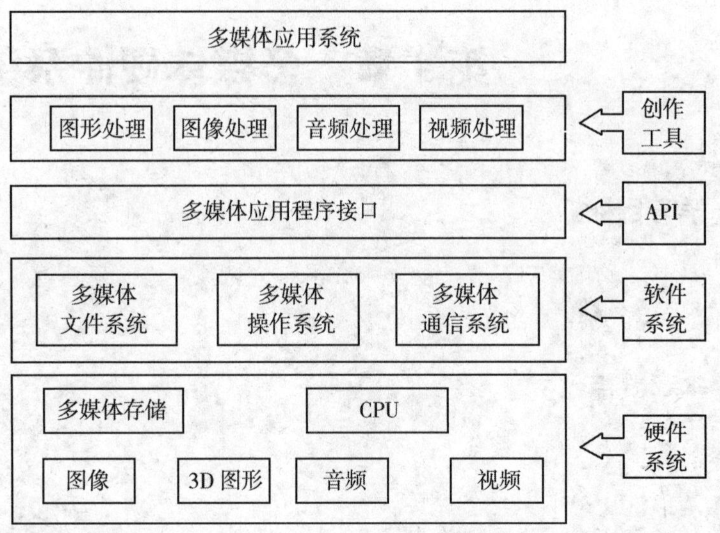

图 4-1-1　多媒体系统的组成

第 3 层为多媒体应用程序接口（Application Programming Interface，API）。这一层主要是为上一层提供软件接口，以便程序人员在高层通过软件调用系统功能，并在应用程序中控制多媒体硬件设备，为了能够让程序员方便开发多媒体应用系统，Microsoft 公司推出了 Direct 等程序设计软件，它提供了让程序员直接使用操作系统的多媒体程序库，使 Windows 操作系统成为一个集声音、视频、图形与游戏于一体的增强平台。

第 4 层为多媒体创作工具及软件。它在多媒体操作系统的支持下，利用图形图像编辑软件、视频处理软件、音频处理软件等，来编辑与制作多媒体节目素材，并在多媒体制作工具软件中集成。多媒体制作工具的设计目标是缩短多媒体应用软件的制作开发周期，降低对制作人员技术方面的要求。

第 5 层是多媒体应用系统。这一层直接面向用户，是为用户服务的。应用系统要求有较强的多媒体交互功能，良好的人机界面。对一般用户来说，使用这一层是非常多的。

4.1.1　多媒体硬件系统概述

多媒体硬件系统是在计算机传统的硬件设备基础上增加多媒体相关设备组成的。多媒体计算机简称为 MPC，是具有多媒体处理能力的个人计算机。从硬件上来看是在传统计算机的硬件基础之上，增加多媒体信息输入与输出处理的硬件设备，如增加声音卡可以用来增强计算机声音处理能力等。当然，随着多媒体技术的发展，MPC的内容不断充实，人们对 MPC 也有不同的理解。

MPC 源于 1990 年 Microsoft 公司联合一些主要的计算机硬件厂家与多媒体产品开发商组成的 MPC 联盟，其主要目的是建立计算机系统硬件的最低标准，利用 Microsoft 公司的 Windows 系统，以计算机现有的设备作为多媒体系统的基础，有利于资源共享和数据交换。目前，MPC 特指符合 MPC 联盟标准的多媒体计算机。

1. MPC 规范

MPC 联盟规定，多媒体计算机包括有 5 个基本部件：个人计算机、只读光盘驱动器、声卡、Windows 操作系统和一组音箱或耳机。MPC－1～MPC－3 标准是 MPC 市场协会在 1990—1995 年陆续制定的一些性能标准，如表 4－1－1 所示。

表 4－1－1　MPC 标准

标准	CPU	RAM/MB	硬盘	CD-ROM	声卡	显示器
MPC－1	16M 386SX	2	30 MB	150 kbps 1 000 ms	8 bit	640×480，16 色
MPC－2	25M 486SX	4	160 MB	150 kbps 1 000 ms	16 bit	640×480，16 色
MPC－3	75M 586	8	540 MB	150 kbps 1 000 ms	16 bit	640×480，16 色
流行配置	3G P4	256	80 GB	150 kbps 20 ms	128 bit	1 024×768，32 色

MPC－1～MPC－3 标准制定的目的是规范计算机的指标要求，有利于资源共享和数据交换，在当时起到了积极作用，受到厂家和用户的广泛支持。但这些标准只是对多媒体计算机提出了最低标准，随着计算机和多媒体技术的发展，MPC 的标准会越来越高。目前，市场上的主流是以 Pentium 4 为 CPU 的计算机，详见表 4－1－1。同时，许多多媒体制作工具软件和应用软件对计算机硬件的要求也基本都以主流计算机为标准。

2. MPC 的性能

随着计算机硬件技术和多媒体的高速发展，MPC 的标准将继续不断升级，在实际应用中，我们不必拘泥于计算机的具体配置，只要理解 MPC 的基本性能就可以。

（1）图像处理能力

多媒体计算机对图像的处理包括图像获取、编辑和变换。计算机中的图像是数字化的，分为矢量图和点阵图。

一般我们称声音的采样频率 44.1 kHz 为 CD 音质。

（2）声音处理能力

声音的数字化方法是采样。采样频率越高，保真度就越高。声音的采样频率有 3 个标准：44.1 kHz、22.05 kHz、11.025 kHz。每次采样数字化后的位数越多，音质就越好。8 位的采样把每个样本分为 2^8 等份，16 位的采样把每个样本分为 2^{16} 等份。声音的处理分单声道和立体声道两种。

（3）MIDI 乐器数字接口

MIDI 规定了电子乐器之间电缆的硬件接口标准和设备之间的通信协议。MIDI 信息的标准文件格式包括音乐的各种主要信息，如音高、音长、音量、通道号等。合成器可以根据 MIDI 文件奏出相应的音乐。

（4）动画处理能力

计算机动画有两种，一种叫造型动画，另一种叫帧动画。造型动画是对每个活动的物体分别进行设计，赋予每个物体一些特征（如形状、大小、颜色等），然后用这些物体组成完整的画面。造型动画的每帧由称为造型元素的有特定内容的成分组成。造型元素可以是图形、声音、文字，又可以是调色板。控制造型元素的剧本称为记分册。记分册是一些表格，它控制动画中每帧的表演和行为。

Flash 动画属于帧动画，常用于网络中。

帧动画是指由一帧帧位图组成的连续的画面。

在 Windows 下有如下 3 种方法可以播放动画。

① 使用多媒体应用程序接口 MMP DLL，这时必须写一个放映动画的程序。

② 使用 Windows 的 Media Player 软件。该软件是直接放映动画的应用软件。

③ 使用任何含媒体控制接口（Media Control Interface，MCI）并且支持动画设备的应用软件。

（5）存储能力

对多媒体的数据存储问题需要考虑的是：存储介质的容量、速度和价格。有如下几类大容量存储器可以考虑。

① 硬盘。其平均存取时间为 10 ~ 28 ms，传送速度越快越好。一般要求容量在 40 GB 以上。

② 光盘。光盘可分 CD-ROM、CD-R、DVD 等类型。CD-ROM 适合大量生产；可擦写光盘适合开发和计算机之间的数据传递及保存。光盘介质存取时间比硬盘稍慢，35 ~ 180 ms，用于图像的保存或计算机与计算机之间的数据传递，常用的容量 CD-ROM 有 230 MB与 650 MB，DVD 有 4.7 GB 等多种。

（6）MPC 之间的通信

MPC 计算机之间的多媒体信息传递方法有以下 5 种。

① 可移动式硬盘：包括便携式硬盘片、打印口外接硬盘、抽拉式硬盘盒。

② 可移动光盘：CD-ROM、DVD、WORM、可擦写光盘。

③ 可移动式优盘：Flash 闪盘。

④ 网络：电子邮件、局域网、互联网。

⑤ 串口或并口通信。

下面我们来介绍一个多媒体计算机具体硬件配置，在普通计算机基础上安装声音卡、视频卡、音箱和光盘驱动器等，就组成了一台多媒体计算机，如图 4 – 1 – 2 所示。

普通计算机
+ 多媒体套件
多媒体计算机

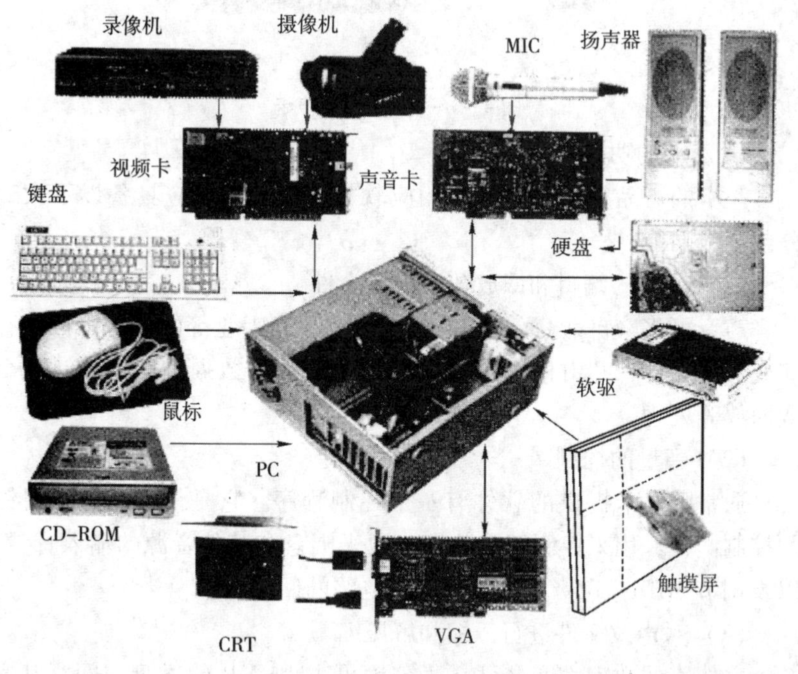

图 4 – 1 – 2　多媒体计算机

图 4 – 1 – 2 所示为一个 MPC 计算机结构图，除了普通计算机外，

声卡是目前多媒体产品中最为廉价的一个部件，通常经济型的声卡只需要几十元。

1 MB 的容量可存放文字文稿为100页左右，一首 MP3 的压缩格式的歌曲有3~4 MB 容量。

增加了声音卡、视频卡、CD-ROM 等多媒体套件就成为一台多媒体计算机，下面我们分别来学习这些多媒体部件。

4.1.2 声　卡

声卡又称声音卡，如图4-1-3所示，它是一种计算机中的音频接口板，其作用是将声音输入设备（话筒）、声音输出设备（音箱）、数字乐器及游戏杆连接到计算机中，其主要功能是音频的录制与播放、编辑与合成、MIDI 与音乐合成、文—语转换、语音识别及游戏接口。

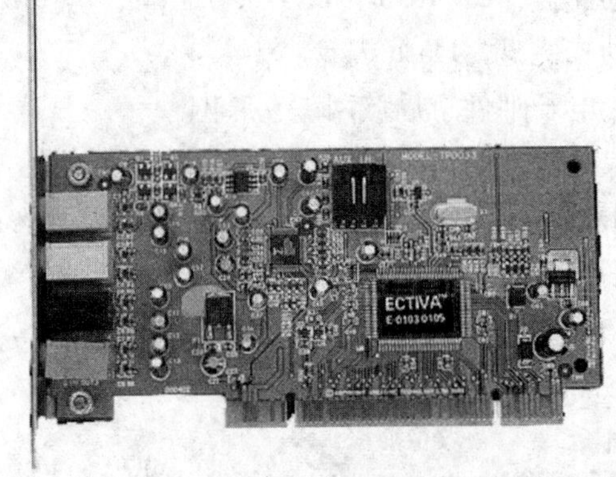

图4-1-3　多媒体声卡

1. 声卡的功能

声卡的产品很多，声卡在相应软件的支持下，应具备以下大部分或全部功能。

(1) 录制、编辑和回放数字声音文件

声音可将来自话筒、收/录音机以及激光唱盘等的声音采样，存储成数字文件，并由相应的软件对声音文件的数据进行编辑、混合或回放等处理。

(2) 音量的控制

通常随声卡提供的软件有一个控制程序。它是一个有多个滑键的控制面板，用来控制调节话筒、激光唱盘和其他音源的输入音量，以及调节 MIDI、声音文件和各输出电路的回放音量。

(3) 对声波文件进行压缩和解压缩

立体声的数字声音文件，每分钟可占 10 MB 的磁盘空间，其文件容量相对于文本较大。为加速声音压缩过程，声音的压缩算法可由硬件完成（固化在声卡上），也可以采用软件的形式进行压缩。

(4) 语音合成技术

在相应软件的支持下，可让大部分声卡发声，如朗读 Word 文件中的文字，现在已经可达到真人的效果，可以用来帮助用户检查文章中句法和语法错误。通常用两种技术来生成语音：一种基于字典技术，它根据单词查到发音代码并送到合成器上去；另一种基于规则，它将文本转换成语音并输出。

(5) MIDI 接口（乐器数字接口）

计算机可以控制多台带 MIDI 接口的电子乐器，MIDI 文件比 WAV 格式（声波文件）存放的文件更节省空间，但 MIDI 音乐只能支持一些旋律音乐，不支持人声。

2. 声卡的类型

声卡按接口来分，主要分为板卡式、集成式和外置式 3 种形式。

(1) 板卡式

板卡式产品是现今市场上最为常见的，产品涵盖低、中、高各档次，售价从几十元至上千元不等。早期的板卡式产品多为工业标准结构总线（Industrial Standard Architecture，ISA）接口，由于此接口总线带宽较低，功能单一，占用系统资源过多，目前已被淘汰；PCI 则取代了 ISA 接口成为目前的主流，它们拥有更好的性能及兼容性，支持即插即用，安装使用都很方便。

(2) 集成式

计算机中的电噪声较大，难以达到高档音响的音质效果。

声卡只会影响到电脑的声音质量，对计算机的速度等性能并没有很大的影响。因此，大多用户对声卡的要求都满足于能用就行，更愿意将资金投入能增强系统性能的部分。虽然板卡式产品的兼容性、易用性及性能都能满足市场需求，但为了追求更为廉价与简便，集成式声卡出现了。

此类产品集成在主板上，具有不占用个人电脑接口（Personal Computer Interface，PCI）、成本更为低廉、兼容性更好等优势，能够满足普通用户的绝大多数音频需求，自然就受到市场青睐。而且集成声卡的技术也在不断进步，PCI 声卡具有的多声道、低 CPU 占用率等优势也相继出现在集成声卡上，它也由此占据了主导地位，占据了声卡市场的大半壁江山。

(3) 外置式声卡

这是创新公司推出的一个产品，它通过 USB 接口与计算机连接，具有使用方便、便于移动等优势。但这类产品主要应用于特殊环境，如连接笔记本实现更好的音质等。目前市场上的外置式声卡并不多。

3种类型的声卡中，集成式产品价格低廉，技术日趋成熟，占据了较大的市场份额。随着技术的进步，这类产品在中低端市场还拥有非常大的前景；PCI声卡是中高端声卡领域的主流产品，独立板卡在设计布线等方面具有优势，更适于音质的发挥；而外置式声卡的优势与成本对于家用计算机来说并不明显，是一个填补空缺的边缘产品。

3. 声卡工作原理

声卡通常采用大规模的集成电路，将音频技术范围的各类电路以专用芯片的形式集成在声卡上，并直接插入计算机的扩展槽中。尽管每种声卡的外形与结构有所差异，但其工作原理基本相同，结构如图4-1-4所示。

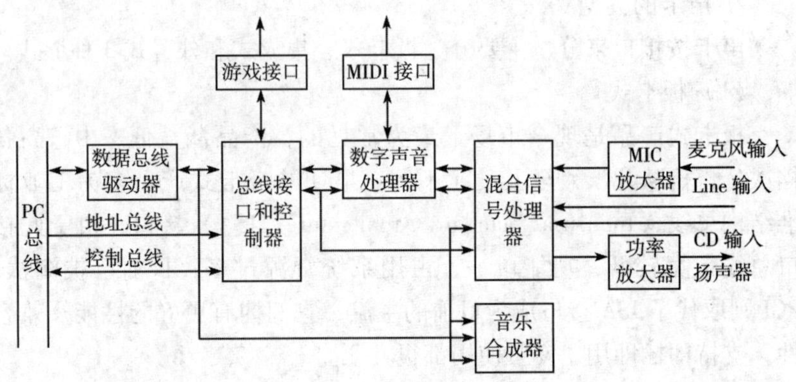

图4-1-4　声卡的结构框图

(1) 数字声音处理器

数字声音处理器（Digital Signal Processor，DSP）是声卡的核心部件。DSP使得一个声卡能处理以前许多组件分别处理才能完成的任务，可以产生出逼真的音效。在声卡中，DSP能用于FM合成、语音识别、实时音频压缩以及回声加入等效果。另外，DSP是一种可编程芯片，通过安装新的软件后就能够升级。DSP能将来自模数转换器的信号加以处理，改变成所需要的形式。DSP芯片对输入的数字声音用PCM、DPCM或ADPCM方式进行编码和压缩，并形成WAV格式文件送入计算机磁盘存储。声音输出时，将磁盘中的WAV文件送入DSP芯片，经解码后变成数字声音信号送至模数转换部分。

ASP是“高级数字信号处理器”的缩写。

在高档声卡中，还增加了ASP的功能，拥有ASP芯片的声卡可以实现180°立体声扩展和更强的语音识别及压缩、解压缩功能。ASP采用硬件手段实现音频数据的压缩和解压缩，以节省CPU的资源，使其运行速度非常快。ASP的另一个功能是能够在时间上压缩或拉长声音样本。人们有这样的体验，在老式转盘式唱机放唱片时，如果唱盘转速不稳，音乐将明显走调变音。ASP 的这个特点使得在快放或慢放数字音频时不会改变其音调。ASP 强有力的信号处理能力还为声霸卡增进语音识别功能提供了可能性。

（2）混合信号处理器

混合声音处理内置数模混音器，混音器的声源可以是 MIDI 信号、CD 音频、线性输入、话筒等，可以选择输入一个声源或将几个不同声源进行混合录音。在对音源处理时，可人为设定采样频率和量化位数。

（3）音乐合成器

MIDI 音乐文件的播放要通过声卡中的 MIDI 合成器实现。播放时，MIDI 从文件中读出，经 MIDI 接口送至合成器。合成器将这些消息转换成乐器的声音、合成音色、持续时间等不同形式，经处理后变成声音信号输出。

（4）总线接口和控制器

总线接口和控制器由数据总线双向驱动器、总线接口控制逻辑、总线中断逻辑和直接内存存取（Direct Memory Access，DMA）控制逻辑组成。目前，声卡的总线接口一般采用 PCI 接口。

4. 性能指标

（1）频率响应

频率响应是指音响设备对于不同频率成分的波形信号的还原特性。好的频率响应是在每一个频率点都能输出稳定、足够的信号，不同频率点彼此之间的信号大小均一样，也就是说曲线越逼近 0 dB 越好。

（2）本底噪声

本底噪声是指由于硬件本身的原因而给输出信号中增添的多余信号，与音响系统的电路设计与布线结果、抗干扰能力以及前后级隔离度等有直接关系，可以说是声卡的纯净度，说明声卡是否影响到声音的纯度。当然，噪声值越低越好。

（3）动态范围

动态范围表示的是最大不失真信号与噪声值的比例，此处的噪声指的是没有信号输出时的噪声值。对于声卡来说，它是音频信号最强部分与最微弱部分之间的电压差，越大越好。在音响界，习惯用 -60 dB 的音量来检测这一数值，采用 -60 dB 的音量来输出，就不容易达到器材的满载，也就不容易造成总谐波失真（Total Harmonic Distortion，THD）增大的现象。动态范围大，则听起来就不会有压抑感；动态范围小就显得压抑，所以动态范围越大越好。

（4）总谐波失真

谐波失真用来表示测试非线性失真的结果，谐波失真并不一定都不好，如电子管的音色温暖，就是谐波失真的原因。非线性失真是指输入信号经过处理后输出时所产生的错误部分，这个错误部分与原本的输入信号无关，总谐波失真则是用来测试每一个从原始信号产生出来的新频率，这些属于非线性失真的频率就称为谐波。

（5）立体声分离度

这一项是用来检测声卡左（右）声道的声音，漏到右（左）声道的情况。虽然在数字信号上，要做到100%的左右声道独立是非常简单的事情，然而我们实际要听的是模拟信号，而能发出模拟信号的器材，就无法达到这一理想状况，可能在左声道的信号，也能在右声道取得一点点细微的相同信号，这就是串音现象。分离度值越小，声卡左右声道的分离度越好。

（6）CPU 占用率

CPU 占用率也是衡量一块声卡性能的重要指标，是指声卡在工作时占用 CPU 资源的多少，CPU 占用率越小越好。

5. 声卡的外置接口

在声卡上有很多插孔与连接器。它们一般位于板卡的侧面（计算机的后面），图 4－1－5 所示为其与其他设备连接示意图。

现在有一些机箱将话筒和耳机插口连接到机箱的前面板上，这样使用起来更方便。

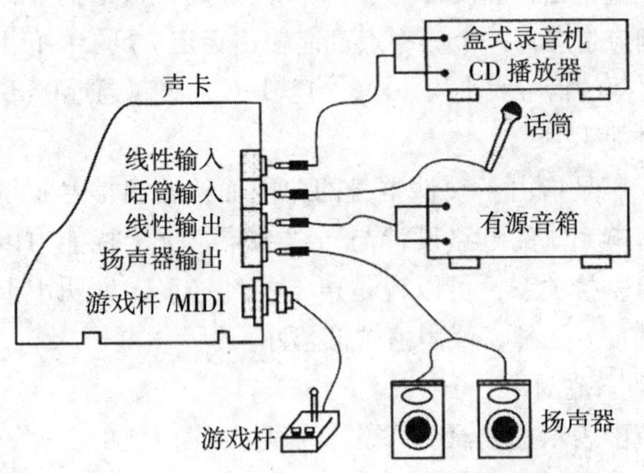

图 4－1－5　声卡与其他设备连接示意图

① 游戏杆/ MIDI 连接器（Joystick/MIDI）：标准 15 针 D 形接口，用来连接游戏杆和 MIDI 设备。

② 线性输出（Line Out）：外接有源音箱。

③ 话筒输入（Microphone In）：外置模拟式麦克风，没有电磁干扰声。

④ 线性输入（Line In）：模拟式线性输入，内置接口。

⑤ CD 音频连接器（CD Audio）：CD 音频接口，可以通过连在声卡上的扬声器播放 CD 音乐。

⑥ 扬声器输出（Speak Out）：经声卡的功率放大器放大输出，可直接接扬声器。

线性输出与扬声器输出不同，线性输出的声音强度较小，同时噪声也较小。如通过外接有源音箱或功放可达到较好的音质。

*4.1.3　视频采集卡

视频采集卡是一种视频接口板，其作用是将摄像机、录像机等设备与计算机连接起来，对视频信号进行采集。

视频采集过程就是将其他数据源（如电视机，摄录像机、机顶盒、DVD 与蓝光播放机、监控摄像头等）输出的视频数据或者视频音频的混合数据导入计算机，并转换成计算机可辨别的数据，成为可以编辑处理的数字信号。

1. 视频采集卡的分类

根据不同的应用、不同的适用环境和不同的技术指标，视频采集卡可大致分为广播级（Broadcast）视频采集卡、专业级（Professional）视频采集卡、消费级（Consumer）视频采集卡 3 类。

（1）广播级视频采集卡

广播级视频采集卡（见图 4－1－6）面向诸如电视台这类对画质、可靠性、性能以及制作流程效率等要求苛刻的用户，价格从万元至数十万元的都有。一般这类卡除了具有视频采集功能外，还带有实时视频音频输出，以及一些与非线性编辑有关的加速渲染功能，所以这类卡大都被称为非线性编辑卡。实际上很多厂商将广播级视频采集卡（非线性编辑卡）与电脑主机设计组合为一整套软硬件系统方案，即所谓的非线性编辑系统出售。

广播级或专业级视频采集卡或非线性编辑卡一般都使用独特的视频音频处理芯片，需使用专门的驱动程序和采集软件。

消费级的视频采集卡大都采用通用的视频音频处理芯片，一般都提供符合 WDM 规范的驱动程序，因此可使用多种通用的采集软件。

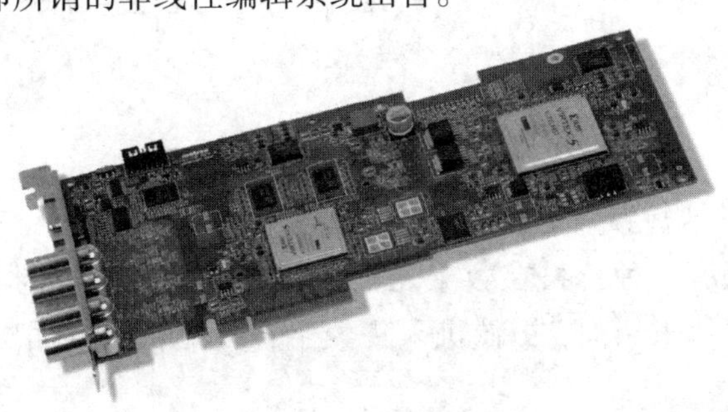

图 4－1－6　广播级采集卡

(2) 专业级视频采集卡

专业级视频采集卡面向企事业单位、个人影视工作室以及影视发烧友等用户，价格在数千元至上万元。如图 4－1－7 所示为一款专业级视频采集卡。

图 4－1－7　某款专业级视频采集卡

(3) 消费级视频采集卡

消费级视频采集卡主要面对个人爱好者，价格在数百元左右，由于成本的原因，此类卡多数没有音频处理功能，因此使用电脑的声卡配合采集。

很多这类采集卡都附带电视调谐器，即通常说的电视卡，如图 4－1－8所示。电视卡可以在电脑上接收和录制有线电视节目，也有独立的视频输入端，可以录制来自其他设备的视频信号。大多数电视卡只能接收模拟制式的电视节目，因此在数字电视时代来临后，这类电视卡在市场上基本销声匿迹了。

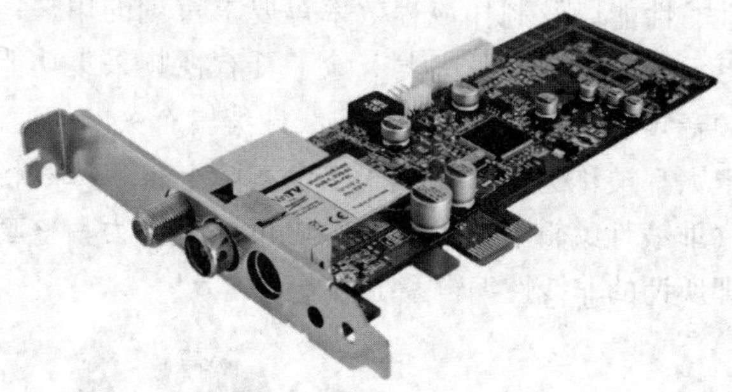

图 4－1－8　一款电视卡

(4) 其他视频采集卡

另外还有一种价格在数十元至数百元之间的廉价的 IEEE 1394 卡，它可以用来从 DV 摄像机采集数字音视频信息，如图 4－1－9 所示。

图 4-1-9　一款 1394 卡

1394 接口有 2 种类型：4 芯和 6 芯。6 芯比 4 芯接口多出 2 条电源线，用来给外接设备供电，最大可提供 30 V 电压和 1.5 A 电流。

2. 视频采集卡的接口

一般情况下，视频卡在采集视频的同时，也会同时采集音频，因此广播级和专业级视频采集卡大都具有视频和音频等多个接口。广播级和专业级采集卡由于接口众多，而板卡后面板尺寸有限，因此用一个俗称“辫子”的接口扩展线来与外界音视频线缆连接。

图 4-1-10 所示的一款专业级采集卡附带一个“辫子”，具有 RCA、BNC、XLR、TRS、S-Video 和 DB9 串行控制接口等多种类型。

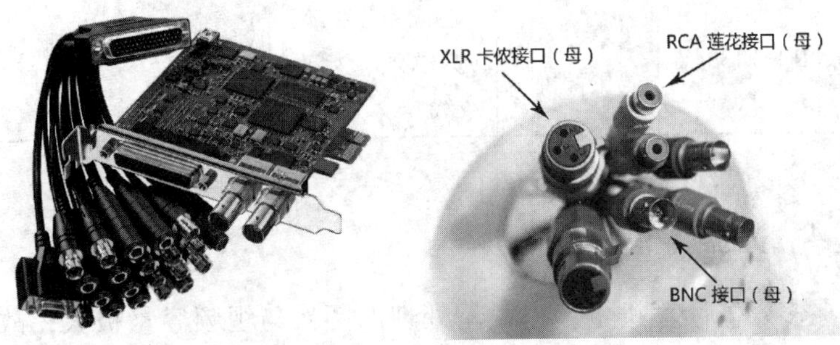

图 4-1-10　典型采集卡的“辫子”（左）与接口类型（右）

这些接口分公（male）和母（female），需配对使用，通常公的作为输出端子，母的作为接收端子。表 4-1-2 列出了采集卡上常用接口的简介。

表 4-1-2　视频采集卡常用接口简介

序号	名称	通常用途	配用线缆	特点
1	XLR 卡侬接口	平衡式音频传输	2 芯屏蔽线	接口带锁扣，连接牢固可靠，抗干扰强，多用于广播与专业级设备

续表

序号	名称	通常用途	配用线缆	特点
2	RCA 莲花接口	音频；视频	1 芯屏蔽线缆 1 芯 75 Ω 阻抗屏蔽线	结构简单，成本低，多用于消费级产品
3	TRS 6.35 mm 大 3 芯接口	平衡式音频传输；立体声耳机监听	2 芯屏蔽线	连接可靠，多用于广播与专业级设备，可代替 XLR 卡侬口使用
4	BNC 接口	模拟视频；SDI 数字视频	1 芯 75 Ω 阻抗屏蔽线	接口带锁扣，连接牢固可靠，多用于广播与专业级设备
5	S-Video 接口	Y/C 模拟视频	内含 2 根 1 芯 75 Ω 阻抗屏蔽线	成本低，画质较好，多用于消费级产品
6	DB9 串行控制口	控制外部设备	9 芯线缆	用于特定要求
7	IEEE 1394	采集 DV 数码摄像机	4 芯或 6 芯线缆（其中 2 对为双绞线）	成本低，用于专业与消费级产品

4.1.4 光盘存储器

光盘具有很多存储介质的优点，如大容量、耐用、易保存、标准化等。由于它非常适合大批量生产，故作为计算机软件、多媒体出版物、计算机游戏等发行量大的电子出版物是非常合适的。

在多媒体计算机中，由于所处理的图像与视频容量极大，故采用光盘作为一种新兴的、较为理想的信息存储手段。光盘存储技术在计算机外部存储设备应用上得到了飞速的发展。它已向磁盘存储技术提出了挑战，在许多新的应用领域展示了强大的生命力。虽然在存取时间和数据传输率这两个性能上，它还不及硬盘，但其价格低廉，使用方便，因此应用十分广泛。

光盘存储系统由光盘片和光盘驱动器组成。它具有以下特点：

1. 光盘

CD（Compact Disc）称为光盘。它是通过光学方式来记录和读取二进制信息的。20 世纪 70 年代初，人们发现激光经聚焦后可获得直径小于 1 μm（10^{-6}m）的光束。利用这一特性，Philips 公司开始了激光记录和重放信息的研究。到 20 世纪 80 年代初，成功开发了数字光盘音响系统。随着多媒体技术的发展，以前只能在模拟存储设备上记录的视频及音频信号，可以经过数据化，以数字形式存储在计算机的存储器中。

（1）光盘的主要特点

① 记录密度高、存储容量大。一张标准（12 cm）的 CD - ROM 光盘的容量可达 650 MB，相当于 470 张软盘。小盘（8cm）的容量可达 200 MB。DVD 格式的光盘容量可达 4. 7 GB。蓝光光碟 BD 单层容量为 25 GB，多层 BD 可达 128 GB 甚至更高。

② 采用非接触方式读/写信息。在读取光盘信息时，光盘与光学读/写头不互相接触。这样的读/写方式当然就不会使盘面磨损、划伤，也不会损害光头。此外，光盘的记录层上附有透明的保护层，记录层上不会产生伤痕和灰尘。光盘外表面上的灰尘颗粒与划伤，对记录信息的影响很小。

③ 信息保存时间长。对于只读型光盘，不必担心文件会被误删除，也不必担心在使用时会感染病毒。如果使用与保存得当，一张光盘上的信息可保存长达几十年甚至更长。

④ 多种媒体的融合。光盘可以同时存储文字、图形、图像、声音等信息媒体。以光盘为介质的各种电子出版物目前已十分普及，它的内容图文并茂，大大地增加了读者的阅读兴趣，而且还易于将信息按相关性进行组织以方便用户使用。

⑤ 价格低廉。与磁带、磁盘相比，光盘是目前计算机数据最便宜的存储介质。

（2）光盘的标准

由于光盘能存储不同类型的数据，包括音频和视频数据、计算机软件程序等，而这些数据的组织方式各有不同，由此制定了一些国际标准，以适应多媒体的各种应用。这些国际标准对各类光盘的物理尺寸、编码方式、数据记录方式以及数据文件的组织方式都有详细的规定。目前，主要的光盘标准及产品有 CD-DA、CD-ROM、CD-R、Photo-CD、VCD、DVD、BD（Blu-ray Disc）等，如图 4 - 1 - 11 所示。

想一想，我们是否可以从光盘片的外观上区分它是 CD 光盘，还是 DVD 光盘。

现在市面有上有很多的异形光盘，但其原理都是相同的，只是外形不同。

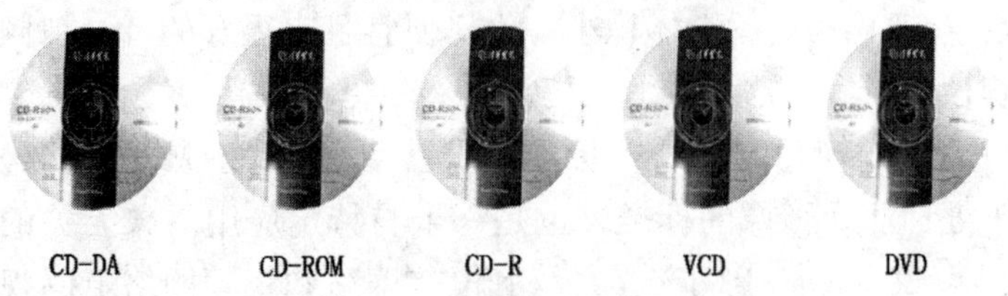

图 4 - 1 - 11　光盘技术发展过程中的主要产品

① CD-DA 标准。CD-DA（Compact Disc Dietal Audio）称为数字式激光唱盘或 CD 唱盘。1982 年，Sony 和 Philips 公司合作开发了数字光盘音响系统并制定了 CD 唱盘标准。因为该标准出版时采用了红色封面，因而也称为红皮书标准。CD 唱盘是 CD 家族的第一个成员，其标准是以后各种新的 CD 标准的基础。CD-DA 的应用领域是用于存储数字化的高保真立体声音乐。

② CD-ROM 标准。该标准从 CD-DA 发展而来，自从数字唱盘问世以来，人们很容易联想到使用光盘存储计算机处理的数据。1985 年，Philips 和 Sony 公司联合推出了 CD-ROM 的光盘规范，又称为黄皮书标准。

该标准使得光盘以统一的格式存储只读的信息，作为计算机的通用只读存储器来存储计算机数据。CD-ROM 是在 CD-DA 之后产生的，尽管两者之间有许多相似之处，但是它们有一个根本的区别：音频 CD 只能存放音乐，而 CD-ROM 可以存放文本、图形、声音、视频及动画。CD-ROM 可以播放 CD 上的音乐，但如果将一张 CD-ROM 盘片插入 CD 播放机中，则只能听到嘈杂的响声。

③ CD-R 标准。CD-R（Compact Disk Recordable），即可记录光盘，是一种可刻录多次的光盘。基于橙皮书的 CD-R 空白光盘实际上没有记录任何信息，一旦按照某种文件格式并通过刻写程序和设备，就可以将需要长期保存的数据写入空白的 CD-R 盘片上，这时的 CD-R 光盘就可以变成基于红皮书、绿皮书（一种交互式多媒体标准，即 CD-I）和黄皮书的格式了。

④ VCD 标准。激光视盘（LD）和激光唱盘的成功很自然地促使人们产生把数字电视放到 CD 盘上的想法。Video CD（简称 VCD）是由 JVC、Philips 等公司于 1993 年联合制定的数字电视视频技术规格，称为白皮书。它用来描述光盘上存放采用 MPEG-1 标准编码的全动态图像及其相应声音数据的光盘格式，是继 CD-DA、CD-ROM 之后又一个具有很强应用前景的光盘产品。它可以在一张普通的 CD 光盘上录制全屏幕、全动态的视频与音频数据及相关的处理程序。同激光视盘（LD）相比，它体积小、价格便宜且有很好的音、视频质量及兼容性。

VCD 的出现与 MPEG-1 标准有着密切的关系。MPEG-1 是一个专用于处理活动影像的标准，也是一个与特定应用对象无关的通用标准，从 CD-ROM 上的交互系统到电信网络和视频网络上的视频信号发送都可以使用。VCD 盘片按照 MPEG-1 标准对音、视频数据进行压缩以后，提高了存储空间的有效利用率，使一张盘片能存放 74 分钟的活动图像与伴音（如果不压缩，一张盘片只能存放 4 分钟的节目内容）。

⑤ DVD 标准。DVD 原为 Digital Video Disc（数字视频光盘）的缩写，1995 年规格正式确立时，重新定义为 Digital Versatile Disc（数字多用途光盘），是继上述光盘产品之后的新一代光盘存储介质。与以往的光盘存储介质相比，DVD 采用了波长更短的红色激光、更有效的调制方式和更强的纠错方法，具有更高的道密度和位密度，并支持双层双面结构。在与 CD 大小相同的盘片上，DVD 盘片可提供相当于普通 CD 盘片 8～25 倍的存储量以及 9 倍以上的读取速度。DVD 与新一代音频、视频处理技术（如 MPEG2、HDTV）相结合，可提供近乎完美的声音和影像。DVD 与计算机结合，可提供新的海量存储介质。正如 CD 技术带来了音频记录的革命，DVD 技术带来了视频记录和多媒体技术的革命。

在视频与音频处理上，DVD 盘片既不同于大影碟（LD）以及广泛使用的 VCD，也不同于未经压缩的普通音乐 CD。无论从技术上还是从视听质量上，DVD 都达到了更高的水准。对视频信号的处理，DVD 采用的是 MPEG-2 压缩编码标准。目前的 DVD 能满足现行电视标准，单面单层的 DVD 视盘能够存储 133 分钟的电影，其水平清晰度可达 480 线，而 VCD 的水平清晰度仅为 250 线，我国自主产权的 SVCD 可过 350 线，LD 影碟也不过 430 线。因此，DVD 的画面质量是相当高的。DVD 采用 MPEG-2 作为视频压缩技术，对视频图像进行冗余量处理，以实现无明显失真的视频图像压缩。与采用MPEG-1 的 VCD 相比，其图像分辨率更高、更清晰。

尽管 DVD 盘片外形相同，但其格式有些不同，可分为 DVD-5、DVD-9、DVD-10、DVD-18 等几种，详见表 4-1-3 所示。

表 4-1-3　不同光盘格式的比较

格式	DVD-5	DVD-9	DVD-10	DVD-18
	单面单层	单面双层	双面单层	双面双层
容量	4.7 GB	8.5 GB	9.4 GB	17 GB
节目时间	133 分钟	242 分钟	260 分钟	480 分钟

⑥ 蓝光光盘标准。蓝光光盘（Blu-ray Disc，BD，又称为蓝光光碟）是 DVD 之后的下一代光盘格式之一，用以存储高质量的影音以及高容量的数据。图 4 - 1 - 12 所示为蓝光光盘的标志。

图 4 - 1 - 12　蓝光光盘的标志

蓝光光盘是由 Sony 及松下电器等企业组成的蓝光光盘联盟（Blu-ray Disc Association）策划的次世代光盘规格，并以 Sony 为首于 2006 年开始全面推动相关产品。

蓝光光盘的命名是由于其采用波长 405 nm 的蓝色激光光束来进行读写操作。蓝光光盘的英文名称不使用“Blue-ray”的原因，是“Blue-ray Disc”这个词在欧美地区流于通俗、口语化，并具有说明性意义，于是不能构成注册商标申请的许可，因此蓝光光盘联盟去掉了英文字 e 来完成商标注册。

因为蓝色激光的波长为 405 nm，比 DVD 所用的 650 nm 的红光波长更短，因而可以缩小激光点，这样记录的轨道间距（0.32 μm）就可以缩短，记录 0 和 1 信息的信号凹坑（0.15 μm）也会变小，再利用不同反射率的多层技术等，大幅提高了记录密度——在与 DVD 同样尺寸的盘片上，可以记录单面单层 25 GB，双层可达 50 GB。随着蓝光技术的不断发展，支持 100 GB、128 GB，甚至 300 GB 的标准将不断出现。

(3) 光盘的类型

至 2014 年，CD - R 光盘最便宜，DVD - R 单面 4.7 GB 光盘比 CD - R 价格稍贵一点，而单面 25 GB 的蓝光刻录盘价格最高，相当于 4.7 GB 的 DVD - R 价格的 2 ~ 4 倍。

按照数据存储格式和类型，光盘可分为许多不同的类型，并以不同的名称以示区别。因而，CD 通常是指上面所讲的光盘的总称，如 CD - DA、CD - ROM、VCD、DVD、BD 等，当按光盘的读写性能来说，可分为以下 3 种类型：

① 只读型光盘（CD - ROM、DVD - ROM、BD - ROM）。只读型光盘（CD - ROM）是 Compact Disc Read Only Memory 的缩写，顾名思义用户只能读取上面的数据，而不能写入或修改光盘中的数据。DVD - ROM 和 BD - ROM 类似，都是只读光盘。一般是用聚碳酸酯塑料熔化，并高压注入预先刻有数据信息的高精度模具，成型后再

真空溅镀薄薄的一层用于反射的铝膜而成。它适用于大量的、不需要改变的数据信息的存储，如各类电子出版物、软件。

市面上出售的音乐 CD、影碟 DVD、高清蓝光光盘、软件等基本都是只读型光盘。

② 可写型光盘（CD－R、DVD－R、DVD＋R、BD－R）。可写型光盘 CD－R 是 Compact Disc Recordable 的缩写，这种光盘允许用户一次写入数据（使用 Multi-Session 技术可以对 CD－R 多次追加刻录数据），信息写入后则变为只读状态，不可再做修改（不可擦写），主要用于重要数据的长期保存。

目前市面上的可写型光盘有 CD－R、DVD－R 以及 BD－R 等。

CD－R 是最先问世的可写型光盘，标称容量为 74 分钟 650 MB，也有 80 分钟 700 MB 的，还有一些直径为 80 mm 容量为 230 MB 的小容量以及非标准异形光盘。

从外观上看，CD－R 常见有绿盘、金盘和蓝盘等几种类型。绿盘对强光过于敏感，如在夏日阳光的暴晒下，花青染料会发生理化变化而使光盘失效。蓝盘采用成本较低的金属化的 AZO 有机染料，记录面呈蓝色。金盘采用酞花青染料，与反射层的金色混合后使光盘的记录面呈现金黄色，因此这种光盘被称为金盘。金盘具有较高的稳定性，对强光均不敏感。

而普通蓝光刻录机的价格相当于 DVD 刻录机的 4～6 倍。

CD－R 盘片上往往印刷有的刻录速度（倍数），它是根据最早 CD 音乐光盘的数据率 150 KB/s 为基准计算的，如 16× 表示其刻录速度为 16×150 KB/s，即 2.4 MB/s，刻录时间大约 5 分钟。

DVD－R（DVD recordable）是 DVD 论坛负责开发可写型光盘的格式之一，市面上常见单面单层容量为 4.7 GB 的产品。另外还有一种 DVD＋R，它由 DVD＋RW 联盟开发。对用户来说，DVD－R 和 DVD＋R 使用起来几乎没什么区别。DVD＋/－R 记录面看上去呈现深蓝紫色，盘片一般用两层塑料复合粘接而成。

DVD＋/－R 盘面一般也印刷有刻录速度（倍数），用 1× 速度刻录完 4.7GB 的 DVD＋/－R 大约需要 1 小时，其数据传输率约为 1.39 MB/s，而用 16× 速度刻录大约需要 6 分钟。

BD－R 为可写型蓝光光碟，1× 倍速的数据传输率为 4.5 MB/s，以这个速度计算，25 GB 的蓝光光盘刻录完成约需要 95 分钟，而 16× 刻录速度时间只需要大概 8 分钟。

③ 可擦写光盘（CD－RW、DVD－RW、BD－RE）。这种光盘具有和磁盘一样的可擦写性，可多次写入或修改光盘上的数据，更适

合作为计算机的新型标准外存设备，目前有相变（phase change）和磁光（magneto optical）两种类型。

相变型光盘（Phase Change Disk，PCD）采用晶体—非晶体作为材料，多数为碲合金。在激光束的热力作用下，其状态由非晶体状态转变为晶体状态，同时，也可以由晶体状态转变为非晶体状态。这种结晶态的互换，形成了信息的写入和擦除。

磁光型光盘（Magneto Optical Disk，MOD）主要是由各种易于在垂直于表面方向受到磁化的介质制成的。铁磁性介质在外磁场的作用下可具有一定的方向性，而在激光束的热力作用下，铁磁介质的方向性会发生翻转，从而达到其可擦除的目的。磁光型光盘的擦写次数可达百万次以上。由于磁光型光盘在进行数据擦除和写入时需要激光和外磁场共同作用，因此也简称为磁光盘。

2. 光盘驱动器

光盘驱动器（Optical Disc Drive）简称光驱，是多媒体计算机中一个重要的设备，它为大规模的数据存储提供了可能，光驱与光盘组成光盘存储器。可读写的光驱也被称为刻录机或刻录光驱。早期的刻录机比只读型普通光驱贵很多，现在由于技术进步和硬件价格的降低，目前能同时读写包括 CD - R、DVD +/ - R、DVD - RW，甚至 BD - R 等多种类型光盘的复合型光驱（Combo）越来越普及，图 4 - 1 - 13 所示为市售的一款可以刻录蓝光光盘以及 DVD - R 的刻录机。目前的笔记本电脑上几乎都是刻录机了。

图 4 - 1 - 13　能读写蓝光 BD - R 的刻录机

（1）安装使用

光驱的安装十分方便，将其固定在机箱的光驱专用位置并用螺丝固定，再连接电源插头与信号线即可。启动电脑后，系统会自动识别并为光驱分配盘符。

早期的光驱有模拟音频信号的输出端子或接口，以及控制输出音量的电位器，供播放音乐 CD 之用，目前的光驱基本都取消了这些模拟音频输出，可直接通过数据接口进行声音解码以播放音乐 CD。

(2) 光盘驱动器的指标

单倍速 CD 光驱的传输速率为 150 KB/s，单倍速 DVD 光驱的传输速率为 1.39 MB/s，单倍速 BD 光驱的传输速率为 4.5 MB/s。

① 访问时间。访问时间是指从驱动器找到文件并开始从盘中读入数据所需的平均时间。访问时间反映了光驱对读入数据请求的快慢。一般来讲，光驱的平均访问时间比硬盘要长。加快 CD - ROM 访问时间的方法有：

第一，是提高光驱中马达旋转的速度，所以出现了各种倍速的光驱产品。

第二，采用"磁盘高速缓存"技术，可明显缩短访问时间。

第三，采用更快的光驱接口标准。

② 数据传输率。数据传输率的物理意义是指每秒钟向计算机传送的数据量（位）。光驱实际的传输率不仅取决于驱动器速度，还取决于光盘盘片格式及操作软件。

③ 驱动器接口标准。接口标准指的是光驱与主机连接线的定义标准。光驱曾有专用接口、SCSI 接口、IDE 接口或 SATA 接口，如图 4 - 1 - 14 所示。不过目前 SATA 接口基本取代了 IDE 接口，成为主流。

图 4 - 1 - 14　IDE 接口（左侧）与 SATA 接口（右侧）的光驱

④ 缓冲存储器。缓冲存储器（Buffer 或称 Cache）是在光驱中内置的 RAM 存储器，它用来暂存光驱中读出的数据，以便能够保持一个恒定的数据传输率向主机传送数据。

Buffer 或 Cache 一般来说是越大越好，但过大就显得没什么意义了。

⑤ 容错性。容错性是指光驱在读坏盘（差盘）时的纠错能力。

⑥ 内置式与外置式。内置式光驱安装在计算机机箱内部，其像

软盘驱动器一样，只需要一个5.25英寸的磁盘驱动器支架，并且用数据线与计算机系统相连即可。

外置式光驱一般放置在计算机机箱外部，需要外接电源供电，并且需要使用SCSI或USB接口与计算机相连。

4.2 常用输入/输出设备

4.2.1 数码相机/数码摄像机

1. 数码相机简介

(1) 发展简史

1975年，伊斯曼柯达公司（Eastman Kodak）的电子工程师斯蒂芬·赛尚（Steven Sasson）发明了世界上第一台数码相机（Digital Camera，DC），如图4-2-1所示，它使用了电荷耦合元件（Charge-Coupled Device，CCD）图像传感器件，质量为3.6 kg。图像为黑白色，图像总像素仅仅只有100×100，用磁带作为储存介质，通过电视机回放。

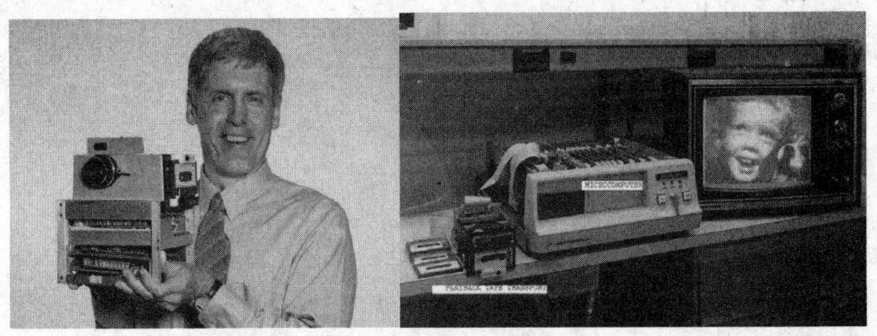

图4-2-1 赛尚和它发明的首台数码相机

1988年，日本富士（Fuji）公司发表了世界上第一台真正意义上的数码相机DS-1P，但真正在消费市场上销售的第一台数码相机是1989年Fuji的DS-X，如图4-2-2所示。

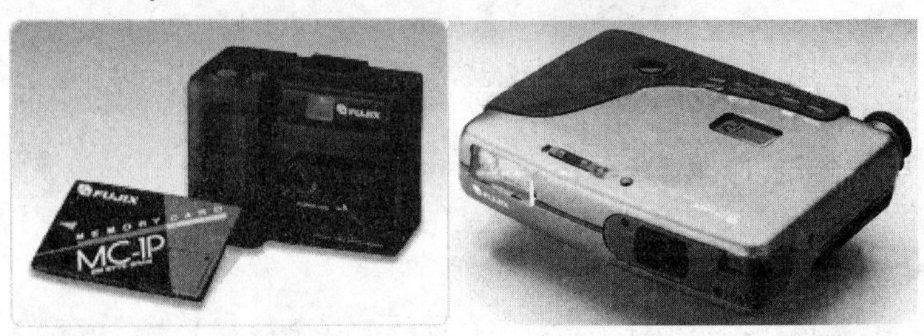

图4-2-2 Fuji公司的DS-1P（左）与DS-X（右）数码相机

从 20 世纪 90 年代中期开始，数码相机逐渐在市场普及；进入 21 世纪，数码相机基本上已经取代了传统的胶片相机；2010 年以后，智能手机已经内置了数码相机的功能。随着光学、电子和计算机技术的发展，数码相机的图像分辨率、图像彩色的记录能力不断提高，相机的类型也根据市场进一步细分，如面向普通消费者的体积小巧且操作简便的“傻瓜”数码相机、面向专业市场的追求画质、可换镜头的单镜头反光数码相机（单反数码相机），如图 4－2－3 所示。

图 4－2－3　“傻瓜”数码相机（左）与单反数码相机（右）

此外还出现了一类介于两者之间的数码相机，索尼称之为单电相机，松下等其他厂商称之为微单数码相机。它们体积小巧，却也能更换镜头，如图 4－2－4 所示。

图 4－2－4　微单数码相机（单电相机）

（2）工作原理简介

数码相机一般由光学镜头、CCD、A/D、微处理器（Microprocessor Unit，MPU）、内置存储器、液晶显示器（Liquid Crystal Display，LCD）、外部存储卡（可移动存储器）和接口（计算机接口、电视机接口）等部分组成，如图 4－2－5 所示。

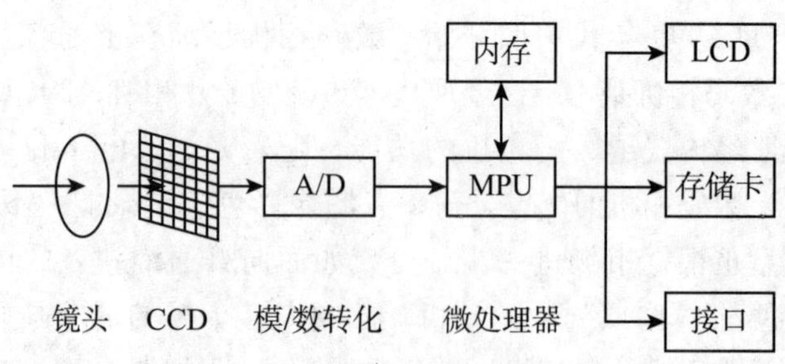

图 4-2-5　数码相机原理方框图

数码相机利用CCD代替传统的胶卷，实现感光成像。其在拍摄照片的过程中需要经过影像捕捉、信号转换、数字文件存储和图像输出几个主要步骤。

镜头与 CCD 是成像的核心。

① 在数码相机的影像捕捉过程中，光线通过镜头到达感光器件CCD上，由CCD完成光图像的捕捉。数码相机的镜头和传统相机一样，都是由多透镜组合而成的，其作用是调整焦距、将图像清晰地照射在感光体上。

模数转换中，A/D 转换器是核心。

② 完成影像捕捉后，数码相机将捕捉到的影像信息转换为数字信号。在这个过程中，CCD 器件捕捉影像后将每个像素转换成一个与该点所感受到的光线强度对应的模拟电信号，然后由 A/D 转换电路读入这些模拟电信号，将其转换成具有一定位长的数字信号。数码相机中的照片是以二进制数据文件的形式存储的，一般来说，A/D 转换后的数据位数越多，误差越小，成像质量越好。

数据处理时，微处理器与存储器是核心。

③ 生成数据文件后，由 MPU 对数字信号进行压缩并以一定的格式将其存入存储器中。压缩芯片用于将文件以一定的格式压缩，存储器用于存储文件。

输出时，USB 接口与视频输出接口是核心。

④ 数码相机的图像数据输出分为 3 路：第一路是输出接口利用数据线将数据传送给计算机或通过视频线输出到电视机或投影仪；第二路是通过内部芯片输出到存储卡中；第三路是输出到 LCD，许多数码相机都有 LCD 液晶显示屏，因此不需要将图像文件输出到其他设备上，就可以在数码相机上直接观看所拍摄的图像效果，看到被拍摄下来的画面质量不理想时可以马上删除、重拍。大多数数码相机的 LCD 还具有取景器的作用。对应的关键部件是串行接口和视频信号输出接口。

（3）主要技术指标

① 感光器件及尺寸。感光器是数码相机的核心，也是最关键的部件。它是一个感光器件，相当于传统光学相机的胶卷。目前，数

码相机的核心成像部件有两种：一种是广泛使用的 CCD 元件；另一种是互补金属氧化物半导体（Complementary Metal Oxide Semiconductor，CMOS）器件。

几种感光器件的尺寸规格如图 4－2－6 所示，较高级的单反相机常用全画幅规格，相当于 135 胶片的尺寸，即 35 mm × 24 mm；入门级单反相机使用 APS－C 尺寸的较多；部分微单相机使用 M4/3 规格；而普及型“傻瓜”相机使用 1/1.8 英寸、1/2.7 英寸以及其他小尺寸规格为多。

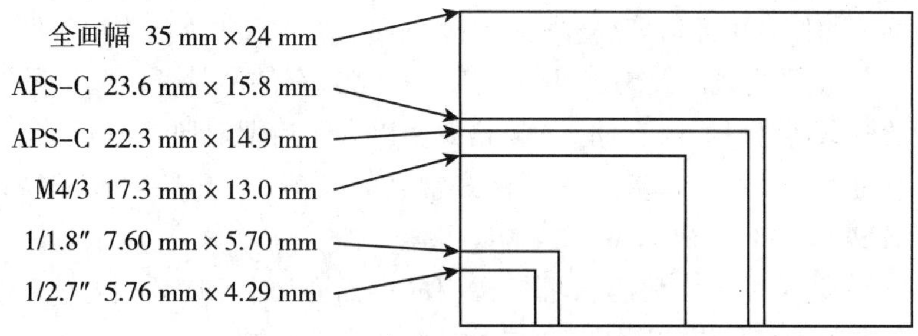

图 4－2－6　几种感光器件的尺寸对比

在相同的技术条件下，感光器件面积越大，成像质量越好。

② 有效像素与最大像素。有效像素数是指真正参与感光成像的像素值。最大像素的数值是感光器件的真实像素，这个数据通常包含了感光器件的非成像部分，而有效像素是在镜头变焦倍率下换算出来的值。比如，某数码相机标称有效像素为 2 430 万，但其有效像素却比该值低很多。

所谓的最大像素（maximum pixels）是经过插值运算后获得的。插值运算通过设在数码相机内部的 DSP 芯片，在需要放大图像时用最临近法插值、线性插值等运算方法，在图像内添加图像放大后所需要增加的像素。插值运算后获得的图像质量不能够与真正感光成像的图像相比。

③ 图像尺寸。数码相机一般能够选择多种图像尺寸规格，当存储卡空间较小时，选用低尺寸可以增加拍摄数量。例如，某数码相机标称的图像尺寸规格如下：

L（大）：约 2 210 万像素（5 760 × 3 840）

M（中）：约 980 万像素（3 840 × 2 560）

S1（小 1）：约 550 万像素（2 880 × 1 920）

S2（小 2）：约 250 万像素（1 920 × 1 280）

S3（小 3）：约 35 万像素（720 × 480）

光学变焦有实际的意义，但由于数码相机的体积，一般其光学变焦只有三四倍。

④ 光学变焦与数码变焦。数码相机的光学变焦是依靠光学镜头实现的。其光学变焦方式与传统光学相机相同，即通过镜片移动来放大与缩小需要拍摄的景物，光学变焦倍数越大，能拍摄的景物就越远。数字变焦也称为数码变焦（digital zoom），数码变焦是通过数码相机内的处理器，把图片内的每个像素面积增大，从而达到放大的目的。这种方法如同用图像处理软件把图片的显示面积放大一样，只不过程序在数码相机内进行。数码变焦其实是把原来 CCD 影像感应器上的一部分像素使用“插值”处理手段放大，即将 CCD 影像感应器上的像素用插值算法放大到整个画面，故没有很大的实用价值。

⑤ 记录格式。数码相机一般以 JPG 格式存储图像，一些注重性能的机型还可以同时存储 RAW 格式，以利于后期对照片进行处理。部分机型可以拍摄视频，视频格式常见的有 M - JPEG 编码的 AVI、用 H.264/AVC 编码的 MP4 或 MOV 等。

⑥ 记录媒体。数码相机最常用的存储介质有 SD 系列与 CF 卡等，有些索尼相机使用索尼制定的记忆棒进行存储。

2. 数码摄像机简介

（1）发展简史

1994 年，面对百花齐放、各自为政的家用摄录像机市场，日本索尼、松下电器、JVC 等多家企业商定了一个新的数码影像标准，并制定了 MiniDV 磁带规格。1995 年，日本索尼公司发表了第一款采用 MiniDV 格式的 3CCD 数码摄像机 DCR - VX1000，同年日本 JVC 公司也推出了第一台可以装在口袋里的微型数码摄像机 GR - DV1，如图 4 - 2 - 7 所示。

图 4 - 2 - 7 索尼 DCR - VX1000（左）与 JVC GR - DV1（右）

以数字化方式记录的视频在多代复制后，画面不会有损失，相比传统的以模拟信号记录的视频具有极大的优势。此后，以磁带为载体的数码摄录像机发展了 MiniDV（家用消费级）、DVCAM（索尼专业级）、DVPRO（松下专业级）、HDV（基于 MiniDV 磁带的高清）

（见图 4－2－8）以及 Digital Betacam（索尼广播级）等多种规格。

图 4－2－8　索尼 DVCAM、松下 DVPRO 和 MiniDV 磁带

但由于磁带型机构的缺点，如磁粉脱落造成信号丢失、磁带下载时间长等，各厂家又陆续开发了基于可录型光盘、硬盘以及半导体闪存等的存储介质。特别是由于闪存具有诸如体积小巧、携带轻便、可反复使用；无机械结构，可简化设计和降低耗电，从而延长了摄像机的工作时间；视频内容可直接复制到计算机，比传统视频采集节省大量的时间等众多优点，而逐渐成为主流。图 4－2－9 所示为使用 P2 存储卡的松下 AG－HVX200 摄像机和使用 SxS 存储卡的索尼 PMW－EX1 高清摄像机。

图 4－2－9　松下 AG－HVX200（左）与索尼 PMW－EX1（右）摄像机

随着技术的进步，数码相机与摄像机的功能越来越趋于交叉融合，如数码相机领域处于领先的佳能公司在 5D Mark Ⅱ（俗称无敌兔）数码单反相机中加入了高清视频拍摄功能，利用佳能丰富的系列镜头以及高性能的感光器件，可以拍摄出电影般的视觉效果。一些新兴厂商也纷纷推出了富有特色的数码摄像机产品，如美国 RED 公司的 RED ONE 具有 4k 的分辨率，视频图像以 12 bit RAW 格式记录，特别适合电影行业对色调的需求。澳大利亚的 Blackmagic Design 公司推出的 Blackmagic Cinema Camera 体积小巧，价格较低，也具有 12 bit 的录制能力。而 GoPro Hero3 运动摄像机体积小巧，附件丰富，

深受体育爱好者及小型飞行器航拍场合的欢迎。

(2) 工作原理简介

数码摄像机从本质上与数码相机原理相同，都是利用 CCD 或 CMOS 感光器件对图像进行数字化并存储。但数码影像包含活动视频与声音，故对存储空间与处理速度要求更高。

以 JVC GR－DV1 数码摄像机为例，其工作原理如图 4－2－10 所示。视频信号通过镜头聚焦至 CCD，然后分解成亮度与色度信号，再通过 A/D 转换和信号压缩，存储在 MiniDV 磁带上。音频信号通过话筒录入，再通过 A/D 转换，一同记录在 MiniDV 磁带上。

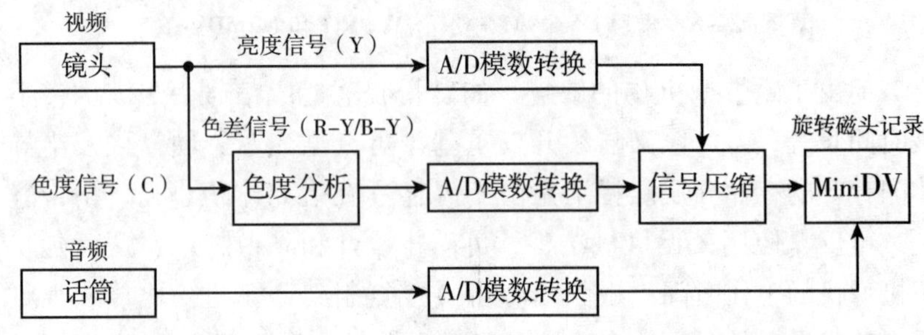

图 4－2－10　JVC GR－DV1 数码摄像机工作原理图

(3) 主要技术指标

① 感光器件及尺寸。数码摄像机采用 CCD 或 CMOS 型感光器件，越高级的数码摄像机，其感光器件尺寸越大。感光器尺寸一般是指矩形感光面的对角线尺寸，民用级一般多采用 1/3 英寸以下的规格，专业级或广播级多使用 3 片 1/2 英寸、2/3 英寸或更大的感光器件。面向广告与电影行业的感光器件则采用全画幅 35 mm×24 mm 规格。

② 像素值。像素值是指感光器件的有效总像素，显然高清摄像机的像素值比标清的要大得多。

③ 灵敏度（照度）。灵敏度用于表示摄像机正常成像所需要的最低光照度，如索尼 PMW－EX280 高清摄像机的灵敏度为 1lx（勒克斯）。

④ 信噪比（S/N ratio）。信噪比表示有用信号与图像感光器固有噪声（噪波）的比值。它是衡量摄像机的重要指标。理论上，感光器尺寸越大，信噪比越低。广播级摄像机一般在 50 dB 以上，而民用消费类摄像机一般较低，大都不标示信噪比。

⑤ 视频格式/制式。目前，世界上存在多种电视制式与电影标准，此指标用于表示数码摄像机所能支持的电影电视及视频存储格

式。如某款摄像机关于视频格式/制式的描述如下：

HD422 模式：MPEG－2

422P@ HL，50Mbps / CBR

1 920 ×1 080/59.94 i，50 i，29.97 p，25 p，23.98 p

1 280 ×720/59.94 p，50 p，29.97 p，25 p，23.98 p

其意义表示高清 4∶2∶2 色彩取样，视频以 MPEG－2 标准压缩，码率为固定码率（CBR），50 MB/s。

1 920 ×1 080 与 12 80 ×720 为视频分辨率，59.94 i 表示场频为 59.94 Hz 的 NTSC 制式，50 i 则是隔行扫描 50 场/s 的 PAL 制式。29.97 p 与 25 p 表示 NTSC 和 PAL 的逐行扫描帧频，23.98 p 是指电影逐行 23.98 帧/s。

⑥ 音频格式。数码摄像机要同时记录音频，如其规格为 LPCM 编码方式、48 kHz、4 声道等。

⑦ 镜头变焦倍数。镜头变焦倍数是指镜头的最长焦距与最短焦距的比值。不少摄像机都可更换镜头。

3. 存储媒介

存储媒介是数码相机和数码摄像机等设备的必需附件，数码相机经历过用磁带、软盘和闪存卡作为存储媒介。而数码摄像机经历过磁带、光盘、硬盘等，随着闪存芯片容量、速度的提升以及价格的下降，数码摄像机也逐步采用闪存卡作为存储媒介。闪存卡完全克服了传统机械结构存储方式的抗震性差、功耗大以及笨重等固有缺点。

用半导体闪存芯片设计的闪存卡有众多标准。经过市场的洗礼，曾经由奥林巴斯和富士公司联手最新开发的 xD（eXtreme Digital）卡、由东芝公司推出的 SM（SmartMedia）卡、由 Sandisk 和西门子于 1997 年联手推出的 MMC（Multi Media Card）卡基本已经在市场上绝迹。目前常见的闪存卡有如下几种：

(1) SD 卡

SD 卡由东芝与松下电器联合推出，全称 Secure Digital Card，直译成汉语就是“安全数字卡”。SD 卡基于 MMC 规格，增加了数字版权管理技术标准（不过此功能在目前产品中少有应用）。SD 卡的尺寸为 32mm ×24mm ×2.1mm，和 MMC 卡外形极为相似，大小一样，只是 SD 卡略厚一些。SD 卡一般带有一个防止改写的保护开关。

2006 年 3 月，SD 2.0 标准（SD High Capacity，SDHC）发布，重新定义了 SD 卡的速度规格，分为 Class2、Class4、Class6。2010

年，发布的新的SD 3.0标准，定义了SDXC（SD eXtended Capacity）和UHS，新增了Class10。这些标准中对SD卡速度的规定如下：

① Class 2：2 MB/s。

② Class 4：4 MB/s。

③ Class 6：6 MB/s。

④ Class 10：10 MB/s。

有些厂家生产了更高速的SDHC卡，并直接在卡上标注了速度，如R90/W60表示读速度90 MB/s、写入速度60 MB/s。

根据标准的不同，SD卡的容量范围如下：

① SD小于等于2 GB。

② SDHC为2 GB ~ 32 GB。

③ SDXC为32 GB ~ 2 TB。

此外，还有尺寸更小的符合SD标准的miniSD和microSD卡。microSD卡原称TF卡，常被用于手机。其可插入外形如同SD卡的适配器，作为标准SD卡使用，如图4-2-11所示。目前，SD卡被大多数数码相机采用。

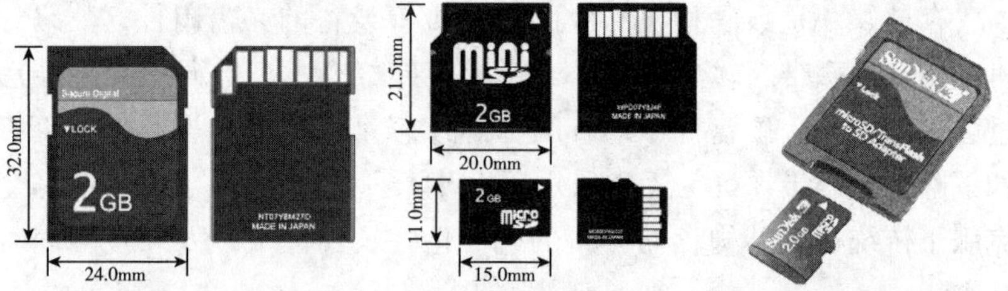

图4-2-11　SD、miniSD、microSD卡及SD卡适配器

（2）CF卡

CF（CompactFlash）卡（见图4-2-12）是存储卡市场最早的产品，由Sandisk公司于1994年推出第一套标准，从外形上可分为两种：CFⅠ型（43 mm×36 mm×3.3 mm）和CFⅡ型（43 mm×36 mm×5 mm）。如今，尽管SD卡普及程度更高，但CF卡依然是一些顶级专业数码相机的标准配置。

CF卡的数据吞吐为并行工作方式，具有速度快、容量大的特点，从CF1.0标准已开始支持137 GB。CF3.0标准支持UDMA mode 4，最高传送速率为66 MB/s；CF4.0标准支持UDMA mode 5，最高传送速率为100 MB/s；CF4.1标准支持UDMA mode 6，最高传送速率为133 MB/s。至2013年，CF卡已有容量为256 GB，最高传送速率为160 MB/s规格的商品出售。

图 4－2－12　市售的 CF 卡

（3）记忆棒。记忆棒（Memory Stick）由索尼公司制造，于 1998 年 10 月推出市场。最早一代产品尺寸与口香糖相仿，容量也不大，后来索尼发展了大容量的 Memory Stick PRO、与 SD 卡尺寸相仿的 Memory Stick Duo、尺寸更小的 Memory Stick Micro（仅 15 mm × 12. 5 mm × 1. 2 mm）以及更新的 HG 高速规格。

记忆棒是索尼公司独家开发的标准，使用记忆棒的设备主要是索尼自产的数码相机、MP3 播放器、数码摄像机、电子玩具、PDA 等。图 4－2－13 显示了 Memory Stick Duo 型记忆棒与其他几种存储卡的外形尺寸对比图。

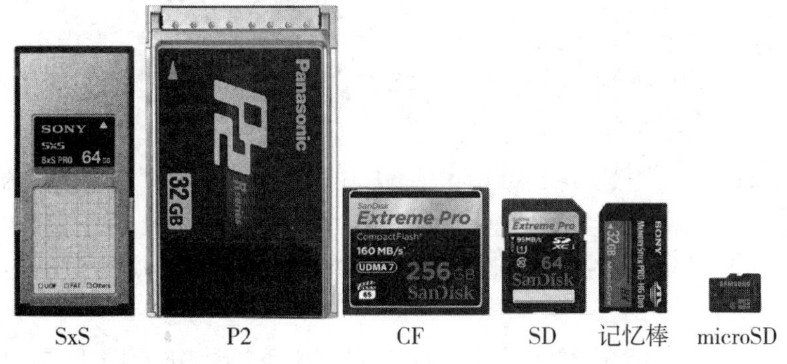

图 4－2－13　记忆棒与 CF、SD、microSD 卡尺寸对比图

（4）SxS 卡

SxS 卡由索尼及 SanDisk 共同创立，其符合 ExpressCard 式闪存标准，传输速度可达至 800 Mbit/s（相当于 100 MB/s），瞬时传输速度更可达至 2. 5 Gbit/s（相当于 312. 5 MB/s）。

SxS 卡主要作为索尼的 XDCAM EX 专业摄影机产品的存储媒体。另外，著名电影产品厂商 ARRI 出产的 Alexa 电影摄影机也采用 SxS

存储 ProRes 及 DNxHD 编码的摄制片段。

很多笔记本电脑都拥有 ExpressCard 卡槽，安装索尼提供的驱动程序后，直接插入 SxS 卡，即可读取数据文件。另外，也可用索尼生产的 USB 2.0 接口 SBAC－US10 读卡器（见图 4－2－14）进行读取。但受 USB 2.0 接口的速度限制，实测复制速度仅约35 MB/s。

由于 SxS 卡价格较贵，故有厂家生产了 SxS 适配器，配合插入高速 SD 卡后，可替代索尼的 SxS 卡。

图 4－2－14　索尼 SBAC－US10 读卡器与 SxS 卡

（5）P2 卡

2004 年，松下电器推出了 P2 卡（P2 是 Professional Plug-In 的缩写），其内部采用 4 片高速 SD 卡进行并行的读写控制，因此 P2 卡用较低速的 SD 卡就能达到较高的整体读写速度，原理类似于磁盘阵列。

P2 卡作为无磁带记录的存储媒体，主要用于松下的 DV、DVCPRO、DVCPRO25/50/HD 以及 AVC 视频格式。2004 年雅典奥运会，北京电视台首次采用 P2 卡作为电视报道记录媒介。

P2 卡采用 PCMCIA 标准接口，很多旧型号的笔记本电脑都有该插槽，因此可以直接插入读取数据。松下电器也出售有专用的读卡器，如图 4－2－15 所示。

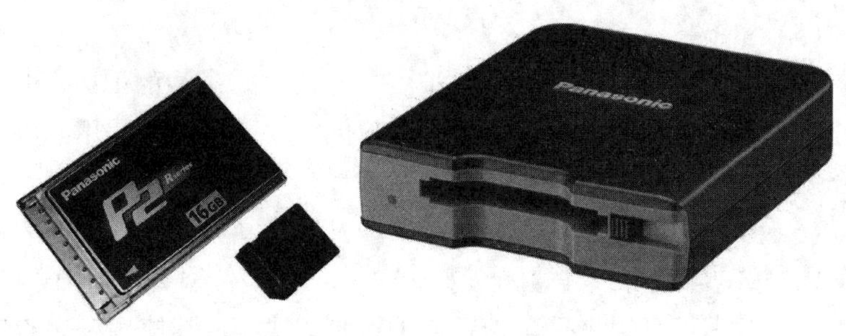

图 4－2－15　P2 卡与读卡器

4. 输入输出接口

数码相机和数码摄像机的接口一般有复合视频、S－Video 视频、分量视频、HDMI 视频、SDI 视频、IEEE 1394、USB 以及模拟音频等多种类型。还有部分使用无线网来传输数据。绝大部分视频接口仅仅支持视频输出功能。

（1）复合视频（Composite）

该接口一般用黄色标示，使用同轴线连接电视机或监视器，线路安装简便，长度可达数十米甚至上百米。由于色度信号与亮度信号调制在一起会造成一定程度的干扰，因而其图像质量较差，用于要求不高的场合。通常俗称的 AV 输出接口就是立体声音频（Audio，红、白 2 个莲花插头）与黄色复合视频（Video）莲花插头的合称。

（2）S－Video（Y/C）

使用专用插头的 S－Video 线（内部 4 芯），线材不易自制，适合短距离连接。该接口的亮度信号（Y）与色度信号（C）分开传输，因而避免了色度干扰，图像质量好，可用于视频采集、监视等。

（3）分量（Component、YUV、YcbCr）

该接口的每路视频图像都用 3 条同轴线，分别传输 Y、红色差 R－Y、蓝色差 B－Y 信号，以避免色度串扰。其图像质量最好，在要求高的广播电视行业应用广泛，用于图像传输、采集等。分量接口也用于性能较高的摄像机上。

（4）HDMI

HDMI 使用多芯专用电缆，可同时传输视频、多通道音频和各种辅助数据。另外，小型 HDMI 接口，适合小型化的设备使用。HDMI 的线缆一般需购买成品，并且长度比较受限。多数带摄像功能的数码相机和大部分数码摄像机都带有 HDMI 接口。

(5) SDI

SDI有标清SD－SDI和高清HD－SDI之分。高清的HD－SDI传输带宽更大，音频可嵌入视频信号一起传输。这种接口使用同轴线，线路安装简便，传输距离长。

(6) IEEE 1394

IEEE 1394也称火线接口（FireWire），用来传输DV、HDV格式的音视频数据，可用来采集DV、HDV的音视频。其使用专用电缆，长度受限制。

USB从1.1发展到2.0和3.0，理论传输速度从1.1的12 Mbps到2.0的480 Mbps，USB 3.0速度可达5 Gbps，USB 3.1更达到10 Gbps。

(7) USB

USB的全名为Universal Serial Bus，允许热插拔，用于连接计算机，将摄像机存储卡中的音视频数据直接复制到计算机上，比常规采集节省了大量的时间。几乎所有数码相机和大部分消费类数码摄像机都有USB接口。

(8) WiFi

部分摄像机带有WiFi热点功能，计算机通过无线网连接后，可以从摄像机上复制音视频数据，省去了连线的麻烦。

(9) 音频接口

常见的音频接口有3.5 mm接口、RCA莲花接口、XLR卡农接口等，作为话筒或外界音频输入、摄像机音频输出接口。某些机型还有无线接收功能，以配合无线话筒使用。

5. 读卡器

数码相机、数码摄像机除了能从USB或其他数据接口直接传输图像音频数据外，一般常使用读卡器直接读取存储卡的数据，如图4－2－16所示。

常用的读卡器多是外置式的，带有多种存储卡的接口，插入计算机面板上的USB接口即可使用，一般无须安装驱动程序。内置式读卡器则安装在软盘驱动器或光盘驱动器的位置，使用USB电缆插到主板的USB接口上以供使用。另外，索尼或松下的专用读卡器用于读取SxS卡或P2卡。

图4－2－16 外置读卡器与软驱位内置读卡器

6. 摄像机操作步骤简介

下面以索尼 PMW－EX280 型数码摄像机为例，介绍基本使用步骤，如图 4－2－17 所示。

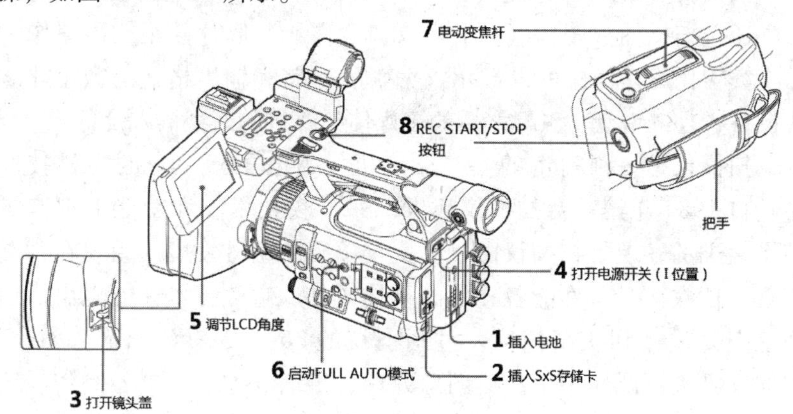

图 4－2－17　索尼 PMW－EX280 摄像机操作步骤

（1）将电池插入摄像机电池仓。

（2）把 SxS 存储卡插入摄像机卡槽，如果装了两张卡，第一块卡写满后，会自动切换到第二块卡继续存储。卡槽上有指示灯，表明当前正在使用的卡。

（3）将镜头盖打开（推至 OPEN 挡）。

（4）将电源开关拨到 ON 的位置。

（5）调节 LCD 监视器到适合观看的角度。

（6）按一下 FULL AUTO 按钮，使指示灯点亮。此时摄像机工作在全自动模式下，即可以自动白平衡、自动光圈速度、自动增益等，适合大多数场合使用。

（7）将手掌伸入摄像机把手，食指和中指分别按在电动变焦杆的前后两头（变焦杆像跷跷板），前后倾斜的角度变化会使镜头产生推拉的变焦的效果，变焦杆按下的角度越大，变焦速度越快。

（8）手掌伸入把手后，大拇指正好可以握住 REC START/STOP 按钮。按一下就会启动拍摄，同时在 LCD 监视屏幕上会有红点指示。再按一次就停止拍摄。另外，在摄像机上方的把手前方，也有一个 REC START/STOP 按钮和变焦杆，效果相同。

（9）停止拍摄后，可以用 USB 电缆插入摄像机的 USB 接口，另一头插入电脑的 USB 接口，打开摄像机电源后，LCD 屏幕上会有一个提示，按提示选项设置摄像机为外部存储器后，即可复制视频素材到电脑。也可将 SxS 卡拔出，使用索尼专用读卡器复制视频文件。

4.2.2 扫描仪

扫描仪（Scanner）是获取数字图像文件的一种重要设备。它是一种通过扫描捕捉图像（照片、文本、图画、胶片甚至三维图像），并将其转化为计算机可以显示、编辑、存储和输出格式的数字化输入设备，是继键盘、鼠标之后的多媒体计算机的新型输入设备。

扫描仪是一种精密的集光学、机械、电子于一身的高科技产品。自1984年第一台扫描仪问世以来，在技术上和功能上都有了突飞猛进的发展。扫描仪由过去比较单一的型号发展成为现在种类丰富、档次齐全、性能各异的高科技产品。它的技术性能也由黑白两色扫描过渡到灰度扫描，直到现在的36位真彩色扫描。如今，扫描仪已被广泛应用于各类图像处理、出版、印刷、广告制作、艺术设计、办公自动化、多媒体制作、图文数据库、图文通信和工程图纸输入等专业领域。随着多媒体计算机日益普及，扫描仪已开始进入家庭。

1. 扫描仪的分类

目前，市场上扫描仪的种类很多，按不同的标准可分成不同的类型。按其扫描原理的不同，可将扫描仪分为以CCD为核心的平板式扫描仪、手持式扫描仪和以光电管为核心的滚筒式扫描仪；按其扫描的图纸幅面大小不同，可分为小幅面的手持式扫描仪、中等幅面的台式扫描仪和大幅面的工程图扫描仪；按扫描图稿的介质不同，可分为反射式（纸材料）扫描仪、透射式（胶片）扫描仪和反射透射两用扫描仪；按用途不同，可分为用于各种图稿输入的通用型扫描仪和专门用于特殊图像输入的专用型扫描仪（如条码扫描仪、卡片阅读机等）。

2. 工作原理

平板式扫描仪已被广泛应用于各类图形图像处理、电子出版、广告制作和办公自动化等诸多方面，其性能几乎可以满足所有应用领域的要求。

下面以平板式扫描仪为例介绍扫描的工作原理。平板式扫描仪在扫描时，将图稿放在扫描平台上由软件控制自动完成扫描过程。有些平板式扫描仪还可以加上透明胶片适配器，使其既可以扫反射稿又可以扫透明胶片，实现一机两用。

扫描仪的整体结构由顶盖、玻璃平台和底座构成。其外壳由塑料压模成型，玻璃平台用于放置扫描图稿，塑料上盖内侧有一黑色（或白色）的胶垫，在顶盖放下时用以压紧被扫描的文件，当前大多数扫描仪采用了浮动顶盖，以适应扫描不同厚度的文件。

透过扫描仪的玻璃平台，能看到安装在底座上的机械传动机构、扫描头及电路系统（电路板）。机械传动机构的功能是带动扫描头沿扫描仪纵向移动，扫描头的功能是将光信号转换为电信号，电路系统的功能是处理、传输代表图像的电信号。使用 CCD 器件的扫描头由光源（条形灯管）、条形平面反射镜、聚焦透镜（透镜组）和 CCD 器件组成。条形灯管和条形平面反射镜在扫描头上沿水平方向放置。扫描仪工作时，条形灯管发出的平行光线经图稿、条形平面反射镜反射后，通过聚焦透镜（或透镜组）照射在 CCD 器件上，再由 CCD 器件将光信号转换为与其光强度成正比的模拟电信号。扫描仪原理示意图如图 4－2－18 所示。

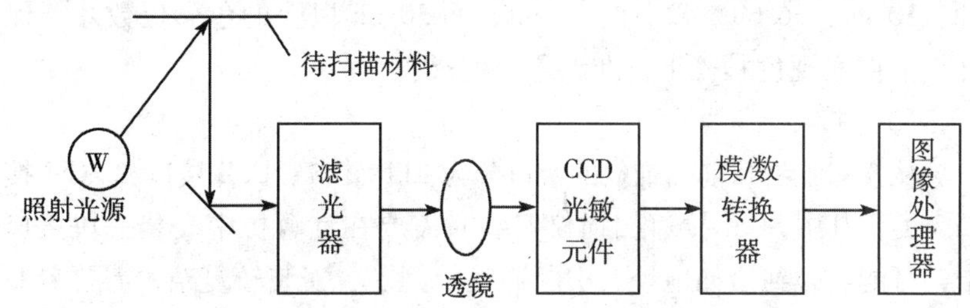

图 4－2－18　扫描仪工作原理框图

扫描仪电路系统的作用是转换、处理、传输图像信号。扫描仪电路系统主要由模/数转换器、电机驱动电路、图像处理器、缓冲器和输出接口电路组成。步进电机驱动电路、图像处理器、缓冲器和输出接口安装在扫描仪后侧的电路板上，感光元件 CCD、模/数转换器装在扫描头后侧的电路板上。模/数转换器负责接收 CCD 器件输出的模拟电信号，并将它转换成为二进制数字信号后，再送至图像处理器处理。

图像处理器将模/数转换器输出的二进制数字信号进行运算、处理后经接口电路送往计算机。将数字图像信号传送给计算机之前，扫描仪要先校正好图像的白平衡、亮度、对比度等参数。扫描仪的一些新技术，如色彩提升、硬件去网纹功能等，也要求扫描仪对图像信号进行更多的处理。由于不同的扫描仪生产厂商处理图像的技术、运算方法不同，因此，扫描输出的图像有相当大的差异。

3. 主要技术指标

（1）分辨率

分辨率是表示扫描仪对图像细节的表现能力，即分辨率是扫描仪对原稿细节的分辨能力。它是扫描仪的关键指标。一般用每英寸的像素点来衡量。目前，商用扫描仪的分辨率大多为 300 dpi 和

SCSI 接口称“小型计算机系统接口”，是流行于小型机、工作站、微机的输入/输出设备标准接口，1986 年正式产生第一代标准。有 SCSI－1、SCSI－2、SCSI－3、Ultra2 SCSI。

600 dpi，高档产品可达 2 000 dpi 以上。对于扫描仪而言，分辨率指标当然是越高越好。高的分辨率意味着扫描仪可以更清楚地表现出图像的细微部分。如果分辨率比较低，即使原稿再清晰，扫描仪也不能清楚地再现原稿的内容，会使原稿中的一些细节丢失。决定分辨率高低的最直接因素是用于光电转换的 CCD 器件。

在分辨率方面有的还有一个可能高达 9 600 dpi 的“最大插值分辨率”，这一指标意义并不大。

（2）色彩位数

色彩位数是衡量扫描仪色彩还原能力的主要指标，主要有 24 bit，30 bit，36 bit，42 bit，48 bit，而 30 bit 以上的色彩位数才能保证扫描仪实现色彩校正，准确还原色彩。

（3）接口

从接口上看目前扫描仪的接口分为 EPP 并口、USB 接口和 SCSI 接口 3 类，其中 SCSI 接口扫描仪安装时需要在计算机中安装一块接口卡，可能会碰到诸如地址、中断冲突等问题，安装较复杂，需要专业人员，而且要比同等性能的其他接口扫描仪贵。因此，不适宜家庭应用。而 EPP 打印机并口扫描仪和 USB 接口扫描仪则不存在这些问题，但 EPP 接口太慢，一般都采用 USB 接口。

（4）感光元件

CCD 通常应用于高档的设备中，而 CIS 通常用于中、低端设备中。

现在的感光元件主要有 CCD 与 CIS 两种。CCD 技术是平台式扫描仪目前最成熟的扫描技术，使用范围覆盖了最低档到顶尖级扫描仪产品，性能优越。而目前市场上的 CIS 或 LIDE 技术应用于平台式彩色扫描仪还刚刚起步，主要优点是成本低、质量轻、厚度薄、便于携带，适合于移动式办公环境，但作为固定应用却不太合适，主要是因为它的性能指标虽然也可以达到 600 dpi × 1 200 dpi，36 bit 彩色，但实际扫描效果与 CCD 技术仍有较大差距。

4. 操作使用

下面，我们以 HP5470C 扫描仪的使用来介绍如何利用扫描仪获取图像。

（1）扫描仪的硬件安装连接

该款扫描仪采用的是 USB 的接口模式，与计算机的 USB 口相连接。

（2）扫描仪驱动与应用软件安装

硬件连接完成后，再安装运行其驱动程序与应用软件。全部完成后，可运行其应用程序，将要扫描的资料放好，单击开始新扫描，将进行预扫描，将需要扫描的部分内容用光标画出选择区域，如图 4－2－19所示。

图 4－2－19　扫描的操作界面

（3）选择输出文件的格式

该扫描仪的文件格式有“真色彩”“256 种色彩”“灰度”“黑白位图”“可编辑文件（OCR）”“文字与图像”等可选项，一般情况下，如扫描图片可选择“真色彩”；如果要将扫描图像识别成汉字或英文，就必须选择“可编辑文件（OCR）”。

OCR：文字识别技术，即从所扫描的图片中识别出文字。

（4）扫描单击“扫描到的按钮”，出现如图 4－2－20 所示窗口，选择 Adobe Photoshop 6.0，再单击“扫描”按钮，便开始扫描。

图 4－2－20　扫描过程的提示框

扫描完成后，会自动启动 Photoshop 等软件对扫描获取的素材进行编辑，直到达到满意的效果。

4.2.3 多媒体投影仪

多媒体投影机（见图 4－2－21）是一种可以将视频信号与计算机信号等进行显示的大屏幕投影系统设备。它可以同步显示高分辨率的计算机和工作站的图像，又能接录像机、电视机、影碟机、VCD 和 DVD 以及视频展示台等视频图像信号的输入，已被广泛地应用于教育、办公领域。

图 4－2－21 多媒体投影仪

目前，投影机产业发展迅速，各品牌的机型繁多，人们通常按照以下几种方式对其进行分类。习惯上根据投影机的成像技术不同划分为基于阴极射线管（CRT）显示技术、基于液晶（LCD）显示技术和基于数字光输出（DLP）显示技术的投影机；按照投影机与屏幕的关系，可分为正投式投影机和背投式投影机；根据安装适用方式又分为便携式、吊装式和便携吊装两用式。

1. 投影仪的分类及特点

投影机主要通过 3 种显示技术实现，即 CRT 投影技术、LCD 投影技术、DLP 投影技术。

（1）CRT 投影仪

CRT 投影仪被广泛应用于会议室、控制指挥中心等培训/模拟设施。

CRT 投影仪（也称 RGB 三枪投影仪），其主要成像器件为 CRT 管（阴极射线管）。它是实现最早、应用最早的一种显示技术。这种投影机可把输入信号源分解成 R（红）、G（绿）、B（蓝）3 种基色并投在 CRT 管的荧光屏上，荧光粉在高压作用下汇聚，在大屏幕上显示出彩色图像。光学系统与 CRT 管组成投影管，通常所说的三枪投影机就是由 3 个投影管组成的投影机，由于使用内光源，也叫主动式投影方式。它具有技术成熟、亮度高、清晰度高、分辨率高、色彩丰富、适应性强、寿命长、还原性好等特点，可直接连接常见的各种视频信号源（录像机、摄像机、VCD、LD 影碟机、视频展示台等)、各种数据图形信号源（各种 PC 机等），而且其价格适中，维护费用低，是几种类型投影设备中性能价格比最高的，尤其是其强大的调整图形失真的能力和较强的多台投影仪亮度一致性调整能力，使 CRT 投影仪成为大屏幕投影墙基本显示单元的常用机型。

但其体积大、笨重。同时，其重要技术指标图像分辨率与亮度相互制约，直接影响 CRT 投影机的亮度值，到目前为止，其亮度值始终徘徊在 300 lm 以下。另外 CRT 投影机操作复杂，特别是聚焦调整烦琐，机身体积大，只适合安装于环境光较弱、相对固定、不宜搬动的场所。

（2）LCD 投影机

LCD 称为液晶，所谓液晶是介于液体和固体之间的物质，本身不发光，工作性质受温度影响很大，其工作温度为 -55 ℃ ~77 ℃。投影机利用液晶的光电效应，即液晶分子的排列在电场作用下发生变化，影响其液晶单元的透光率或反射率，从而影响它的光学性质，产生具有不同灰度层次及颜色的图像。LCD 投影机分为液晶板和液晶光阀两种，下面分别说明两种 LCD 投影机的原理。

① 液晶光阀投影机是采用 CRT 管和液晶光阀作为成像器件，是 CRT 投影机与液晶光阀相结合的产物。为了解决图像分辨率与亮度间的矛盾，它采用外光源，故为被动式投影方式。一般的光阀主要由 3 部分组成：光电转换器、镜子、光调制器。它是一种可控开关，通过 CRT 输出的光信号照射到光电转换器上，将光信号转换为持续变化的电信号。外光源产生一束强光，投射到光阀上，由内部的镜子反射，通过光调制器，改变其光学特性，紧随光阀的偏振滤光片，将滤去其他方向的光，而只允许与其光学缝隙方向一致的光通过，这个光与 CRT 信号相复合，投射到屏幕上。它是目前为止亮度、分辨率最高的投影机，亮度可达 6 000 lm，分辨率为 2 500 ×2 000，适用于环境光较强，观众较多的场合，如超大规模的指挥中心、多媒体教室、会议中心及大型娱乐场所，但其价格高，体积大，并且光阀不易维修。

② 液晶板投影机的成像器件是液晶板，也是一种被动式的投影方式，利用外光源金属卤素灯或 UHP（冷光源）。若是 3 块 LCD 板设计的则把强光通过分光镜形成 RGB 三束光，分别透射过 RGB 三色液晶板；信号源经过模/数转换，调制加到液晶板上，控制液晶单元的开启、闭合，从而控制光路的通断，再经镜子合光，由光学镜头放大，显示在大屏幕上。目前市场上常见的液晶投影机比较流行单

片设计（LCD 单板，光线不用分离），这种投影机体积小、质量轻、操作及携带极其方便，价格也比较低廉，但其光源寿命短，色彩不很均匀、分辨率较低，最高分辨率为 1 024 × 768，多用于临时演示或小型会议。这种投影机虽然也实现了数字化调制信号，但液晶本身的物理特性，决定了它的响应速度较慢，随着工作时间的变长，性能有所下降。

(3) DLP 投影仪

DLP 投影机清晰度高、画面均匀、色彩锐利，三片机亮度可达 10 000 lm 以上，它抛弃了传统意义上的汇聚，可随意变焦，调整十分方便。

DLP 译作数字光处理器，这一新的投影技术的诞生，使我们在具有捕捉、接收、存储数字信息的能力后，终于实现了数字信息显示。DLP 技术是显示领域划时代的革命，正如 CD 在音频领域产生的巨大影响一样，DLP 将为视频投影显示翻开新的一页。它以数字微反射器（Digital Micromirror Device，DMD）作为光阀成像器件。DLP 投影机的技术关键点如下：首先是数字优势。数字技术的采用，使图像灰度等级达 256 ~ 1 024 级，色彩达 2 563 ~ 10 243 种，图像噪声消失，画面质量稳定，精确的数字图像可不断再现，而且历久弥新。其次是反射优势。反射式 DMD 器件的应用，使成像器件的总光效率达 60% 以上，对比度和亮度的均匀性都非常出色。在 DMD 块上，每一个像素的面积为 16μm × 16μm，间隔为 1μm。根据所用 DMD 的片数，DLP 投影机可分为单片机、两片机、三片机。

另外，各种投影仪均可进行正向、背向和倒向 3 种方式的投影，其中正向和倒向投影时受环境光影响较大，背投则可提高亮度和色彩还原性，背投是将投影仪安装在后面，占场地较大，现在采用的方法是用一次折射两次反射来缩短背投距离。另外，在不同的投影幕上的投影效果也不同，投影的拼接是一种能够在保证亮度、分辨率的情况下，有效增大投影面积的方法，而且可随时随意平滑调整各画面之间的大小。大屏幕和超大、超长、超宽投影正向多机、多屏和多画面方向发展。

2. 性能技术指标

投影机的性能指标是区别投影机档次高低的标志。投影机的性能指标有很多，这里主要介绍几个主要指标。

(1) 光输出

这是指投影机输出的光能量，单位为“流明”。与光输出有关的一个物理量是亮度，是指屏幕表面受到光照射发出的光能量与屏幕面积之比，亮度常用的单位是“勒克斯”。当投影机输出的光通一定时，投射面积越大亮度越低，反之则亮度越高。决定投影机光输出的因素有投影及荧光屏面积、性能及镜头性能，通常荧光屏面积大，光输出大。带有液体耦合镜头的投影机镜头性能好，投影机光输出也可相应提高。

(2) 水平扫描频率（行频）

电子在屏幕上从左至右的运动叫作水平扫描，也叫作行扫描。每秒钟扫描次数叫作水平扫描频率，视频投影的水平扫描频率是固定的，为 15. 625 kHz（PAL 制）或 15. 725 kHz（NTSC 制）。数据和图形投影机的扫描频率不是同个频率频段，在这个频段内，投影机可自动跟踪输入信号行频，由锁相电路实现与输入信号行频的完全同步。水平扫描频率是区分投影机档次的重要指标。

(3) 垂直扫描频率（场频）

电子束在水平扫描的同时，又从上向下运动，这一过程叫作垂直扫描。每扫描一次形成一幅图像，每秒钟扫描的次数叫作垂直扫描频率，垂直扫描频率也叫作刷新频率，它表示这幅图像每秒钟刷新的次数。垂直扫描频率一般不低于 50 Hz，否则图像会有闪烁感。

(4) 视频带宽

投影机的视频通道总的频带宽度，其定义是在视频信号振幅下降至 0. 707 倍时，对应的信号上限频率。0. 707 倍对应的增量是 -3 dB，因此又叫做 -3 dB 带宽。

(5) 分辨率

在投影机指标中，分辨率是较易混淆的一个概念，投影机技术指标上常给出的分辨率有可寻址分辨率、RGB 分辨率、视频分辨率 3 种。

对 CRT 投影机来说，可寻址分辨率是指投影管可分辨的最高像素，它主要由投影管的聚焦性能所决定，是投影管质量指标的一个重要参数。

RGB 分辨率是指投影机在接 RGB 分辨率视频信号时可达到的最高像素，如分辨率为 1 024 × 768，表示水平分辨率为 1 024，垂直分辨率为 768，RGB 分辨率与水平扫描频率、垂直扫描频率及视频带宽均有关。

视频分辨率是指投影机在显示复合视频时的最高分辨率。这里有必要将视频带宽、水平扫描频率、垂直扫描频率与 RGB 分辨率的关系进行分析。

首先看看水平扫描频率与垂直扫描频率的关系。

$$水平扫描频率 = A \times 垂直扫描频率 \times 垂直分辨率$$

式中 A 为常数，约为 1.2，垂直扫描频率一般不应低于 50 Hz，为了保证良好的视觉效果，希望垂直扫描频率高一些好。为了提高图像质量，也要提高垂直分辨率。这些都要求相应地提高水平扫描频率。可见，水平扫描频率是投影机的一个重要技术指标。例如：当垂直扫描频率为 70 Hz，垂直分辨率为 768 时，行频为 64.5。

其次是视频带宽与水平扫描频率、水平分辨率的关系。

$$视频带宽 = 水平扫描频率 \times 水平分辨率/2$$

由该公式可以知道要提高图像分辨率，就要提高视频带宽。因而视频带宽也是投影机的一个重要指标。因此，在区分投影机质量优劣时，应注重行频和带宽，在看 RGB 分辨率时，还应注意它的垂直扫描频率，在行频一定时，垂直扫描频率不同时，最高 RGB 分辨率也不同。例如：一台投影机的最高行频为 75 kHz，当垂直扫描频率为 60 Hz 时，允许最高 RGB 分辨率是 1 280 × 1 024。而如果将垂直扫描频率提高至 70 Hz 时，就达不到 1 280 × 1 024。

（6）CRT 管的聚焦性能

我们知道，图形的最小单元是像素。像素越小，图形分辨率越高。在 CRT 管中，最小像素是由聚焦性能决定的，所谓最小分辨率，即是指最小像素的数目。CRT 管的聚焦机制有静电聚焦、磁聚焦和电磁复合聚焦 3 种，其中以电磁复合聚焦较为先进，其优点是聚焦性能好，尤其是高亮度条件下汇散焦，且聚焦精度高，可以进行分区域聚焦、边缘聚焦、四角聚焦，从而可以做到画面上每一点都很清晰。

4.2.4 视频展示台

视频展示台又称实物展示台，是近几年广泛应用于课堂教学、物品展示活动中的一种新型的、数字化的图像采集设备。它可把各种实物、书本资料、模型、印刷品、透明胶片、幻灯片和文稿等通过 CCD 数字摄像头清晰、逼真地显示或存储到计算机中，同时还可以与多种其他外设（如投影机或监视器、电视机等）相连，把它们清晰地展示出来。视频展示台逐渐成为幻灯机的替代产品，是多媒体教室、会议室中不可或缺的教学设备之一。

1. 视频展示台的类型

根据照明光源分为双侧灯台式视频展示台和单侧灯台式视频展示台。照明灯用于调节视频展示台所需的光强度，有利于被显示物品的最佳演示，不同展示台照明灯的位置各不相同，但不影响照明效果。

（1）按照明灯的位置分类

① 双侧灯台式视频展台：这是最常见的视频展台类型。双侧灯用于调节视频展台所需的光强度，调节背景补偿光灵活方便，便于被显示物品的最佳演示。

② 单侧灯台式视频展示台：这也是较常见的视频展台类型。单侧灯用于调节视频展示台所需的光强度，便于被显示物品的最佳演示，不同展示台单侧灯的位置各不相同，但不影响效果。液晶监视器作为视频展示台的选配件，方便演示者监视展台上物品的位置。

（2）按结构分类

根据结构来分又可为整体式视频展示台、底板分离式视频展示台和便携式视频展示台。

① 整体式视频展示台：这类视频展示台较为常见，结构紧凑。各个部分结合在一起，不能分开使用。

② 底板分离式视频展台：这类视频展台是为了节省存放空间而设计的。由于底板分离，使视频展台的便携性增强，小范围内的移动十分方便。

③ 便携式视频展台：这类视频展台针对于需要便携的特殊用户设计。一般由于需求量较少，生产成本高，所以价格相对较高。

2. 视频展示台的结构与原理

一台普通的视频展示台包括摄像头、控制电路板、光源和台面，而一些高档的展示台还包括红外线遥控器、计算机图像捕捉适配器和液晶监视器等附件，如图 4－2－22 所示。

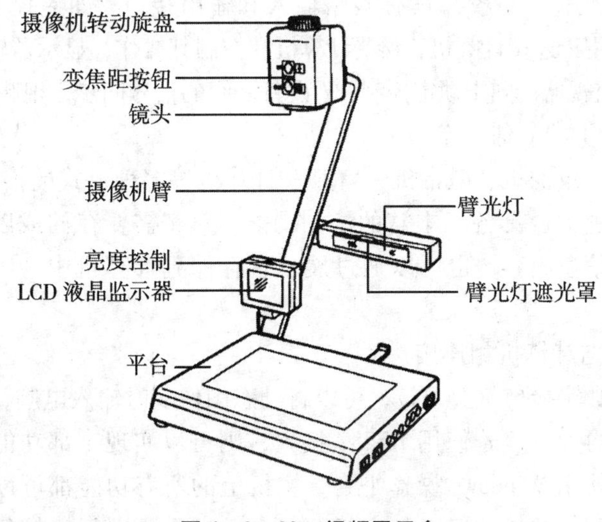

图 4－2－22　视频展示台

视频展示台可以应用在各学科教学中：文科类可以把繁多的教学资料和教学用的各类图书版面，直接置于展示台上，通过灯光的应用与放大功能的调整，将它们清晰地显示出来；化学、物理学科可以在展示台上直接进行一些实验，让每一名学生清楚观察；生物、医学科目可以通过展示台镜头的配用（显微镜头等）观察实物放大的图像。再和多媒体投影机、大屏幕背投电视、普通电视机、液晶监视器、录像机、VCD、DVD 机、话筒等输出、输入设备配套使用，视频展示台在信息技术教学中有更广泛的用途。

由摄像头将展示台上放置的物体转换为视频信号，输入到放映设备；光源则用来照亮物体，以保证图像清晰明亮；台板起放置物品的作用；接口则用来输出各种视频信号和控制信号。高档的数字展示台通过计算机图像捕捉适配器与计算机连接，通过相关程序软件，可将视频展示台输出的视频信号输入计算机进行各种处理。视频展示台上的小液晶监视器便于用户直接观察被投物体的图像，在展示过程中不用另外准备监视器，也不用看着屏幕被投物体的影像。

3. 主要功能

视频展示台是多媒体演示教学中常用的设备之一。

视频展示台具备很多方便实用的功能，如能够在课堂或展示厅中，简单方便地将印刷刊物、幻灯片以及立体实物等清晰、逼真地显示出来。通过手动遥控能够控制多路视频信号和计算机数字信号的切换等。

（1）多路信号的输入/输出

视频展示台一般都具有多路输入和输出接口。如遥控 REMOTE（RS232）用于连接计算机，接受计算机和控制其操作；显示器输出用于连接 AV 监视器；同步锁定控制 AV 设备之间的信号同步；视频/音频输入可转换不同 AV 信号等。

话筒、录像机、磁带机、VCD 和计算机等多种形式的信号输入，使得视频展示台具备了丰富的控制功能。对于需要存储或以其他形式展示的信息内容，也可以通过展示台存储到计算机中，用于其他方式输出。

（2）与计算机相连接

通过数字接口（15 芯），可以将动态图像实时输入电脑，并可对图像进行再加工。若使用 RS232 接口，则可以实现全部功能的计算机遥控。使用 Windows 操作平台，主机上的所有功能都可以由计算机进行控制，并自动记忆各按钮的状态。当需要进行比较复杂的演示说明或对不同的观众进行反复演示时，这项功能就特别适用整个系统的集中控制。

（3）自动聚焦与变焦

视频展示台一般采用 CCD 摄像镜头来获取鲜明、清晰的图像效果，它具有方便的自动聚焦功能，当操作者更换显示内容时，会自动调整焦距。

视频展示台的摄像头一般都具有变焦功能。当需要对某一部分或重点部位进行强调展示时，可以通过使用电动变焦镜头进行简单的放大调整，从而展示出需要突出介绍的部分。另外，有些视频展示台还附有显微摄像功能，从而更加方便地展示微小物体或者图片等。

（4）摄像头自由转动

视频展示台的摄像头一般都可以自由转动，并且既可以在水平方向转动，也可以沿垂直方向转动，这对全面展示较多的物体和较大的图片、文稿或展开的印刷物等十分方便。

（5）幻灯片正负像转换

对于透明胶片、幻灯片和彩色负片等，视频展示台都可以正常演示，只要调节一下正负像开关，负片也能像正片一样获得良好的投影效果。这可以为使用者免去制作幻灯片的诸多麻烦，同时还节省了制作费用。

（6）面板控制展示操作

视频展示台的功能操作一般集中在前面板上，有光板照明调节、视音频播放切换、镜头变焦调节和正负像反转调节等。通过面板操作即可控制整个演示活动。有些展示台具有前后两个操作控制面板，所以当演示时，既可以面向观众讲解，也可以看着屏幕讲解，操作非常方便。

（7）画面静帧存储

画面静帧存储功能可用帧存储的方式记忆一帧图像内容。当更换投影内容时，投影画面可以自然地过渡到下一个场景。这样就不会投射出更换物体的过程，因此可以防止观众在演示过程中分散注意力。

（8）其他功能

视频展示台一般还具有红外遥控功能、镜像功能、自动/手动白平衡调整、自动/手动光圈调节、全平面光板灯箱设计和避免图像抖动的减震设计等功能，有些展示台还附有液晶监视器，便于讲解者实时动态监示，另外，有些展示台还设计了书托架和幻灯片夹具等，从而使演示更为方便。

4. 性能技术指标

（1）镜头

镜头是由几片透镜组成，透镜有塑胶透镜（plastic）和玻璃透镜（glass）两种。通常摄像头用的镜头构造有：1P、2P、1G1P、1G2P、2G2P、4G 等，透镜越多，成本越高，玻璃透镜比塑胶贵。因此一个品质好的摄像头应该是采用玻璃镜头的，其成像效果要比塑胶镜头好。

镜头对成像质量也有极大影响，好的镜头使图像更加清晰、细腻。一般视频展示台的镜头都是变焦镜头，针对市场的不同，变焦倍数从 4 倍到 16 倍或更高。

（2）最大拍摄区域与最小拍摄区域

最大拍摄区域是指视频展台的镜头在有效的变焦范围内最大限度可以摄像和正常聚焦的有效区域，如果展示物体不在这个区域，展台将无法进行实物演示。最小拍摄区域是指视频展台的镜头在有效的变焦范围内最小限度可以摄像和正常聚焦的有效区域，如果展示物体不在这个区域，展台将无法进行实物演示。

（3）光圈

光圈是设于镜头中的一组金属薄片，被设计成一个可以调节的圆形光孔，旋转镜头上的调节环，便可改变光孔的大小。光圈大小以 f 加数字来表示，如 f4、f5.6、f8、f16、f22 等。数字越小，透光量越大；数字越大，透光量越小。

镜头焦距长，意味着光圈距胶片较远，光的运程自然加长，光量因此衰减。在同一光源条件下，短焦距镜头所需光圈，自然要小于长焦距镜头。所以使用不同焦距镜头时，要注意光圈的调节。

（4）变焦

变焦有光学变焦和电子变焦（亦称数字变焦）之分。光学变焦是通过镜头光学结构（焦距）来实现变焦，加长焦距即可放大拍摄的图像，这样放大的图像是真实的，图像的像素会随着放大倍数按比例增加。电子变焦是一个崭新的概念，为数字影像设备所专有。

电子变焦和扫描仪的插值分辨率道理类似，它采用电子学的方法将在原像素间用外插法输入不同数目的虚假像素，对图像进行放大，因此不会提高原画面的清晰度，只是局部图像的数码插值放大，图像放大了，似乎呈现了更多的细节，像镜头焦距变化了一样，但实际细节并没有增加，因为多出的像素并非由镜头实际摄入记录而来，而是软件插值计算而来，太高的电子变焦倍数，没有意义。

聚焦（focus）在展台上是用来对被摄物体进行微调，从而达到最佳的视觉效果，如果在菜单上设置聚焦为自动后，当按变焦或是移动被摄物体时，摄像头会自动地聚焦以达到最佳的效果。

（5）成像元件

CCD 是将图像光信号变为电信号的器件，它是利用少数载流子的注入、存储和转移等物理过程来完成几种电路功能的器件，具有体积小、质量轻、功耗低、可靠性好、无损伤现象、能抗震以及光谱响应宽等特点。

CCD 是展示台的输入设备，是摄像头的心脏。

彩色摄像头按 CCD 元件的多少又分成单片 CCD 式和三片 CCD 式。三片 CCD 摄像头由于有三个 CCD 分别感测红、绿、蓝三种信号，因而其摄像系统色彩的还原较好，图像的总体分辨率最高能达到750 线。摄像头按 CCD 面积的大小又分成1/4 英寸、1/3 英寸、1/2 英寸、2/3 英寸、3/4 英寸等规格，面积越大成像质量越好，价格也越贵。视频展示台常用的 CCD 一般是1/4 英寸、1/3 英寸和1/2 英寸。

（6）输入端子与输出端子

① VGA 输入。VGA 接口采用非对称分布的 15 针连接方式，其工作原理是将显存内以数字格式存储的图像（帧）信号在 RAMDAC 里经过模拟调制成模拟高频信号，然后再输出到投影机成像。这样 VGA 信号在输入端（投影机内），就不必像其他视频信号那样还要经过矩阵解码电路的换算。VGA 的视频传输过程是最短的，所以 VGA 接口拥有许多的优点，如无串扰，无电路合成分离损耗等。

② DVI 输入。DVI 接口主要用于与具有数字显示输出功能的计算机显卡相连接，显示计算机的 RGB 信号。DVI，数字显示接口，是由 1998 年 9 月，在 Intel 开发者论坛上成立的数字显示工作小组所制定的数字显示接口标准。DVI 数字端子比标准 VGA 端子信号要好，数字接口保证了全部内容采用数字格式传输，保证了主机到监视器的传输过程中数据的完整性（无干扰信号引入），可以得到更清晰的图像。

③ 标准视频输入（RCA），也称 AV 接口。通常都是成对的白色

的音频接口和黄色的视频接口，它通常采用 RCA（俗称莲花头）进行连接，使用时只需要将带莲花头的标准 AV 线缆与相应接口连接起来即可。AV 接口实现了音频和视频的分离传输，这就避免了因为音/视频混合干扰而导致的图像质量下降，但由于 AV 接口传输的仍然是一种亮度/色度（Y/C）混合的视频信号，仍然需要显示设备对其进行亮/色分离和色度解码才能成像，这种先混合再分离的过程必然会造成色彩信号的损失，色度信号和亮度信号也会有很大的机会相互干扰从而影响最终输出的图像质量。

带视频输入接口的显卡和视频设备（如模拟视频采集/编辑卡电视机和准专业级监视器电视卡/电视盒及视频投影设备等）当前已经比较普遍。

④ S 视频输入。也称高清晰度接口。为了达到更好的视频效果，人们开始探求一种更快捷、清晰度更高的视频传输方式，将 Video 信号分开传送，也就是在 AV 接口的基础上将色度信号 C 和亮度信号 Y 进行分离，再分别以不同的通道进行传输。它出现并发展于 20 世纪 90 年代后期，通常采用标准的 4 芯（不含音效）或者扩展的 7 芯（含音效）。

⑤ 视频色差输入。目前可以在一些专业级视频工作站/编辑卡专业级视频设备或高档影碟机等家电上看到有 YUV、YcbCr 等标记的接口标志，虽然其标记方法和接头外形各异但都是指的同一种接口色差端口（也称分量视频接口）。它通常采用 YPbPr 和 YCbCr 两种标志，前者表示逐行扫描色差输出，后者表示隔行扫描色差输出。这避免了两路色差混合解码并再次分离的过程，也保持了色度通道的最大带宽，只需要经过反矩阵解码电路就可以还原为 RGB 三原色信号而成像，这就最大限度地缩短了视频源到显示器成像之间的视频信号通道，避免了因烦琐的传输过程所带来的图像失真，所以色差输出的接口方式是目前各种视频输出接口中最好的一种。

⑥ BNC 端口输入。通常用于工作站和同轴电缆连接的连接器，标准专业视频设备输入、输出端口。BNC 电缆有 5 个连接头用于接收红、绿、蓝、水平同步和垂直同步信号。BNC 接头有别于普通 15 针 D-SUB 标准接头的特殊显示器接口。由 R、G、B 三原色信号及行同步、场同步 5 个独立信号接头组成。主要用于连接工作站等对扫描频率要求很高的系统。BNC 接头可以隔绝视频输入信号，使信号相互间干扰减少，且信号频宽较普通 D-SUB 大，可达到最佳信号响应效果。

⑦ RS232C 串口。RS232C 串口是计算机最为常见的输入输出接口，即串行接口。RS232C 标准接口有 25 条线，即 4 条数据线、11 条控制线、3 条定时线、7 条备用和未定义线，常用的只有 9 根，常

用于与25针 D-SUB 端口一同使用。其最大传输速率为 20 kbps，线缆最长为 15 m。RS232C 端口用于将计算机信号输入控制投影机。

⑧ 音频输入接口。音频输入接口可将计算机、录像机等的音频信号输入进来，通过自带扬声器播放。

（7）像素数

展示台的有效像素和 CCD 有直接的关系，绝大部分数码相机及摄像头，均采用 CCD 作为感光组件，其中的总像素，当然是指整块 CCD 上所有像素的总数，通常是用以划分产品级别的标准。但在实际操作上，并非全部像素均会感光，因为其中边缘部分的像素会被遮盖，用以提供一个完全纯黑信号，作为计算影像的根据，而余下的才是有效用以感应影像的像素，就是所谓的“有效像素”了。

其中，SXGA（1 280×1 024）又称 130 万像素，XGA（1 024×768）又称 80 万像素，SVGA（800×600）又称 50 万像素，VGA（640×480）又称 30 万像素（35 万是指 648×488），CIF（352×288）又称 10 万像素。

（8）白平衡

物体反射出的光彩颜色视光源的色彩而定。人的大脑可以侦测并且更正像这样的色彩改变，因此不论在阳光、阴霾的天气、室内灯光或荧光下，人们所看到的白色物体是没有颜色变化的。然而，就摄像头而言，这些由不同光源产生的“白色”在颜色上来说是不尽相同的，有的含浅蓝色，有的含黄色或红色。为了贴近人的视觉，摄像头就必须模仿人类大脑并根据光线来调整色彩，以便在最后相片中能够呈现出肉眼所看到的白色。这称为“白平衡”。

想一想：

如果“白平衡”调节不正常，会产生什么现象？

大多数的摄像头都提供了“自动白平衡”的功能，但在不同的光源下，这个系统还是不能完全符合人对视觉的要求。因此较精密的摄像头就提供了使用者选择光源的范围，如：日光（色温 6 000 K），阴天散射光（色温3 500~3 000 K），荧光——一般用于室内日光环境（色温 5 500~4 000 K），灯光——室内强光（3 500~3 000 K）和闪光灯等不同的选择。一般展示台都提供手动和自动两种白平衡调节方式。

（9）信噪比

放大器的输出信号电压与同时输出的噪声电压之比，即为放大器的信号噪声比，简称为信噪比。通常用英文字符 S/N 来表示，S 表示摄像机在假设无噪声时的图像信号值，N 表示摄像机本身产生的噪声值（如热噪声），二者之比即为信噪比，用分贝（dB）表示。信噪比越高越好，信噪比越大，则表示混在信号里的杂波越少，视频质量就越高。反之，就越差。展示台的典型值一般为 46 dB。

4.2.5 触摸屏

触摸屏作为一种多媒体输入设备，可使用户通过手指直接触及屏幕上的菜单、光标、图符等按钮，完成对计算机的操作，具有直观、方便的特点，就是从没有接触过计算机的人也能立即使用，有效地提高了人机对话效率。

想一想：

触摸屏有哪些具体的应用?

触摸屏能赋予多媒体系统崭新的面貌，是极富吸引力的全新多媒体交互设备。对相关应用领域的电脑而言，触摸屏成为常用的设备。触摸屏交互技术构造的应用系统非常适合以下领域。

① 自动控制及监测。用于管理系统或控制系统中，提供直观、简捷的人机接口。

② 展示系统。利用触摸屏构成计算机展示（演示）系统，用于各种展览场合，介绍企业形象与产品。

③ 信息检索和查询。用于房地产业务、酒店信息查询、商场导购、旅行社导游、城市导览、交通信息查询（机场、港口、车站）等公共场所。

④ 培训和教育。提供直观、快速、联机的求助功能。

1. 触摸屏的类型与工作原理

触摸屏（touch semen）是一种定位设备，系统主要由 3 个主要部分组成：传感器、控制部件和驱动程序。工作时，为了操作上的方便，人们用触摸屏来代替鼠标或键盘。首先必须用手指或其他物体触摸安装在显示器前端的触摸屏，然后系统根据手指触摸的图标或菜单位置来定位选择信息输入。触摸屏由触摸检测部件和触摸屏控制器组成，触摸检测部件安装在显示器屏幕前面，用于检测用户触摸位置，接受后送触摸屏控制器，而触摸屏控制器的主要作用是从触摸点检测装置上接收触摸信息，并将它转换成触点坐标，再送给 CPU，它同时能接收 CPU 发来的命令并加以执行。

触摸屏设施通常安装在显示器前面或内面，仅从外形上一 般看不出来。

按照触摸屏的工作原理和传输信息的介质，我们把触摸屏分为 4 种，它们分别为电阻式、电容感应式、红外线式以及表面声波式。每一类触摸屏都有其各自的优缺点，要了解哪种触摸屏适用于哪种场合，关键就在于要懂得每一类触摸屏技术的工作原理和特点。

(1) 电阻式触摸屏

这种触摸屏利用压力感应进行控制。电阻式触摸屏的主要部分是一块与显示器表面非常配合的电阻薄膜屏，这是一种多层的复合薄膜，它以一层玻璃或硬塑料平板作为基层，表面涂有一层透明氧化金属(透明的导电电阻)导电层，上面再盖有一层外表面硬化处理、光滑防擦的塑料层，它的内表面也涂有一层涂层，在他们之间有许多细小的(小于 1/1 000 英寸)透明隔离点把两层导电层隔开绝缘。当手指触摸屏幕时，两层导电层在触摸点位置就有了接触，电阻发生变化，在 X 和 Y 两个方向上产生信号，然后送触摸屏控制器。控制器侦测到这一接触并计算出 (X, Y) 的位置，再根据模拟鼠标的方式运作。这就是电阻式触摸屏的最基本的原理（见图 4－2－23）。电阻式触摸屏常用的透明导电涂层材料有：ITO 涂层、镍金涂层。

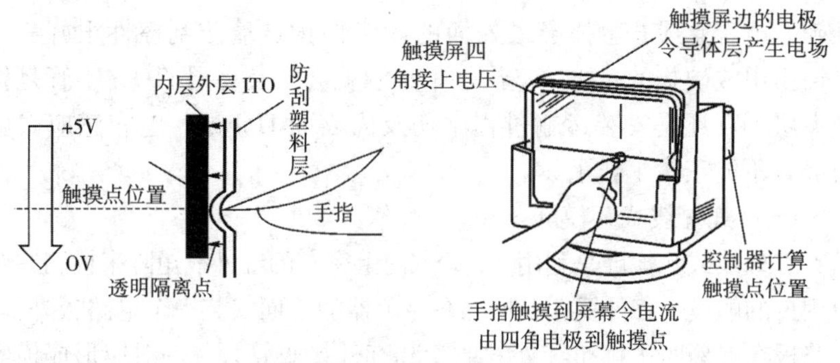

图 4－2－23　电阻式触摸屏原理图

电阻式触摸屏是一种对外界完全隔离的工作环境，不怕灰尘和水汽，它可以用任何物体来触摸，可以用来写字画画，比较适合工业控制领域及办公室内有限人的使用。电阻式触摸屏共同的缺点是因为复合薄膜的外层采用塑胶材料，不知道的人太用力或使用锐器触摸可能划伤整个触摸屏而导致报废。

(2) 电容感应式触摸屏

电容感应式触摸屏是利用人体的电流感应进行工作的。电容感应式触摸屏是一块四层复合玻璃屏，玻璃屏的内表面和夹层各涂有一层 ITO，最外层是一薄层矽土玻璃保护层，夹层 ITO 涂层作为工作面，四个角上引出四个电极，内层 ITO 为屏蔽层以保证良好的工作环境。当手指触摸在金属层上时，由于人体电场，用户和触摸屏表面形成以一个耦合电容，对于高频电流来说，电容是直接导体，于是手指从接触点吸走一个很小的电流。这个电流分从触摸屏的四个角上的电极中流出，并且流经这四个电极的电流与手指到四个角的距离成正比，控制器通过对这四个电流比例的精确计算，得出触摸点的位置。

电容感应式触摸屏的透光率和清晰度优于四线电阻屏，当然还不能和表面声波屏和五线电阻屏相比。电容感应式触摸屏反光严重，而且，电容技术的四层复合触摸屏对各波长光的透光率不均匀，存在色彩失真的问题，由于光线在各层间的反射，还造成图像字符的模糊。电容感应式触摸屏在原理上把人体当作一个电容器元件的一个电极使用，当有导体靠近与夹层 ITO 工作面之间耦合出足够量容值的电容时，流走的电流就足够引起电容感应式触摸屏的误动作。电容感应式触摸屏的另一个缺点用戴手套的手或手持不导电的物体触摸时没有反应，这是因为增加了更为绝缘的介质。

电容感应式触摸屏更主要的缺点是当环境温度、湿度改变时，环境电场发生改变时，都会引起电容感应式触摸屏的漂移，造成不准确。电容感应式触摸屏最外面的矽土保护玻璃防刮擦性很好，但是怕指甲或硬物的敲击，敲出一个小洞就会伤及夹层 ITO，不管是伤及夹层 ITO 还是安装运输过程中伤及内表面 ITO 层，电容感应式触摸屏就不能正常工作了。

(3) 红外线式触摸屏

红外线式触摸屏是利用 X、Y 方向上密布的红外线矩阵来检测并定位用户的触摸。红外线式触摸屏在显示器的前面安装一个电路板外框，电路板在屏幕四边排布红外发射管和红外接收管，一一对应形成横竖交叉的红外线矩阵。用户在触摸屏幕时，手指就会挡住经过该位置的横竖两条红外线，因而可以判断出触摸点在屏幕的位置。任何触摸物体都可改变触点上的红外线而实现触摸屏操作。如图 4－2－24 所示。

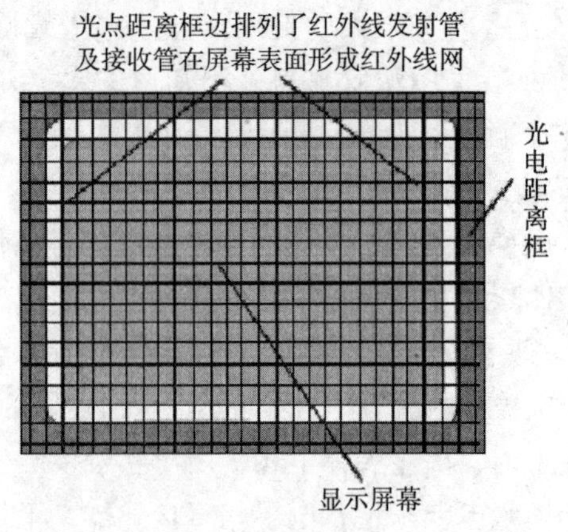

图 4－2－24　红外线式触摸屏原理图

早期产品中，红外线式触摸屏存在分辨率低、触摸方式受限制和易受环境干扰而误动作等技术上的局限，曾一度淡出过市场。而此后第二代红外屏部分解决了抗光干扰的问题，第三代和第四代在提升分辨率和稳定性能上亦有所改进，但都没有在关键指标或综合性能上有质的飞跃。但是，了解触摸屏技术的人都知道，红外线式触摸屏不受电流、电压和静电干扰，适宜恶劣的环境条件，红外线技术是触摸屏产品最终的发展趋势。采用声学和其他材料学技术的触屏都有其难以逾越的屏障，如单一传感器的受损、老化，触摸界面怕受污染、破坏性使用，维护繁杂等问题。红外线式触摸屏只要真正实现了高稳定性能和高分辨率，必将替代其他技术产品而成为触摸屏市场主流。过去的红外线式触摸屏的分辨率由框架中的红外对管数目决定，因此分辨率较低，而最新的第五代红外屏的分辨率取决于红外对管数目、扫描频率以及差值算法，分辨率已经达到了 1 000×720。而且，从第二代红外线式触摸屏开始，就已经较好地克服了抗光干扰这个弱点。第五代红外线式线触摸屏是全新一代的智能技术产品，它实现了1 000×720 高分辨率、多层次自调节和自恢复的硬件适应能力和高度智能化的判别识别，可长时间在各种恶劣环境下任意使用，并且可针对用户定制扩充功能，如网络控制、声感应、人体接近感应、用户软件加密保护、红外数据传输等。红外触摸屏另外一个主要缺点是抗爆性差，其实红外屏完全可以选用任何客户认为满意的防爆玻璃而不会增加太多的成本和影响使用性能，这是其他的触摸屏所无法效仿的。

想一想：

如果红外线式的触摸屏用透明玻璃棒去触摸是否能正常工作？

（4）表面声波触摸屏

表面声波触摸屏的原理如图 4－2－25 所示。

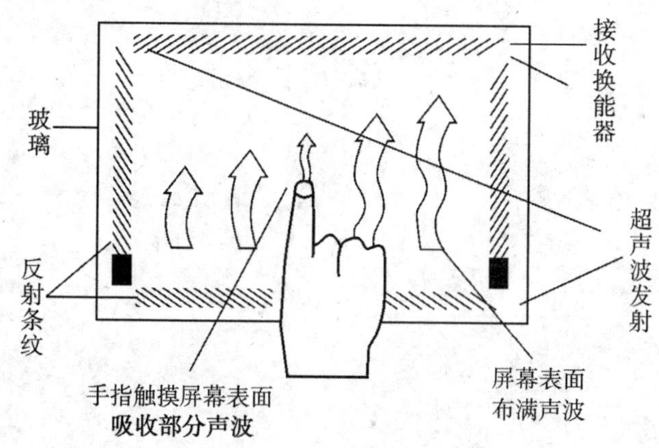

图 4－2－25　表面声波触摸屏原理图

想一想：

如果表面声波触摸屏用透明玻璃棒去触摸是否能正常工作？

表面声波是超声波的一种，在介质（如玻璃或金属等刚性材料）表面浅层传播的机械能量波。通过楔形三角基座（根据表面波的波长严格设计），可以做到定向、小角度的表面声波能量发射。表面声波性能稳定、易于分析，并且在横波传递过程中具有非常尖锐的频率特性，近年来在无损探伤、造影和退波器方向上应用发展很快，表面声波相关的理论研究、半导体材料、声导材料、检测技术等技术都已经相当成熟。表面声波触摸屏的触摸屏部分可以是一块平面、球面或是柱面的玻璃平板，安装在 CRT、LED、LCD 或是等离子显示器屏幕的前面。玻璃屏的左上角和右下角各固定了竖直和水平方向的超声波发射换能器，右上角则固定了两个相应的超声波接收换能器。玻璃屏的四个周边则刻有 45°角由疏到密间隔非常精密的反射条纹。

表面声波触摸屏的优点是：

① 清晰度较高，透光率好，抗刮伤性良好（相对于电阻、电容等有表面镀膜的产品），反应灵敏，不受温度、湿度等环境因素影响，分辨率高，寿命长（维护良好情况下达 5 000 万次）。

② 透光率高（92%），能保持清晰透亮的图像质量；没有漂移，只需安装时一次校正。

③ 有第三轴（即压力轴）响应，目前在公共场所使用较多。

表面声波触摸屏需要经常维护，因为灰尘、油污甚至饮料的液体沾污在屏的表面，都会阻塞触摸屏表面的导波槽，使波不能正常发射，或使波形改变而控制器无法正常识别，从而影响触摸屏的正常使用。必须经常擦抹屏的表面以保持屏面的光洁，并定期清洁。

思考与练习

一、填空题

1. 一个完整的多媒体系统分为______、______、______、______及______5 个层次。

2. 声卡按接口可分为______、______和______3 种类型。

3. 声卡的主要性能指标有______、______、______、______、______和______等。

4. CCD 器件是______传感器。

5. XLR 和 RCA 常常用作________接口，BNC 和 S－Video 常常用作________接口。

6. HDMI 接口可以同时传输________、________和________。

7. 现在的感光元件主要有________与________两种。

8. ________作为衡量扫描仪色彩还原能力的主要指标。

9. 投影仪主要通过 3 种显示技术实现，即________、________和________。

10. 触摸屏是一种定位设备，系统主要由 3 个主要部分组成，分别是________、________和________。

二、选择题

1. 下列在计算机存储设备中，存取数据速度最慢的是（　　）。

A. 光驱　　B. 软驱　　C. 硬盘　　D. 优盘

2. 下面光盘格式中，（　　）是可写型光碟。

A. CD－ROM　　B. DVD－ROM　　C. DVD＋R　　D. BD－ROM

3. 数码相机的“全画幅”指的是（　　）。

A. 感光器件尺寸为 35 mm×24 mm　　B. 镜头直径为 35 mm

C. APS－C　　D. 1/1.8 英寸

4. （　　）是计算机的输入设备。（多选）

A. 扫描仪　　B. 投影仪　　C. 视频展示台　　D. 数码相机

5. 下列扫描仪中，（　　）是按照扫描原理分类的。

A. 平板式扫描仪　　B. 手持式扫描仪　　C. 滚筒式扫描仪　　D. 台式扫描仪

6. SD 存储卡的速度规格 Class 6 的含义是指（　　）MB/s。

A. 60　　B. 6　　C. 16　　D. 10

7. （　　）bit 以上的色彩位数才能保证扫描仪实现色彩校正，准确还原色彩。

A. 24　　B. 30　　C. 36　　D. 42

8. （　　）不是按照结构来分的。

A. 整体式视频展示台　　B. 底板分离式视频展示台

C. 便携式视频展示台　　D. 单侧灯台式视频展台

9. （　　）防爆性差。

A. 电阻式触摸屏　　B. 电容感应式触摸屏

C. 红外线式触摸屏　　D. 表面声波式触摸屏

10. 一台普通的视频展示台包括（　　）。（多选）

A. 摄像头　　B. 光源

C. 台面　　D. 红外线遥控器

三、问答题

1. 简述多媒体系统的结构体系。

2. 声音卡的功能是什么?
3. 光盘的标准有哪些? 各有何特点?
4. 常见的计算机外部设备与计算机相连接的接口有哪些? 各有何特点?
5. 简述数码相机与数码摄像机的工作原理。
6. 简述光学变焦与数码变焦。
7. 分析几种移动存储卡的优缺点。
8. 简述视频展示台的结构与原理。
9. 投影仪的性能指标主要有哪些?
10. 简述触摸屏的类型与工作原理。

第 5 章　多媒体软件平台

学习目标

通过本章的学习，了解多媒体开发工具种类，掌握各种多媒体素材的获取与处理。

本章要点

- 了解多媒体软件平台的层次。
- 掌握各种多媒体素材的获取与处理。
- 了解多媒体开发工具的种类。

各种硬件构成多媒体技术的物质基础，软件则构成多媒体技术的核心。多媒体软件的主要任务是使用户方便地控制多媒体硬件，并能全面有效地组织和操作多媒体数据。除了常见软件的一般特点外，多媒体软件常常要反映多媒体技术的特有内容，如数据压缩，各类多媒体硬件接口的驱动和集成，新型的交互方式，以及基于多媒体的各种支持软件或应用软件等。

*5.1　多媒体软件平台构成

依据不同分类标准，多媒体软件可以划分成不同的层次或类别。按其功能来划分，则通常可以分为系统软件和应用软件。多媒体系统软件包括：多媒体设备驱动程序、多媒体操作系统、多媒体数据准备软件、多媒体数据采集软件和多媒体开发工具等。多媒体应用软件是在多媒体创作平台上设计开发的面向应用领域的软件系统，如各种多媒体教学系统、培训软件和电子出版物等。

5.1.1　多媒体设备驱动程序

多媒体驱动程序是最底层硬件的软件支撑环境，它直接和硬件打交道，完成设备的初始化和各种设备操作、打开和关闭，以及基于硬件的压缩解压缩、图像快速变换等基本硬件功能调用等。驱动程序通常随硬件一并提供，如显卡会配备显卡驱动程序等。

Microsoft 公司的 Windows 与 Apple 公司的 Mac OS 是目前电脑最主流的两种多媒体操作系统，其中 Windows 系统应用最广，而 Mac OS 系统则在图形处理方面拥有优势。

5.1.2 支持多媒体的操作系统或操作环境

多媒体操作系统是多媒体软件的核心组成部分。它必须完成实时任务调度、多媒体数据转换和同步控制机制，对多媒体设备的驱动和控制，以及具有图形和声像功能的用户接口等。现在主流操作系统都支持多媒体，特别是移动终端使用的操作系统，除了支持视频、音频输入/输出外，还支持触屏交互操作、位置感应等丰富的功能。

当前，微软公司的操作系统（包括32位 Windows XP、32位和64位 Windows 7）占据了桌面计算机的大部分份额。随着移动终端市场的发展，微软推出了 Metro 界面的 Windows 8，支持手机、平板电脑与桌面电脑等多种硬件平台，如图5-1-1所示。

图5-1-1 运行 Windows 8 的平板电脑、笔记本电脑和桌面电脑

苹果公司也有针对 Mac 个人电脑的 OS X 系列以及针对 iPod、iPhone 及 iPad 等移动终端的 iOS 系列操作系统（见图5-1-2），并可以通过 iCloud 云平台共享数据。

图5-1-2 苹果笔记本电脑、手机和平板电脑

在移动终端上，安卓（Android）操作系统是一个后起之秀，是基于 Linux 为基础的开源代码操作系统，由 Google 成立的开放手机设备联盟（Open Handset Alliance，OHA）主导开发。安卓系统支持各种音视频媒体、各种传感器以及摄影摄像等，因此被广泛用于智能手机、平板电脑、智能电视以及车载电脑等设备，如图 5－1－3 所示。安卓系统因为开放、灵活等特性，目前在智能手机市场的占有率已经位居第一。

图 5－1－3　运行安卓系统的手机和平板电脑

5.1.3　多媒体素材制作软件

多媒体素材制作软件种类繁多，下面根据不同的用途简单介绍一些常见的软件，仅供大家参考。

多媒体制作及应用软件一般都有专业与业余之分，专业软件功能强大但使用复杂，业余软件一般只包含常用功能，但简单易学。

1. 音频处理

（1）Adobe Adution

其前身是 Cool Edit Pro，被 Adobe 收购后，更名为 Adobe Adution，如图 5－1－4 所示。Adobe Adution 强大的实时录音混音、多通道合成功能方便用户录制歌曲。Adobe Adution 拥有众多的音频后期处理功能，如声音增益（音量大小）调节、延时混响与回响特效、带通滤波与频率均衡调节、降噪处理、声音时间拉伸和升降调，以及众多内置和外挂的滤镜特效等。

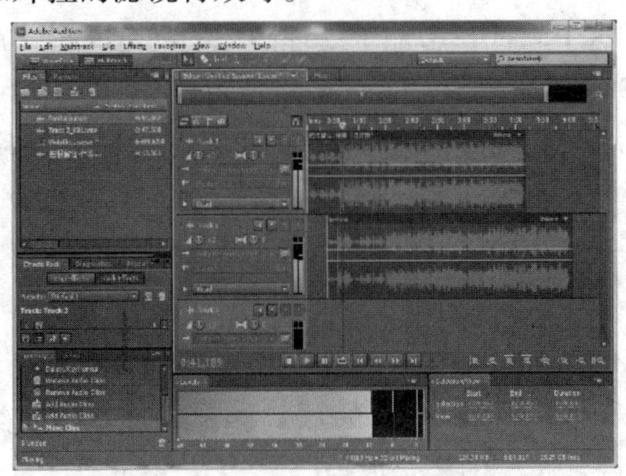

图 5－1－4　Adobe Adution 界面

（2）Audacity

这是一个由众多志愿者共同参与开发的免费开源软件，支持 Linux、Mac OS X 和 Windows 等多个平台，有中文简体版，如图 5-1-5所示，可免费下载使用（网站：http：//audacity. sourceforge. net/）。

Audacity 功能弱于 Adobe Adution，不过也具有录音、混音、音频后期处理等完整的功能，也有相当数量的音频特效插件。这对于一款免费的软件来说已经是难能可贵了。

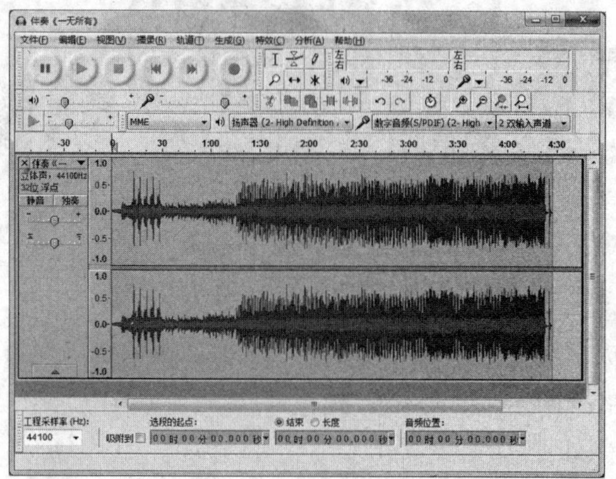

图 5-1-5　Audacity 中文界面

2. 图像处理

（1）Adobe Photoshop

1987 年，在美国密歇根大学就读博士研究生的托马斯·诺尔（Thomas Knoll）用课余时间编写了一个叫 Display 的程序，程序的功能是让黑白位图显示器显示灰阶图像。后来托马斯·诺尔与他的哥哥共同完善了这个软件，增加了处理图像的功能，最终改名为 Photoshop，并于 1988 年 9 月卖给了 Adobe 公司。

Photoshop 软件主要用来处理栅格像素图像，有各种使用便利的修图工具，支持多图层编辑，特效滤镜众多，还有修改历史记录等。它提供有全球众多语言支持，时至今日，已成为人们公认的最好的图像处理软件。

（2）PaintShop Pro

PaintShop Pro 是 Corel 公司的照片编辑软件，功能类似于 Photoshop，适合照片编辑、图像合成等。

3. 矢量图形创作

(1) Adobe Illustrator

Adobe Illustrator 是 Adobe 系统公司推出的基于矢量的图形制作软件。最初是为苹果公司麦金塔计算机设计开发的，于 1987 年 1 月发布。

Illustrator 使用贝塞尔曲线绘制矢量图形，集成文字处理与上色功能，用于插图设计、印刷制品设计等方面，成为桌面出版业界默认的标准。其文件扩展名为 AI，其矢量图形可以导入至 3ds Max 中。

(2) CorelDRAW

CorelDRAW 是 Corel 公司开发的矢量图形绘制编辑软件，功能与 Adobe Illustrator 类似，在平面广告设计、喷绘打印行业应用非常广泛。

4. 绘画创作

Corel Painter 是一套专业的电脑绘画软件，可以模拟各种自然画笔、纸张材质纹理等。它使用带压感笔的数位板，以绘制出如素描、水彩、油画等各种风格的作品。

5. 3D 图形动画

(1) Autodesk 3ds Max

3ds Max 是 Autodesk 公司的产品，从 1990 年的 3D Studio DOS 发展至今。在电脑游戏的动画制作、建筑装修效果图、影视广告三维特效等行业应用十分广泛。

(2) Maya

Maya 曾是 Alias Wavefront 公司开发的软件，后来被 Autodesk 公司收购。Maya 是比较高级的三维动画软件，被广泛应用于电影特效的制作中。《魔戒》《侏罗纪公园》《海底总动员》《哈利波特》《阿凡达》等电影都使用过该软件。

6. 2D 动画

Adobe Flash 之前是 Macromedia 公司的产品，后被 Adobe 收购。它使用矢量图形（Vector Graphics）方式表达内容，使得其占用的存储空间小，适合网页下载。

7. 视频编辑

(1) Adobe Premiere Pro

Adobe Premiere Pro 是 Adobe 公司开发的非线性编辑软件，被广泛应用于影视、广告行业。由于 Adobe 公司的强大号召力，很多数码摄像机、非线性编辑卡、3D 加速显卡都提供了对 Premiere Pro 的支持。Adobe Premiere Pro CS5 以及后续版本只能在 64 位 Windows 或 Mac OS 系统上使用，对于 Windows XP，只能使用 CS4 或更早的版本。

（2）会声会影

会声会影软件原为中国台湾友立资讯公司（Ulead Systems Inc.）的产品 Ulead VideoStudio，后友立公司被 Corel 公司并购，成为 Corel VideoStudio。

会声会影操作容易，拥有截取、编辑、特效、覆叠、标题、音频与输出 7 大功能，很适合普通用户制作家庭录像，曾是电视卡等消费类采集卡的捆绑软件。

8. 影视合成

Adobe After Effects 由 Adobe 出品，是用于创建动画与视觉效果的软件。After Effects 可以与 Adobe 旗下的 Premiere Pro 以及其他同门软件共享一些功能，如剪贴板可以在软件之间传递图形数据。After Effects 在影视行业应用广泛。

9. 光碟刻录出版

（1）Nero

这是一款光盘刻录软件，可以刻录数据盘、音乐 CD、VCD、DVD 以及光盘镜像文件等，很多刻录机都捆绑有此款软件。

（2）Adobe Encore

Encore 软件由 Adobe 出品，是一款 DVD 和蓝光高清影碟编著与刻录软件，它使用 Adobe Photoshop 的 PSD 文件制作菜单，可以设计复杂的交互式影碟，可用于制作 DVD 及蓝光母盘。

10. 网络流媒体

（1）Adobe Flash Media Live Encoder（FMLE）

它是 Adobe 公司的流媒体实时编码软件，其输出视频格式为 FLV 或 F4V。将其与 Adobe Media Server（AMS）配合使用可以构建基于互联网网络流媒体的直播平台。

（2）Windows Media Encoder

Windows Media Encoder 是 Microsoft 公司的流媒体编码软件，可以编码输出 WMV 格式的文件，也能配合 Microsoft 的服务器构建流媒体直播平台。

11. 其他素材工具软件

（1）ACDSee

这是一个老牌的图像浏览管理共享软件，除了能查看多种格式的图像外，还可以批量重命名、转换图像格式等。该软件需要购买注册后才能使用其全部功能。其网站为 http：//www. acdsee. com。

（2） XnView

它是一款针对个人免费使用的图像浏览、转换、编辑软件，支持 Windows、Linux、Mac OS X 及智能手机等多个操作系统。它可查看超过 400 种图像以及部分视频、音频文件，可批量处理图像，如批量命名、格式转换、图像调整等，功能类似于 ACDSee。其网站为 http：//www. xnview. com。

（3） 格式工厂（FormatFactory）

格式工厂是一款 Windows 平台下的免费多功能的多媒体格式转换软件，操作简单，支持当前大多数视频、音频及图像格式之间的相互批量转换。其网站为 http://www. pcfreetime. com。

（4） MediaCoder

在开源社区，有一些优秀的音视频编码工具，如 Mencoder、FFmpeg、x264、MP4Box、LAME 等，但它们往往是通过命令行及复杂的参数运行的，一般用户不易掌握。因此，有人开发了 MediaCoder 软件，整合了这些开源软件，使用窗口界面的操作方式。

MediaCoder 支持众多媒体格式，音视频编码调节参数详尽，但对于多媒体编码基础较弱的用户，依然可能感到困难。

其网站为 http://www. mediacoderhq. com/。

（5） VirtualDub

这是一款短小精悍的免费开源视频工具软件。它可以对 AVI 文件进行简单的剪辑、格式转换，施加滤镜后可以对视频进行缩放、调色等多种处理（包括批处理）。配合采集卡使用，该软件还可以采集 AVI 文件。

其网站为 http://www. virtualdub. org/。

5. 1. 4　多媒体创作工具软件

多媒体创作工具软件又称多媒体著作工具，是多媒体专业人员在多媒体操作系统之上开发的供特定应用领域的专业人员组织编排多媒体数据，并把它们连接成完整的多媒体应用的系统工具。它功能强、易学易用、操作简便，既有高档的适用于影视系统的专业软件，也有普及型、业余型的软件。比如 Authorware、ToolBook、Director 等。

5.1.5 多媒体应用软件

多媒体应用软件是在多媒体硬件平台上设计开发的面向应用的软件系统，有时也包括那些用软件创作工具开发出来的应用。例如，多媒体教学系统、多媒体数据库等。这些软件已开始广泛应用于教育培训、电子出版、影视制作、视频会议、产品展示、咨询服务等各个方面，并且它还将进一步深入社会生活、工作和学习的各个方面。

5.2 多媒体软件素材的获取与处理

5.2.1 图像素材的获取与处理

1. 从数码相机获取图像素材

数码相机是重要的原始图像源，某些数码相机可以通过 TWAIN 接口来获取图像，但是操作比较烦琐。绝大部分用户喜欢把数码相机当成 USB 存储设备读取照片，或者用 USB 读卡器直接读取存储卡中的内容。从数码相机中获取图像素材的步骤如下：

① 将 USB 数据线的插头插入数码相机的 USB 接口（不同型号的数码相机 USB 接口的位置不同），如图 5－2－1 所示。

图 5－2－1 数码相机的 USB 接口

② 将另一头插到电脑的 USB 口，打开数码相机电源，操作系统会很快识别并分配一个盘符给数码相机（见图 5－2－2）。一般来说，数码相机的照片文件存放在 DCIM 目录里。

图 5-2-2　数码相机存储卡上的文件目录

使用读卡器读取的存储卡中文件的操作步骤虽视数码相机型号不同可能有所变化，但基本内容是一样的，这里不再赘述。

2. 从扫描仪获取图像素材

如果需要将大量的印刷稿件、纸质照片等变为数字化图像输入电脑，使用扫描仪是比较好的选择。扫描仪虽然型号众多，但大都遵循 TWAIN 或 ISIS 程序接口标准，很多图像软件，如 Photoshop 都可以调用这类接口，从而扫描图像。下面以图像浏览软件 XnView 为例，介绍扫描图像的一般操作步骤。

① 首先在扫描仪上放置好需扫描的图片，然后选取 XnView 菜单“文件”→“选择 TWAIN 源”，如图 5-2-3 所示。

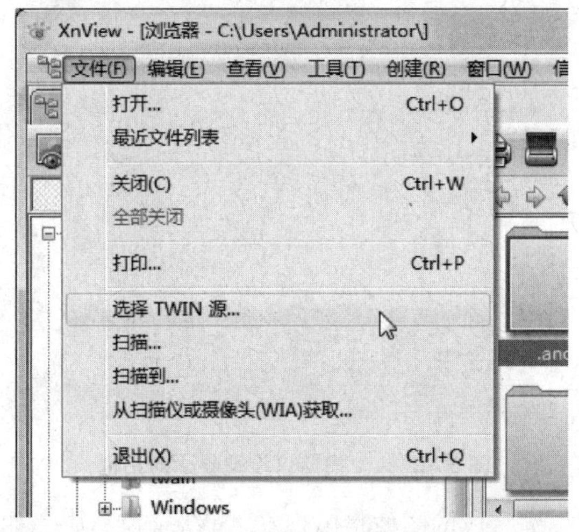

图 5-2-3　选取“文件”→“选择 TWAIN 源”菜单

② 在弹出的“选择来源”对话框中选择扫描仪，如图 5-2-4

所示（“来源:”列表中的内容视扫描仪型号而定），然后单击“选定”按钮回到 XnView 主窗口。

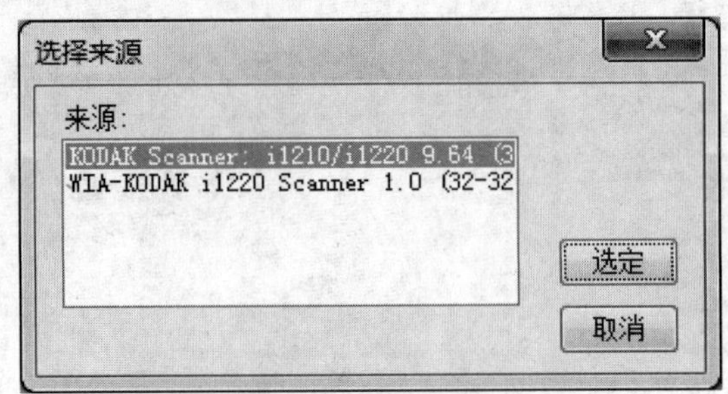

图 5－2－4 “选择来源”对话框

③ 单击“扫描”图标按钮，如图 5－2－5 所示。

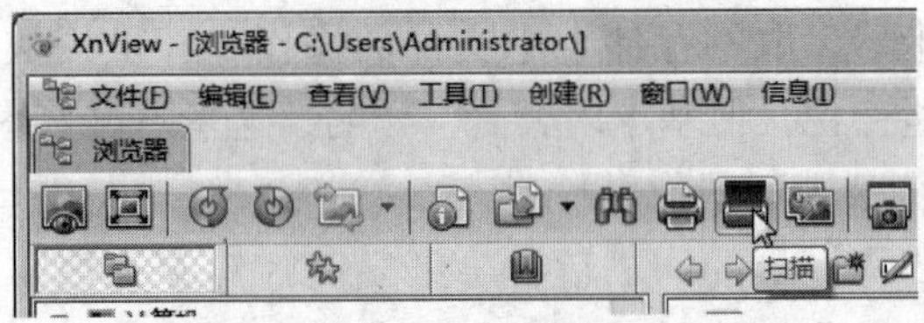

图 5－2－5 “扫描”图标按钮

④ 在弹出的扫描仪设置界面对话框（对话框名称及内容视扫描仪型号而不同），选择合适的扫描设置后，单击“Scan”（扫描）按钮即开始扫描，如图 5－2－6 所示。

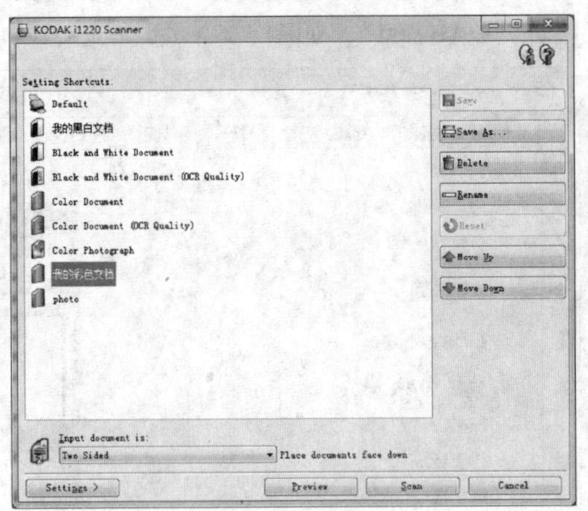

图 5－2－6 扫描仪设置界面对话框

⑤ 很快扫描完成的图像将出现在 XnView 窗口中，如图 5－2－7 所示。

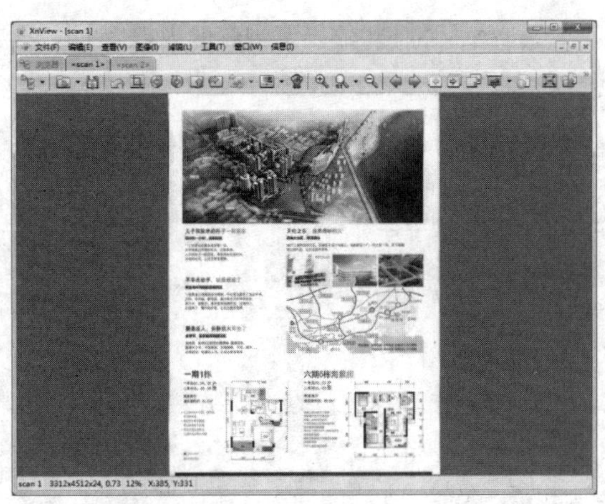

图 5－2－7　扫描完成的图像

在 XnView 软件中，用户可以对这些图像进行简单的处理，操作完成后可选取菜单“文件”→“保存”，以保存扫描或修改过的图像。

一些扫描仪自带的扫描程序可以批量扫描并自动保存图片文件，读者可自行参阅扫描仪的使用手册。

3. 从视频中截取图像

我们常常需要从视频中截取静态画面，多数视频播放软件都有这个功能。这里以免费开源的 Media Player 播放器为例进行具体的操作介绍。

① 将视频播放或调至需要的画面，单击“暂停”图标按钮，然后选取主菜单“文件”→“保存图像”，如图 5－2－8 所示，就可以把当前画面保存下来了。

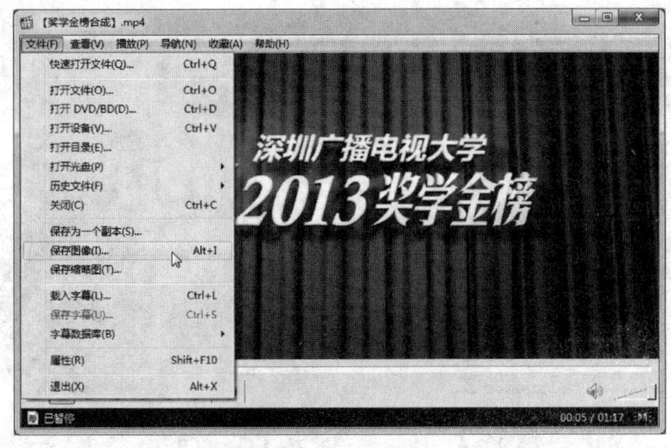

图 5－2－8　用 Media Player 保存图像截图

② 选取菜单“文件”→“保存缩略图”则可以把视频中的一系列

截图保存在一个文件中，以便粗略了解视频的内容，如图5－2－9所示。

图 5－2－9　用 Media Player 保存的一个视频文件的缩略图

一般视频播放器很难精确定位，因此可能出现需要的画面无法截取的情况，这时候可以将视频导入至专业的视频编辑软件，如 Premiere、After Effects 中，这些软件可以精确定位到帧，然后导出单帧画面。具体操作请参阅相关教程。

4. 捕获电脑屏幕图像

在制作简报和编写教程时，经常需要捕获屏幕界面图像，下面介绍两种简便的办法：

（1）利用 Windows 系统的截屏功能

① 通常情况下，标准键盘的右上方有一个 Prt Scrn 键，其是"Print Screen（打印屏幕）"的缩写，如图 5－2－10 所示。

图 5－2－10　键盘上的 Prt Scrn 键

② 按一下 Prt Scrn 键，就能将整个屏幕的图像保存在内存中，然后在应用程序，如 Word、Power Point、Photoshop 及其他软件中使用

Ctrl + V 组合键粘贴图像。

③ 上面的方法捕获的是整个桌面图像，如果要捕获某个对话框的图像，则可以先使目标对话框处于当前窗口，即处于激活状态，然后再使用组合键 Alt + Prt Scrn 即可将对话框捕获到内存，最后使用 Ctrl + V 组合键粘贴图像。

这种方法操作简单，不足之处是不能捕获光标和菜单、不方便保存捕获的图像。

(2) 使用看图软件 XnView 捕获屏幕图像

免费软件 XnView 不但看图功能完善，还带有功能较强的屏幕捕获功能。运行 XnView 软件，选取主菜单"工具"→"捕获屏幕"，系统弹出"捕捉屏幕图设置"对话框，如图 5-2-11 所示。

在图 5-2-11 所示的对话框中，用户可以进行如下设置：

① 选择要捕捉的屏幕范围，如软件的对话框，则可以选"活动窗口"单选按钮或者指定某个已知的窗口。

② 用户可以选中"热键"单选按钮，并在下拉列表中选择相应的键位（如 F10），即可直接使用该键获取屏幕图像了。如果热键与当前软件冲突，则需要选择其他热键。也可以通过选择"延时"选项（单击"确定"后，系统会在设定的时间自动捕获屏幕图像），对屏幕进行延时截取。

③ 可以设置捕获的图像所保存的"目录"路径。

④ 通过选择"格式"下拉列表，用户可以选择保存的图像格式。对于软件界面，建议使用 PNG 格式，其优点是图像无损压缩、占用磁盘空间小。

⑤ 如要捕获鼠标箭头，则要勾选"包括鼠标箭头"复选框。勾选"多重捕捉"复选框后，每按一次热键，就捕捉一副图像。

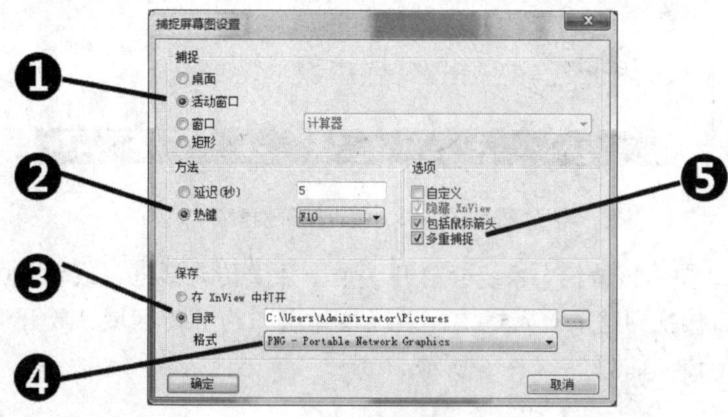

图 5-2-11　XnView"捕捉屏幕图设置"对话框

“捕获屏幕设置”对话框设置完毕后，单击“确定”按钮，XnView的运行窗口会自动最小化，此时便可以按热键开始屏幕捕捉了。

如果以上方法仍然不能满足使用，则可以选用一些专门的捕捉屏幕的软件，如历史悠久的老牌截图软件 HyperSnap、能捕捉屏幕动画的 Camtasia Studio、SnagIt 以及众多同类免费共享软件等。

5. 用搜索引擎查找图像

打开搜索引擎主页，输入几个关键词，按一下回车键，很快就能搜索出一堆相关信息。如今，谷歌和百度引擎先后推出了图像搜索功能。比如，现有一幅像素为320×195的低分辨率图（如图5-2-12所示），我们需要通过搜索引擎查找这张图的资料。

图5-2-12　一幅像素为320×195的低分辨率图

① 打开百度的图片搜索地址，在搜索框中有一个照相机图标，如图5-2-13所示。

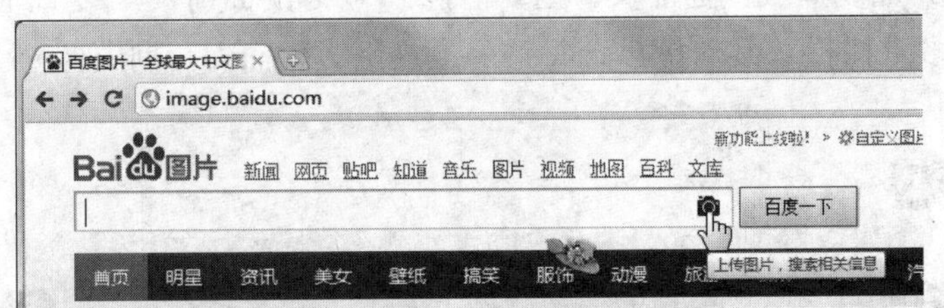

图5-2-13　百度图片搜索

② 单击该按钮，系统会打开一个图片上传对话框，或者将图片文件直接拖到这个输入栏中，系统将弹出图片上传区域，放开后会自动上传，如图5-2-14所示。

图 5-2-14 把需要搜索的图片拖到输入栏会自动上传

③ 搜索引擎会根据图像搜索出相关结果，包括图片名称及更多尺寸的图片链接，如图 5-2-15 所示。

图 5-2-15 图像搜索结果

④ 如果需要大尺寸的图，则单击“大尺寸”按钮，网页将显出多个较大分辨率的图片，如图 5-2-16 所示。

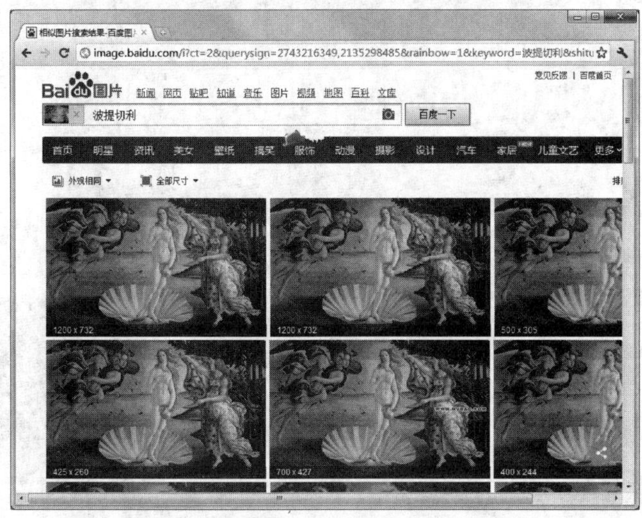

图 5-2-16 利用图像搜索查找出的大图

ACDSee 是有名的看图利器，从 3.0 版本开始，它几乎成了每台电脑必备工具之一。由于 ACDSee 是商业软件，需要购买才能合法使用其全部功能，因此可以使用免费的 XnView，它的功能同样强大，使用方法基本相同。

6. 图像浏览管理及转换处理

对于常见的如 JPG、BMP、GIF、PNG 等几种格式的图像，用户除了能使用 Windows 操作系统自带的照片查看器浏览管理外，还可以使用其他专门的软件查看。

ACDSee 是一个老牌且仍然流行的图像管理软件（http://cn.acdsee.com/），被广泛应用于图片的获取、管理、浏览、优化甚至和他人的分享中。它支持 100 多种文件格式，包括数码相机的 RAW 格式，还可查看 MPG 之类的视频文件。用户可以从数码相机和扫描仪中获取图片，也可以编辑图片，还可以用它来播放幻灯片。ACDSee 有官方免费版和收费版，官方免费版安装使用前需要注册，且有广告，稍显不便。

另一款图像管理软件 XnView（http://www.xnview.com/en/），支持高达 500 多种图像格式，包括视频和数码相机的 RAW 格式，对个人使用完全免费，无广告，无需注册。其最新的 XnViewMP 支持 Linux、MacOS、Windows 多个操作系统平台。下面以 XnView 为例，介绍几个实用图像管理与处理操作。

（1）批量文件统一命名

批量文件统一命名的操作步骤如下：

① 在 XnView 中，选择需要统一命名的文件（如需要选择全部的文件，可以按 Ctrl + A 组合键），然后选取菜单“工具”→“批量重命名”即可，如图 5-2-17 所示。

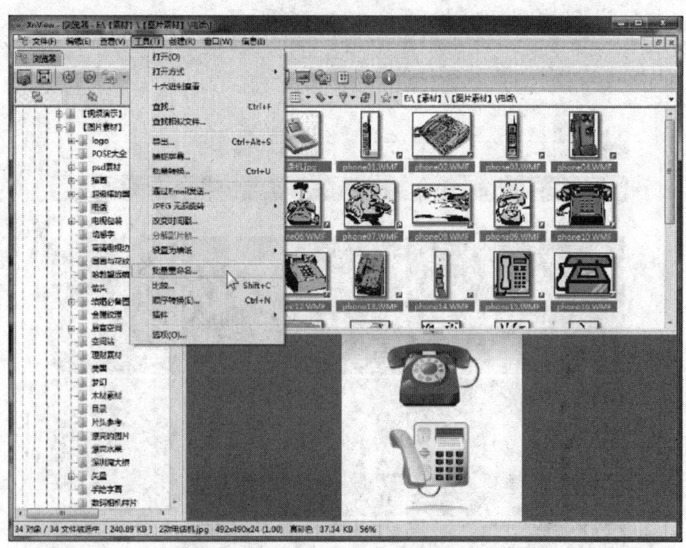

图 5-2-17　批量重命名

② 系统弹出“批量重命名”窗口，在“名称模板”栏里，输入新文件名加#字符，如“Sample - ####”，如图 5 - 2 - 18 所示。

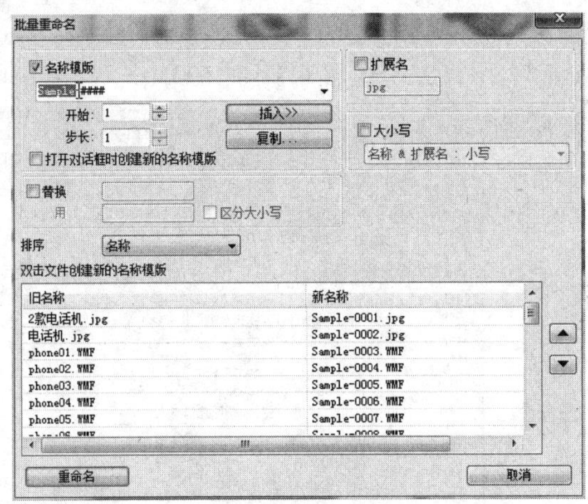

图 5 - 2 - 18　输入新文件名和序号“#”

③ 单击“重命名”按钮即可完成批量命名。

此外，单击“插入 > >”按钮还可以在新名称中插入其他信息，如图片信息、日期等。用户也可以更改扩展名，以及替换名称中的某些字符。

（2）批量图片文件格式转换

批量图片文件格式转换的操作步骤如下：

① 选择所需要转换格式的文件后，选取菜单“工具”→“批量转换”，系统打开“批量文件处理”对话框，如图 5 - 2 - 19 所示。

图 5 - 2 - 19　“批量文件处理”对话框

② 在"目录"栏右边单击"..."按钮，指定输出文件的路径，然后选取"格式"下拉菜单，选择目标格式，再单击"选项"按钮以设置文件格式的参数，如 JPEG 格式可以调节质量参数，图 5－2－20所示质量为95，最高可调到100。

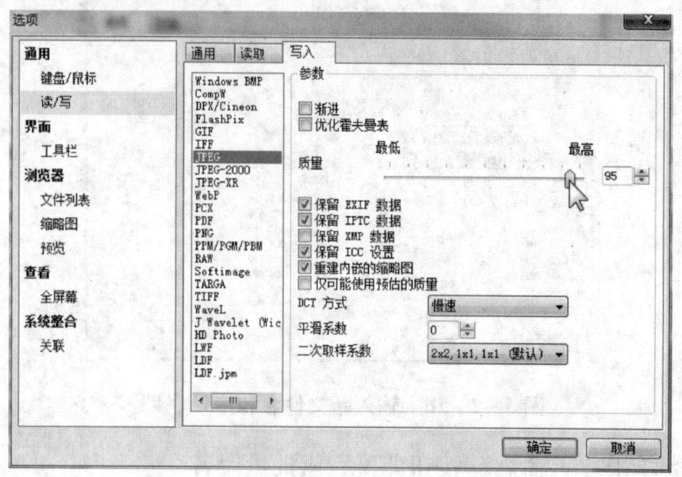

图 5－2－20　文件格式 JPEG 的质量参数

③ 以上确认无误后，回到"批量文件处理"窗口，单击"开始"按钮，系统开始自动转换，如图 5－2－21 所示。

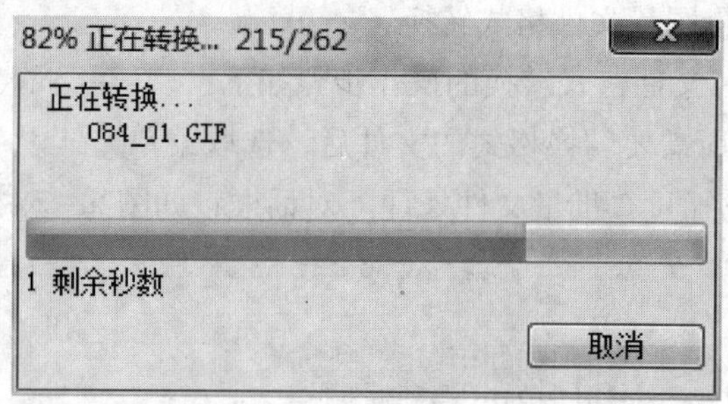

图 5－2－21　开始转换文件格式

（3）批量图片文件缩放处理

XnView 在做文件格式转换时，还可以同时加入其他处理，如图像缩放与剪切、添加文字水印以及多种特效处理等，以形成高效的批处理。下面以将 PNG 格式文件批量转换为 TGA 格式为例进行介绍。

① 按上一节所述，在"批量文件处理"对话框中，设置好输出目录及 TGA 格式，如图 5－2－22 所示。

图 5－2－22　设置目录与格式

② 注意图 5－2－22 所示对话框上部分的“通用”和“变换”页签选项，单击“变换”页签，系统弹出如图 5－2－23 所示的对话框，在左边的列表中会列出众多图像处理功能与特效，选择“改变图像大小”项，再单击右边的“添加 >”按钮，系统会将“改变图像大小”添加到右边的处理列表中。单击右边的“改变图像大小”项，可以修改“参数”栏目下的“宽度”和“高度”项，在“重新采样”右边的下拉菜单中，可选择多种缩放算法。据作者体验，缩小图像时默认的 Lanczos 效果比较锐利。如果是图像放大处理，选择 Bspline 可能更好一些。设置完毕后单击“开始”按钮，即可开始批量文件处理，包括格式转换与文件缩放一次性完成。

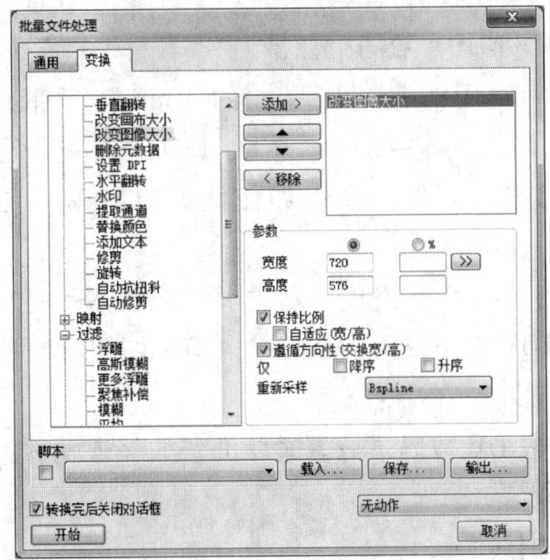

图 5－2－23　设置改变图像大小

以上批量处理可任意添加或移除多个处理项目，在如图 5－2－24 所示对话框中增加的批处理项目有“改变图像大小”“增强边缘”“色彩平衡”及“添加文本”等。添加的项目可以通过单击按钮调整处理顺序。注意，每个项目的参数不同，需要调节或输入后才会有效果。

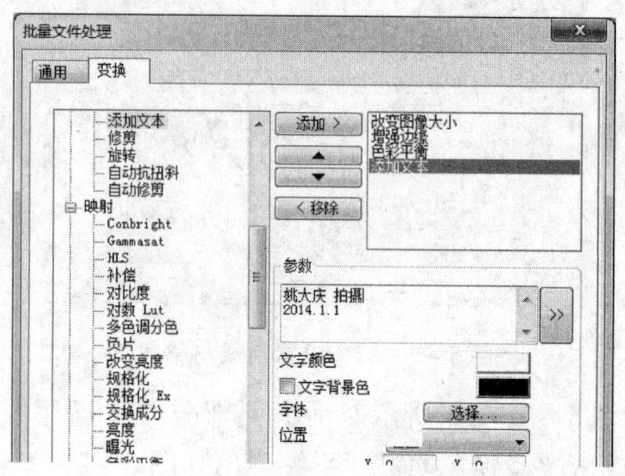

图 5－2－24　可以同时添加多个处理项目

以上处理还可以保存为脚本，以便下次使用时直接调用，请读者自行摸索。

5.2.2　视频素材的获取与处理

我们需要的视频素材既有录像带这样的原始材料，也有做好的成品，如 DVD 影碟，还有来自于网页上播放的视频。下面介绍常见的获取素材与转换视频格式的方法。

1. 采集 DV 和 HDV 数码录像带

DV 和 HDV 使用的是同样尺寸的 MiniDV 磁带，且都可以使用 IEEE 1394 数据传输接口（俗称 1394 口）进行采集，这种“采集”只是数据的复制，所以即使低廉的 1394 卡也不会影响视频画质。

HDV 是基于 DV 而开发的一种高清视频规格，它采用 MPEG 标准压缩数据，HDV 有 1 280×720 和 1 440×1 080 两种画面尺寸。一般 HDV 摄像机都兼容 DV 格式。

采集 HDV 或 DV 数码录像带时要准备如下软硬件：

① 1394 卡。

② 1394 数据线。

③ 带有 1394 接口的 HDV 或 DV 数码摄像机。

④ 采集软件。

安装 1394 卡的工作非常简单，直接将其插在主板空余的 PCI 槽中，启动 Windows 后安装驱动程序（Windows 自带 1394 驱动程序）即可，如图 5－2－25 所示。

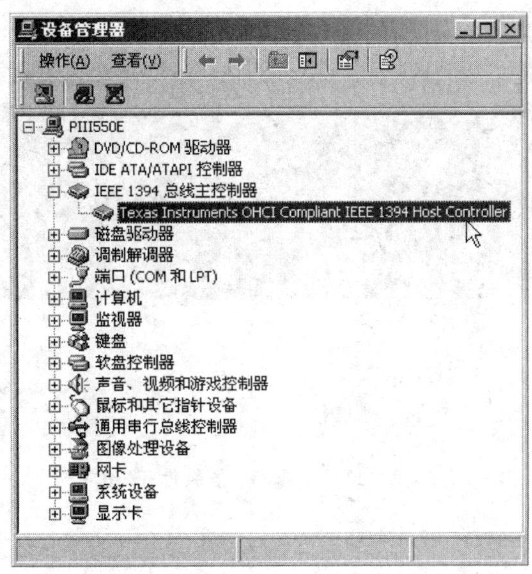

图 5－2－25　安装完毕后的某款 1394 卡驱动信息

1394 数据线有 4 芯和 6 芯两种插头，对于 DV 采集来说，一般选用一端 4 芯另一端是 6 芯的数据线（大多数 DV 机用 4 芯 1394 接口），如图 5－2－26 所示。

图 5－2－26　两种插头的 IEEE1394 线缆

虽然采集软件可以使用 Adobe Premiere 这样的专业非线性编辑软件，但这种软件庞大而复杂，所以这里推荐几款小巧好用的免费软件（由于 DV、HDV 基本已被淘汰，这些软件都不再更新）：

（1）WinDV 1.23

（WinDV 1.23 的软件界面如图 5-2-27 所示，其网站为 http://windv. mourek. cz/。它用于采集 DV 格式的 AVI 文件，功能简单，采集时可监视画面，但没有声音。

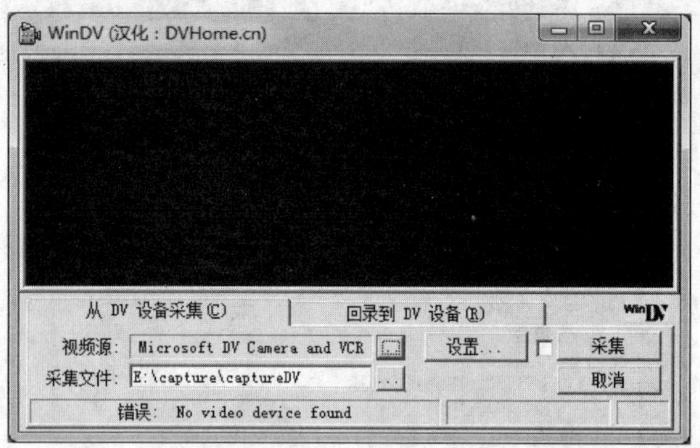

图 5-2-27　采集 DV 的软件 WinDV

（2）Scenalyzer Live 4.0

软件界面如图 5-2-28 所示，其网站为 http://www. scenalyzer. com/。该软件用于采集 DV 格式的 AVI 文件，功能齐全，可控制摄像机，采集时能监看画面与声音。

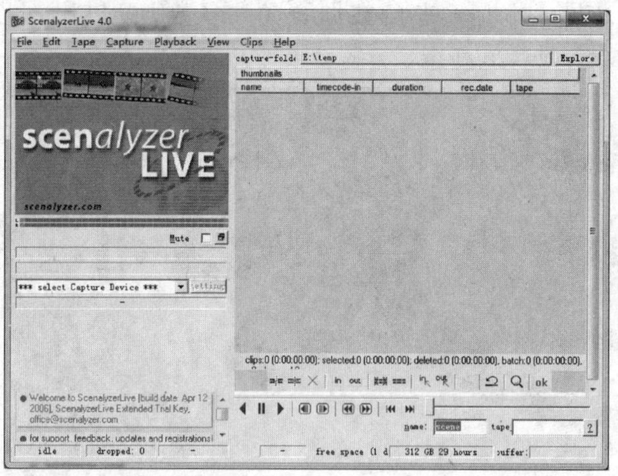

图 5-2-28　采集 DV 的软件 Scenalyzer Live

（3）HDV Split 0.77 Beta（作者不详）

该软件用于采集 HDV 高清格式，文件为 MPEG-2 格式，扩展名为 M2T。可控制摄像机，也可监看画面。

下面以 HDV Split 为例，简述采集 HDV 的步骤：

① 将 1394 数据线的 4 芯插头插入数码摄像机的 1394 接口。

② 将 1394 数据线的 6 芯插头插入电脑上 1394 卡的接口。

③ 将磁带放入摄像机带仓，启动摄像机电源，将摄像机模式切换为 VCR（播放机）模式，如图 5－2－29 所示（不同摄像机的操作方法可能不同）。

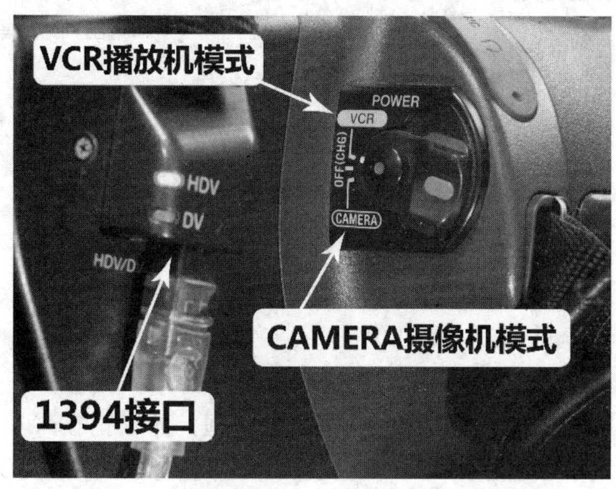

图 5－2－29　摄像机切换到 VCR 模式

此时，Windows 会搜索到接入的摄像机设备，如果 Windows 自动打开了“数字视频设备”对话框（如图 5－2－30 所示），则需要关闭它。

图 5－2－30　Windows 自动打开数字视频对话框

④ 运行 HDV Split，在 File 栏中输入文件名，单击“Output directory”按钮，指定采集文件名存放的磁盘目录，并单击红色的●按钮即开始采集，如图 5 - 2 - 31 所示。

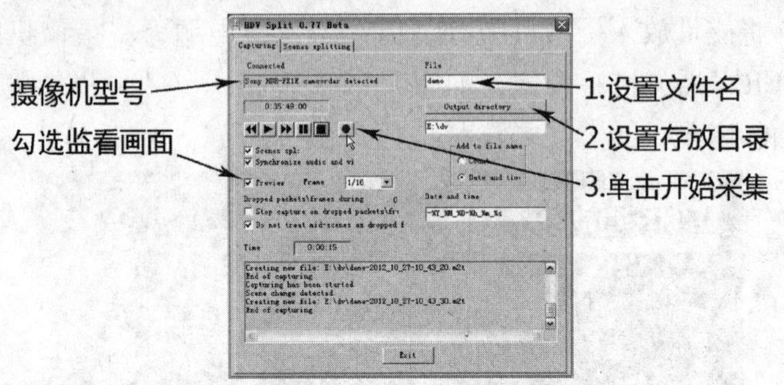

图 5 - 2 - 31　采集操作步骤

HDV Split 有可以控制摄像机的功能按钮，可以实现播放、停止、暂停以及快速进退等。在 Connected 栏下将显示有所检测的摄像机型号。

勾选 Preview 复选框，系统弹出对话框，显示正在采集的视频。视频窗口大小可通过 Frame 右边的弹出菜单选择，默认大小是 1/16。

采集好的视频文件如图 5 - 2 - 32 所示。

图 5 - 2 - 32　文件名带有时间标记

HDV 文件的扩展名为 M2T，其带有时间码，表示摄像机的拍摄时刻。其格式在软件的 Date and time 栏下定义，如“% Y_% M_% D - % h_% m_% s”表示“年_月_日 - 时_分_秒”。

注意，软件会自动按镜头分割文件，这将有助于后期剪辑。

2. 从 DVD 影碟获取视频

DVD 影碟是市面上存储量很大的一类视频素材源，图 5 - 2 - 33 显示了典型的 DVD 影碟的文件目录结构。

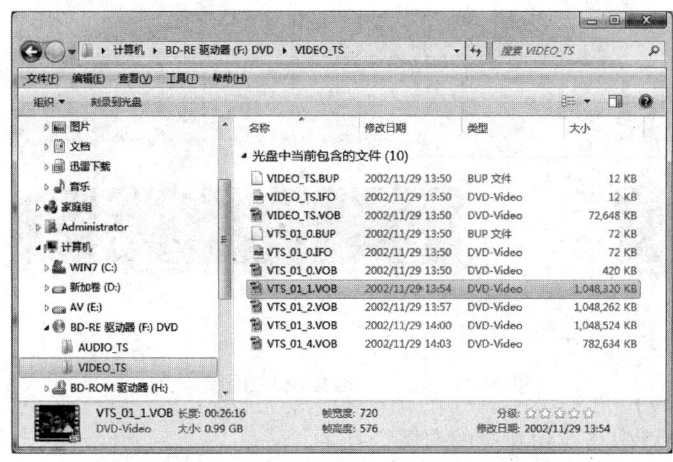

图 5-2-33　典型的 DVD 影碟的文件目录结构

DVD 影碟一般有两个文件夹，一个是 AUDIO_TS，用于存放 DVD-Audio 文件，大多数是空的。另一个是 VIDEO_TS，其中扩展名为 VOB 的就是视频文件。由于 DVD 影碟的光盘标准的原因，每个 VOB 文件不允许超过 1 024 MB（因为算法稍有差异，图中文件约 1 048 MB），故可在文件夹中找到多个该类型的文件。下面介绍两种从 DVD 影碟获取视频素材的方法：

（1）直接改名

由于 VOB 文件采用的是 MPEG-2 压缩标准，所以将 VOB 文件复制到磁盘后，直接将 VOB 的扩展名改为 MPG，就能被很多软件使用了，如非线性编辑软件 Premiere、After Effects 等。

（2）工具截取

如果只需要 VOB 文件其中的一段片段，则可以用一些工具软件来完成。在网上搜索关键词 DVD Cutter 或 DVD Splitter 会找到很多工具软件。这里介绍一个简单小巧的免费软件 MPG2Cut2，可在其主页下载，http://rocketjet4. tripo D. com/ Mpg2Cut2. htm。

MPG2Cut-2 软件下载后无需安装，解压缩后双击 Mpg2Cut2. exe 就可以运行。对于 Windows Vista/7/8 的用户来说，初次使用该软件时，需要选取菜单 View→Never Use Overlay（不使用 Overlay 模式），使其被勾选。否则，在进行后续的操作时，不能监看视频画面，如图 5-2-34 所示。

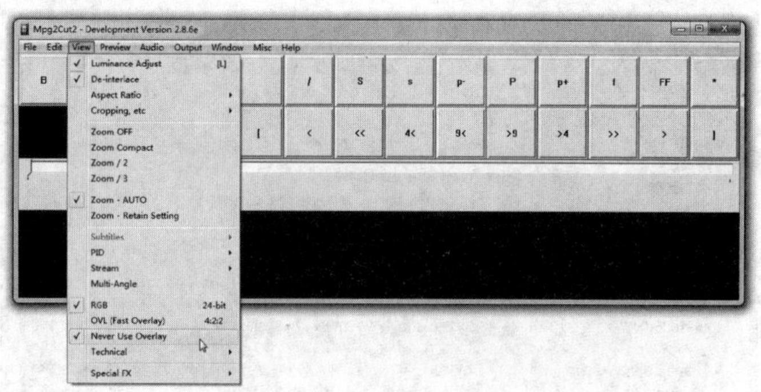

图 5-2-34　MPG2Cut2 的初始设置

现将截取视频片段的步骤简述如下：

① 打开视频文件。在程序界面选取主菜单 File→Open，然后打开光盘的 VIDEO_TS 目录，找到欲截取的 VOB 文件，如果不确定截取的片段在哪个 VOB 文件中，则可以选择多个 VOB 文件，然后单击按钮“打开”按钮，如图 5-2-35 所示。

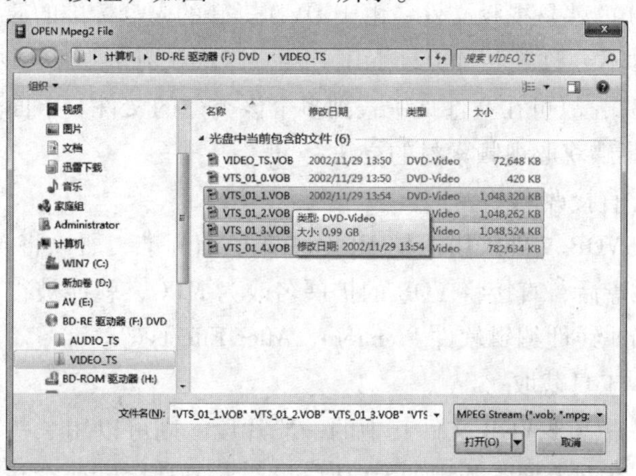

图 5-2-35　打开 VOB 文件

② 设置片段范围。用鼠标拖动进度滑块，直至视频片段的开头时间位置为止，然后单击按钮“[”。注意：由于光盘读取时间较慢，画面可能不会迅速更新，需要耐心等待。

再把进度滑块拖至视频片段的结尾时间位置，然后单击按钮“]”，蓝色标记的一段就是片段的起止范围，如图 5-2-36 所示。

该软件提供了多种速度的播放、快速进退等按钮，此处不再赘述，具体用途请读者自行体验（鼠标光标放在按钮上会有用途提示）。

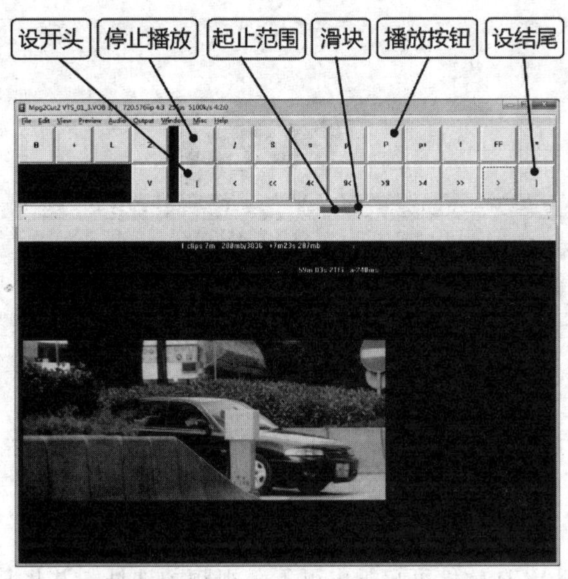

图 5-2-36　设置片段的起止位置

③ 保存片段文件。选取菜单 File→Save This clip，系统弹出保存文件对话框，将文件指定到目标文件夹后，单击“保存”按钮即可（见图 5-2-37），片段的扩展名为 MPG。

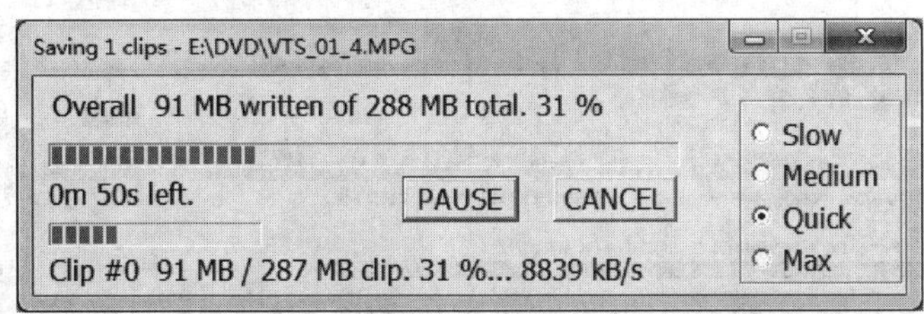

图 5-2-37　保存片段

上述方法不对视频进行再次编码压缩，因此画质没有损失。此外，还有一些格式转换软件也可以截取 DVD 片段并进行压缩转码。

3. 获取网页播放的视频

（1）用硕鼠 FLVCD 下载

硕鼠 FLVCD 是专门下载网页视频的工具软件，可以到它的官方网站下载安装包（http://www.flvc-d.com/）。不过，最简单的办法是在它的网站首页直接填写需要下载的视频的网页地址，然后单击“开始 GO!”按钮提交，如图5-2-38所示。

图 5－2－38　输入视频网页的地址

硕鼠 FLVCD 软件可解析出可下载视频的地址，并将某些长视频分成若干段。右键单击视频地址，再选取菜单“链接另存为”项，即可保存视频，如图 5－2－39 所示。

图 5－2－39　FLVCD 解析出的可下载视频地址

（2）用维棠 FLV 视频下载软件

维棠 FLV 视频下载软件下载网页视频也很方便，首先在其主页（http：//www. vidown. cn/）下载并安装该软件，运行后，单击“新建”图标，在弹出的“添加新的下载任务”窗口的“视频网址”栏内粘贴视频网页的地址，设置好视频存放目录，然后单击“确定”按钮即可下载，如图 5－2－40 所示。

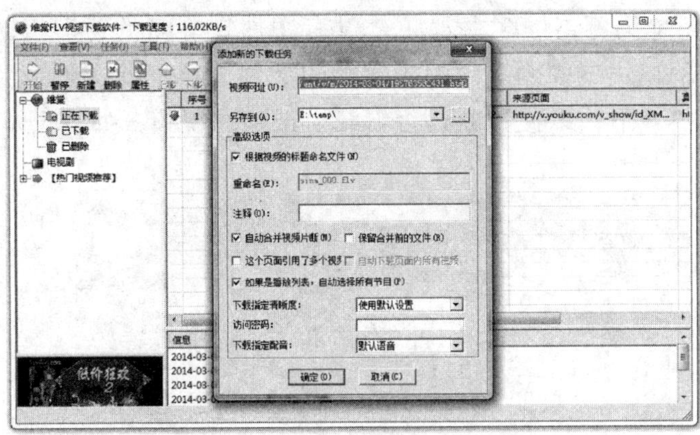

图 5－2－40　维棠 FLV 视频下载软件

（3）在浏览器的临时文件中查找

播放网络视频时，浏览器会在临时文件夹中缓存视频内容。可通过 IE 浏览器选取菜单“工具”→“Internet 选项”，在打开的“Internet 选项”对话框中单击“浏览历史记录”下面的“设置”按钮查看临时文件夹的位置，如图5－2－41所示（该位置通常为“C：\ Users \ 你的登录名 \ AppData \ Local \ Microsoft \ Windows \ Temporary Internet Files”）。视频文件的扩展名可能是 MP4，也可能是 FLV 或 F4V。

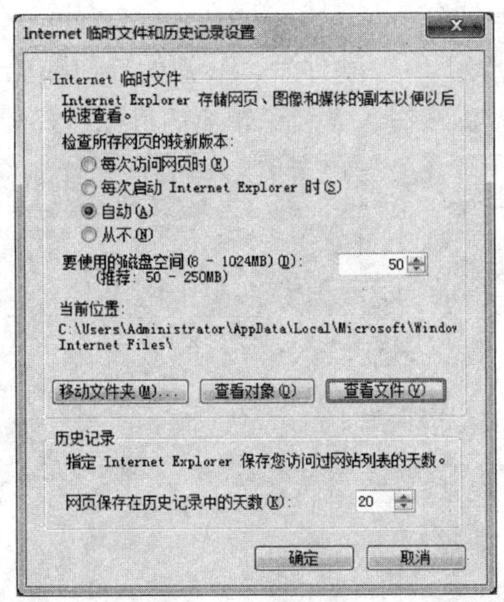

图 5－2－41　IE 浏览器的临时文件夹位置

对于 Google 谷歌浏览器而言，它的视频动画文件一般临时存放在“C：\ Users \ 你的登录名 \ AppData \ Local \ Google \ Chrome \ User Data \ Default \ Cache”目录下。

Google 浏览器的缓存视频是没有文件扩展名的，即按时间顺序排序后，找出刚刚缓存的比较大的文件，再把此文件拖到播放器中试播一下，以此判断是否下载了正确的视频，如图 5－2－42 所示。

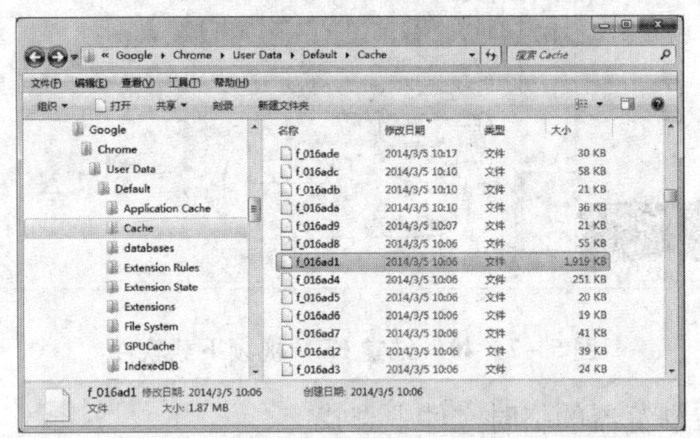

图 5－2－42　Google 浏览器缓存的视频文件

4. 转换视频格式实例

很多时候，我们需要将某个视频文件转换为另外一种格式，这就要用到格式转换软件。这类软件数量也很多，如“格式工厂”“MediaCode”“狸窝全能视频转换器”“暴风转码”等。

下面介绍用“格式工厂”转换视频格式的简单操作。“格式工厂”的网站为 http：//www. pcfreetime. com/CN/index. html。

① 运行“格式工厂”软件后，其初始界面如图 5－2－43 所示，左边栏里有很多图标按钮，显示了转换的目标格式类型。

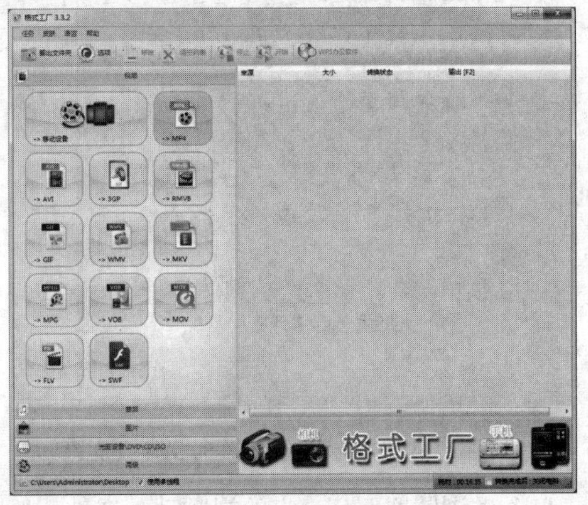

图 5－2－43　格式工厂运行界面

② 如果要将文件转成 MP4 格式，则单击 MP4 图标，就打开了

MP4 窗口，将需要转换的视频文件拖入这个窗口即可，如图 5－2－44 所示。

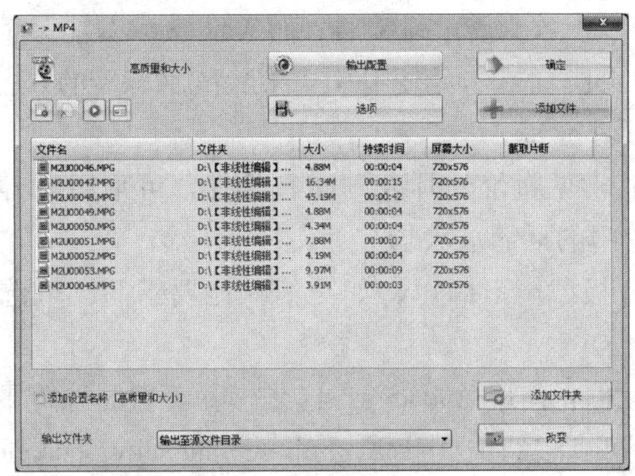

图 5－2－44　拖入需要转换的视频文件

③ 单击“输出配置”按钮，在弹出的“视频设置”窗口中根据需要选择相应的参数预设置，如图 5－2－45 所示。

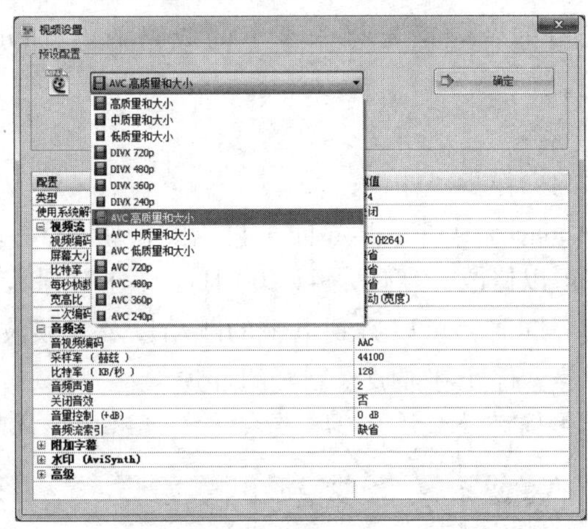

图 5－2－45　视频参数预设

④ 确认没问题后，单击“确定”按钮回到主界面，最后单击主界面的“开始”按钮，即可开始转换。

“格式工厂”除了可以转换视频、音频以及图像格式之外，还可以截取 DVD 影碟的视频和 CD 音乐，并同时进行格式转换。

5.2.3　音频素材的获取与处理

音频素材可以通过声卡录制、从音乐 CD 轨道抓取或者从视频中分离音频等多种方式获取。

1. 使用声卡录制音频

Windows 自带有“录音机”程序，但功能受到一些限制，如 Windows XP 的“录音机”一次只能录制60 秒，而 Windows 7 只能保存为 WMA 这种压缩的格式。因此，本节介绍使用专门的录音软件录音的方法。

（1）软硬件准备

① 话筒：常见廉价的耳麦。如有条件，可采用电容话筒加上调音台（或者专门的话筒放大器）。

② 声卡：板载声卡即可，如对信噪比要求高，可选用独立或外置的高品质声卡。

③ 录音软件：使用 Audacity，这是一款免费开源跨平台的声音录制编辑软件，可到它的主页下载，http：//audacity. sourceforge. net/。

（2）话筒与声卡连接设置

一般话筒的输出信号比较微弱（几十毫伏级别），应将话筒插头插入声卡的话筒输入（Mic in）插孔（一般为粉红色）。如果话筒经过调音台放大，则调音台输出的音频信号比较强（几百毫伏以上），这时应将放大后的音频信号接入声卡的线路输入（Line in）插孔（一般为蓝色）。

（3）录制音频

录制音频的操作步骤如下：

① 运行 Audacity 软件，其界面一目了然，如图 5－2－46 所示。音频的采样率可以修改，默认是 44 100 Hz。单击“录音”图标便开始声音的录制。同时，可以看到电平的跳动以及音频波形。单击相关图标，可暂停、停止和播放录制好的音频。

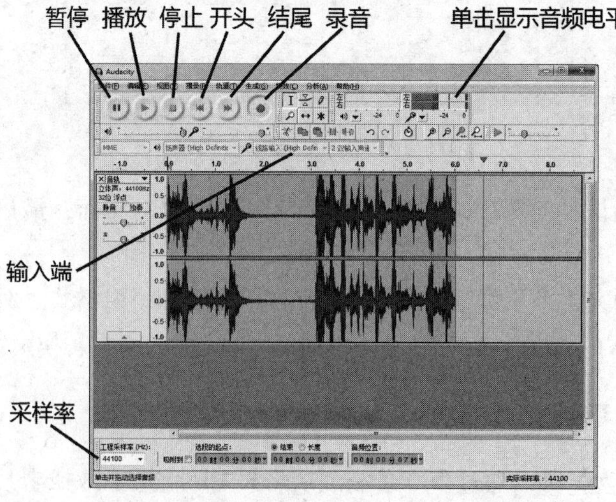

图 5－2－46　软件 Audacity 的运行界面

注意，如果单击“停止”按钮后，再单击“录音”按钮，则会生成新的音轨。Audacity 支持多轨道音频的合成。

② 录制结束后，选取菜单“文件”→“导出”，在弹出的“导出文件”对话框中输入文件名，在“保存类型”下拉列表中选择要保存的音频类型，如图 5 - 2 - 47 所示，一般选默认为不压缩的 WAV 格式，然后单击“保存”按钮。

图 5 - 2 - 47　导出并保存 WAV 文件

③ 系统弹出“编辑元信息”对话框（见图 5 - 2 - 48），该对话框中的信息可以嵌入在一些格式的音频文件里（如 MP3 文件），以使播放器读出。当然，如果前面选的是 WAV 格式，则不支持元信息，就没有必要填写了。填写完成后，单击“确定”按钮即可把录音的结果保存。

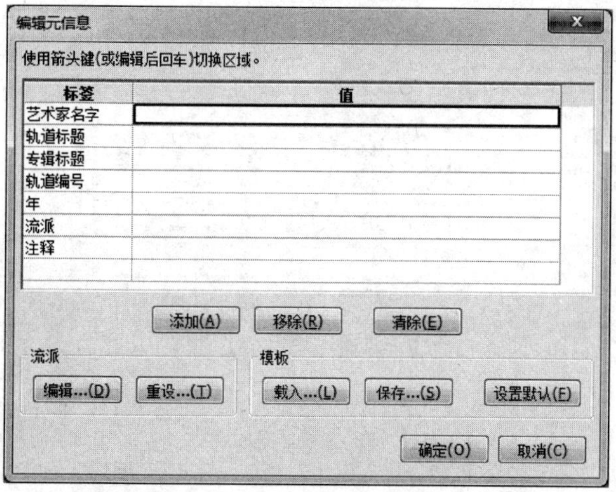

图 5 - 2 - 48　“编辑元信息”对话框

④ 为了保证录音质量，除了环境隔音外，还应调节“输入音量滑竿” ，使录音音量指示尽可能大，但不要冲到 0 dB。一般语音的音量平均在 -6dB 比较好，如图 5-2-49 所示。

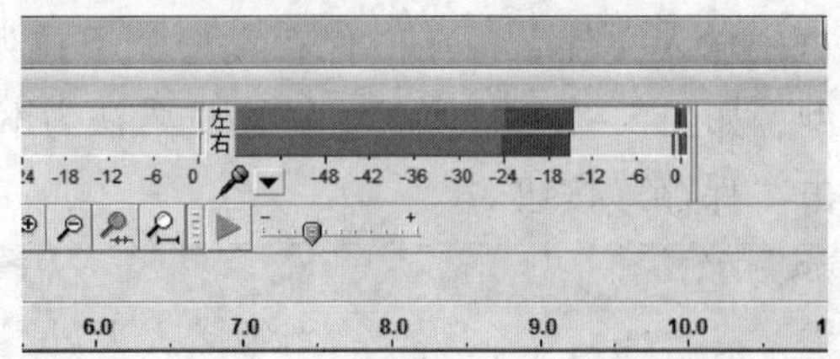

图 5-2-49　Audacity 录音音量电平指示

2. 从音乐 CD 抓取音频

很多软件都可以从音乐 CD 中抓取音轨，其中比较著名的有 EAC（Exact Audio Copy），这是一款免费软件，可在它的网站下载（http：//www. exactaudiocopy. de/）。操作步骤如下：

① 运行 EAC 软件。EAC 会检测到系统的光驱，如果有多个光驱，则需要选择放音乐 CD 光碟的那台，如图 5-2-50 所示。

图 5-2-50　选择正确的光驱

② 在光驱中放入 CD。放入 CD 后，EAC 软件会读出 CD 音轨，并列出音轨的时间长度等信息，如图 5-2-51 所示。

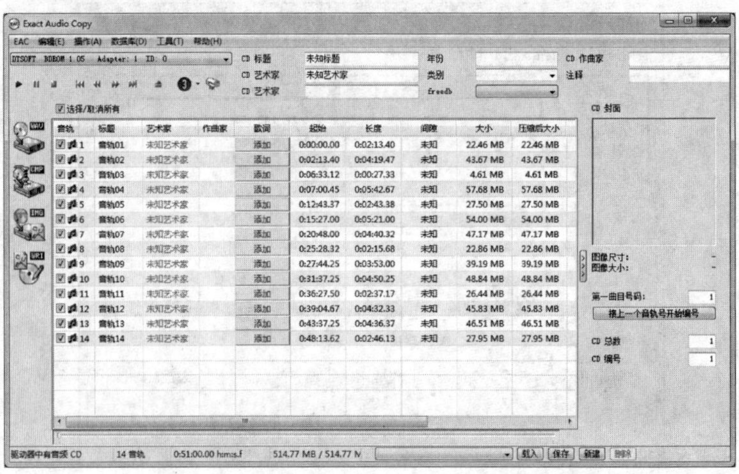

图 5-2-51　读出的 CD 音轨信息

③ 复制音轨。勾选所需要复制的音轨，然后单击复制音轨的图标按钮，如要生成 WAV 文件，则单击 WAV 图标；如压缩的格式为 MP3 则选 CMP 图标，如图 5－2－52 所示。

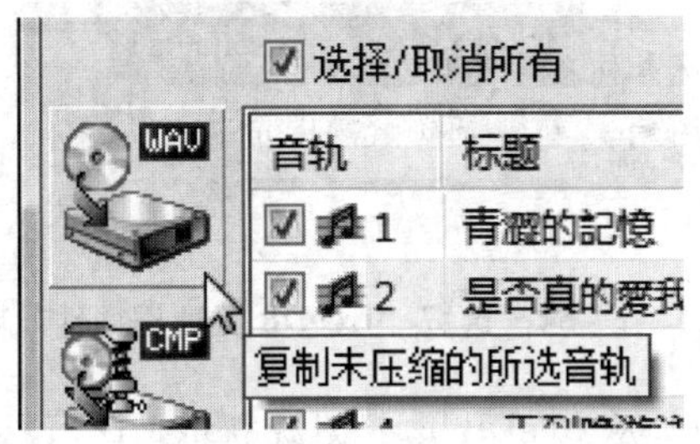

图 5－2－52　复制音轨

这时系统弹出现“浏览文件夹”对话框，选择保存文件的文件夹，如图 5－2－53 所示。

图 5－2－53　选择保存文件夹

④ 单击“确定”按钮即开始抓取音轨。

以上步骤保存的音轨按照“音轨××. wav”样式自动命名，不利于辨认。其实 EAC 有一个功能，可以从互联网获取 CD 的信息，如歌名、作者等，这样抓取的文件名就与歌名相同了。操作步骤如下：

① 在单击 WAV 图标复制轨道之前，应先单击图中的数据引擎图标，系统出现下拉菜单，选取“freeDB 元数据插件”项，如图 5－2－54 所示。

图 5－2－54　选取“freeDB 元数据插件”项

② 单击图标从 freeDB 元数据源获取 CD 信息，如图5－2－55所示。

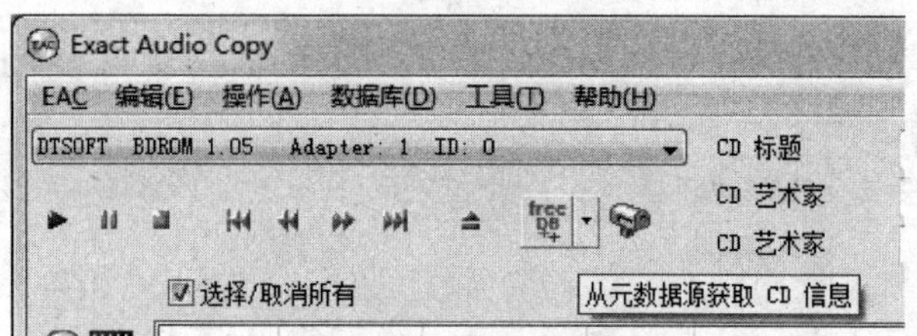

图 5－2－55　获取 CD 信息

软件可能会出现一个“元数据选项”窗口，填写你的电子邮件地址后单击“确定”按钮（填写电子邮件后，再次获取元数据时不再出现此窗口），如图 5－2－56 所示。

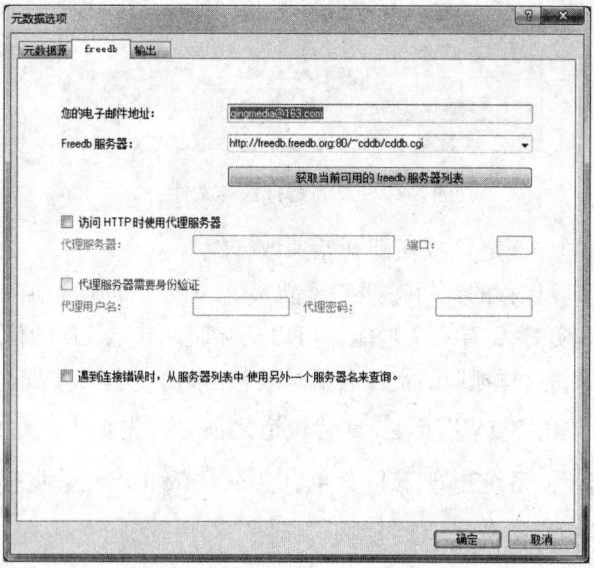

图 5－2－56　填写电子邮箱

之后，软件开始搜索网络上的 FreeDB 数据库，如图 5－2－57 所示。

图 5－2－57　搜索网络上的 FreeDB 数据库

③ 如果此前修改过音轨，可能会出现警告对话框（见图 5－2－58），提示“当前 CD 的所数据将被删除”。这是指如果之前对音轨进行了重命名，那么修改的名称等信息将会被新信息覆盖，单击“是”按钮继续。

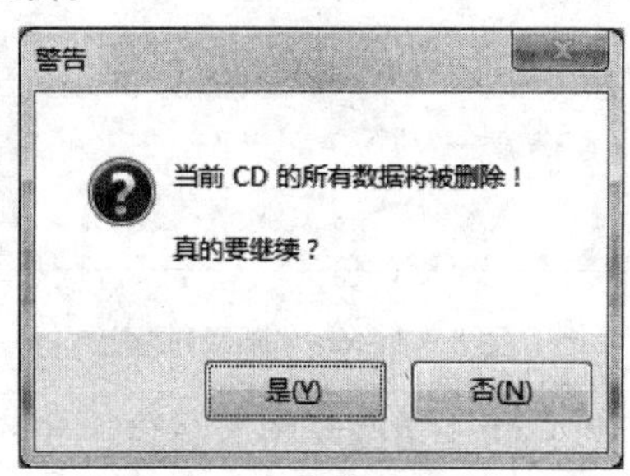

图 5－2－58　警告对话框

④ EAC 软件还会出现是否搜索封面图片、是否搜索歌词等对话框，如果不需要则关闭它们。然后经过较短时间的搜索，EAC 即可从网络的 freeDB 数据库中查找到 CD 的有关信息，并将音轨全部重新命名，如图 5－2－59 所示。

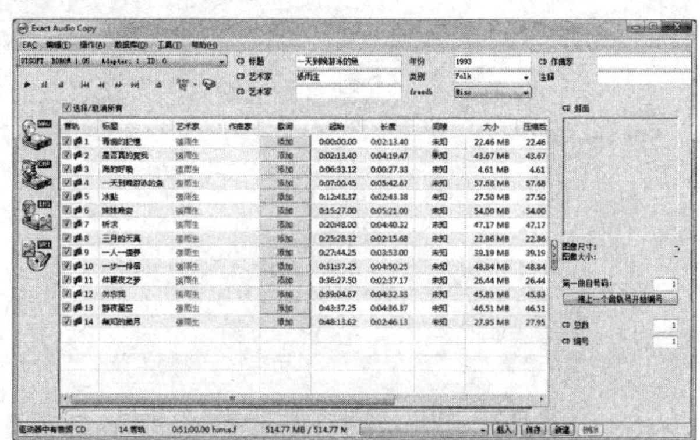

图 5－2－59　从网络获取的 CD 歌名信息

⑤ 接下来，单击 WAV 图标复制音轨，如图 5 - 2 - 60 所示。

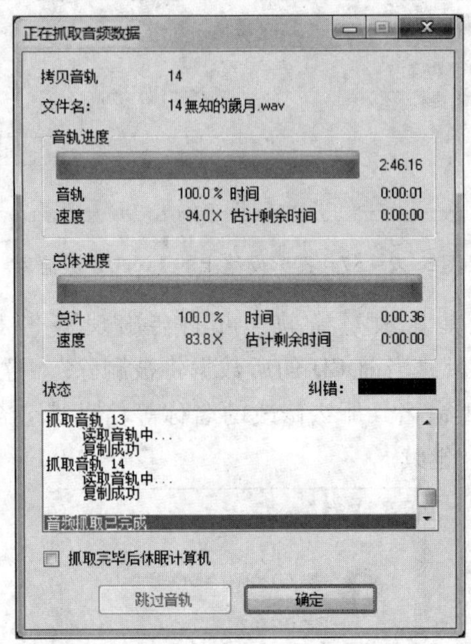

图 5 - 2 - 60　抓取过程

⑥ 抓取完成后的文件自动按照歌名命名，如图 5 - 2 - 61 所示。

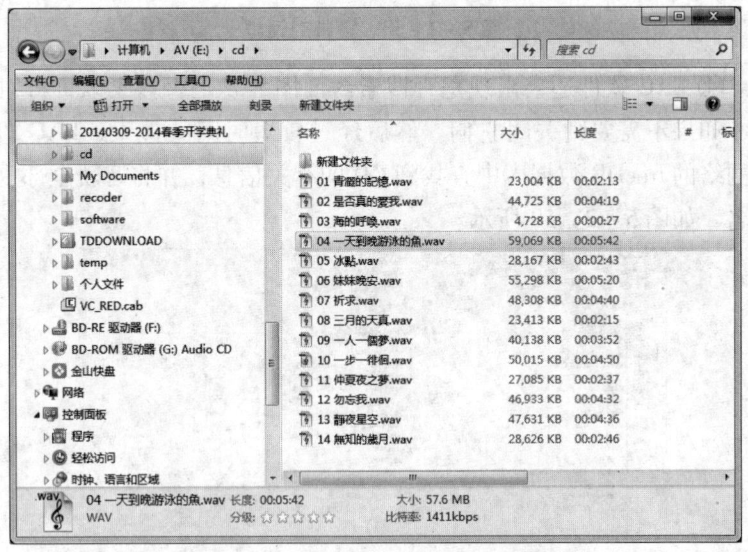

图 5 - 2 - 61　抓取完成的音轨文件

*5.2.4　动画素材的获取与处理

常用的动画素材是用3ds Max、Maya之类的软件制作的。动画素材一般较多地采用序列图片而不是视频文件，因为图片比视频文件更通用，且比较容易保留Alpha通道。下面以用3ds Max制作渲染一个3D文字标题动画素材为例，介绍动画素材的获取与处理。

制作3D文字动画的操作比较复杂，本节不打算过多地讲解3ds Max的操作，因此作者创建了一个自动脚本，大家可以通过运行此脚本快速自动生成3D文字动画。

① 用Windows系统的“记事本”程序录入脚本程序代码，并注意如下事项：

第一，行号不要输入。

第二，不要自动换行。在“记事本”的“格式”菜单下取消“自动换行”前面的勾选，如图5-2-62所示。

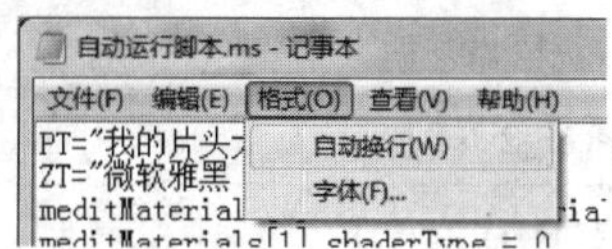

图5-2-62　“格式”菜单下的“自动换行”

第三，注意区别字母“O”与数字“0”。

第四，不要遗漏代码中的空格。

第五，所有标点符号、字母都是半角字符。

② 总脚本程序代码如表5-2-1，总共33行。其中，第1行里两个双引号之间的文字“我的片头大标题”可以替换成其他文字。第2行是3D文字的字体，也可以替换成其他字体，但要求系统里必须预先安装了要替换的字库，替换时不要删改双引号。第3行数字表示该字体的大小为100，可以修改。第11行由于本页宽度不够而折成2行了，应该在1行中。

在影视与多媒体相关的制作中，常用3ds Max、Maya等软件制作3D效果，并渲染成序列动画图片素材，以提供给后期编辑软件做合成之用。

表5-2-1　3ds Max程序脚本

行号	内　容
1	PT = " 我的片头大标题"
2	ZT = " 微软雅黑 Bold"
3	SZ = 100
4	meditMaterials [1] = Standardmaterial ( )

续表

行号	内容
5	meditMaterials [1] . shaderType = 0
6	meditMaterials [1] . Diffuse = color 224 155 81
7	meditMaterials [1] . Specular = color 218 195 166
8	meditMaterials [1] . specularLevel = 150
9	meditMaterials [1] . glossiness = 20
10	meditMaterials [1] . anisotropy = 50
11	Freecamera fov: 65 transform: (matrix3 [1, 0, 0] [0, 0, 1] [0, -1, 0] [0, 0, 20])
12	text text: PT font: ZT size: SZ pos: [0, 0, 35] isSelected: on
13	rotate $ (angleaxis 90 [1, 0, 0])
14	addModifier $ (Bevel ())
15	$. Bevel. Level_1_Height = 18
16	$. Bevel. Use_Level_2 = 1
17	$. Bevel. Level_2_Height = 1
18	$. Bevel. Level_2_Outline = -1
19	$. Bevel. Keep_Lines_From_Crossing = 1
20	$. material = meditMaterials [1]
21	set animate on
22	sliderTime = 75
23	rotate $ (angleaxis 0 [0, 0, 1])
24	rotate $ (angleaxis 0 [0, 1, 0])
25	rotate $ (angleaxis 0 [1, 0, 0])
26	$. pos = [0, 600, 35]
27	sliderTime = 0
28	rotate $ (angleaxis -60 [0, 0, 1])
29	rotate $ (angleaxis 45 [0, 1, 0])
30	rotate $ (angleaxis -15 [1, 0, 0])
31	$. pos = [105, -242, -30]
32	set animate off
33	viewport. setType #view_camera

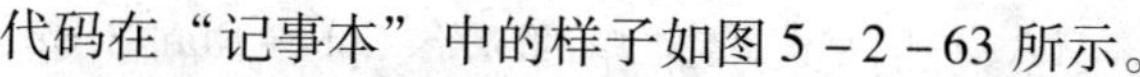

代码在“记事本”中的样子如图 5－2－63 所示。

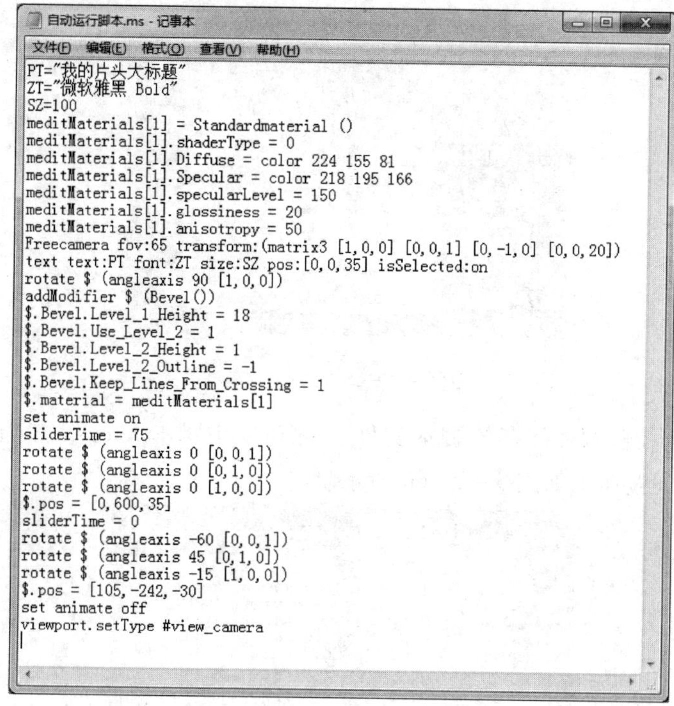


```
PT="我的片头大标题"
ZT="微软雅黑 Bold"
SZ=100
meditMaterials[1] = Standardmaterial ()
meditMaterials[1].shaderType = 0
meditMaterials[1].Diffuse = color 224 155 81
meditMaterials[1].Specular = color 218 195 166
meditMaterials[1].specularLevel = 150
meditMaterials[1].glossiness = 20
meditMaterials[1].anisotropy = 50
Freecamera fov:65 transform:(matrix3 [1,0,0] [0,0,1] [0,-1,0] [0,0,20])
text text:PT font:ZT size:SZ pos:[0,0,35] isSelected:on
rotate $ (angleaxis 90 [1,0,0])
addModifier $ (Bevel())
$.Bevel.Level_1_Height = 18
$.Bevel.Use_Level_2 = 1
$.Bevel.Level_2_Height = 1
$.Bevel.Level_2_Outline = -1
$.Bevel.Keep_Lines_From_Crossing = 1
$.material = meditMaterials[1]
set animate on
sliderTime = 75
rotate $ (angleaxis 0 [0,0,1])
rotate $ (angleaxis 0 [0,1,0])
rotate $ (angleaxis 0 [1,0,0])
$.pos = [0,600,35]
sliderTime = 0
rotate $ (angleaxis -60 [0,0,1])
rotate $ (angleaxis 45 [0,1,0])
rotate $ (angleaxis -15 [1,0,0])
$.pos = [105,-242,-30]
set animate off
viewport.setType #view_camera
```

图 5－2－63　脚本代码

③ 保存时，单击“保存类型”下拉列表，选择“所有文件（＊.＊）”项，这样就可以直接输入文件名和扩展名了。比如，输入“自动片头脚本.ms”。下面的“编码”下拉列表，如果是用在比较新的版本，如 3ds Max 2014，则要将 ANSI 改成 Unicode，否则中文字会变成乱码。其他 3ds Max 版本则可以用 ANSI 项，如图 5－2－64 所示。

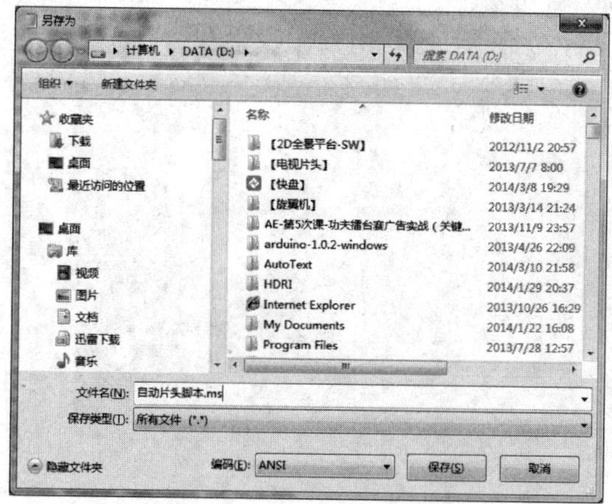

图 5－2－64　保存脚本文件及编码选项

④ 运行 3ds Max，然后选取菜单 MAXScript→Run Script，如图 5－2－65所示。

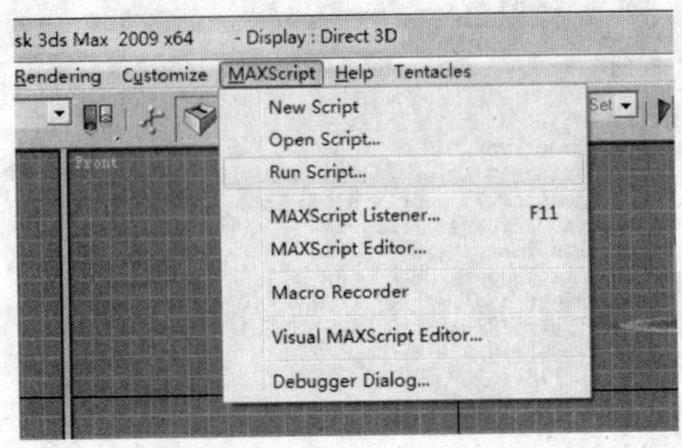

图 5－2－65　运行脚本

⑤ 找到刚才保存的脚本文件"自动片头脚本 . ms"，然后单击"打开"按钮，如图 5－2－66 所示。

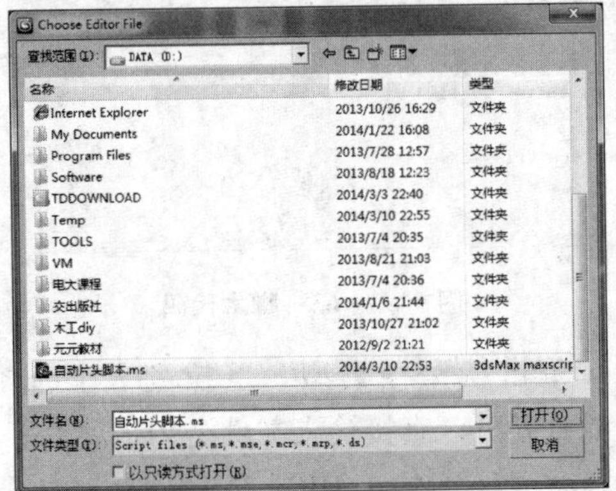

图 5－2－66　打开脚本文件

⑥ 3ds Max 自动创建了一个 3D 文字动画，如图 5－2－67 所示。

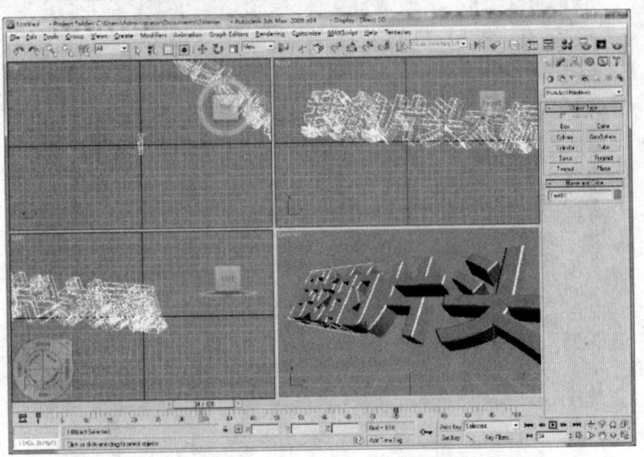

图 5－2－67　3D 文字动画

⑦ 单击右下方工具面板里的“播放”按钮可以预览动画，如图 5－2－68 所示。

图 5－2－68　工具面板中的播放及其他功能按钮

⑧ 现在就可以渲染动画了，单击 3ds Max 界面右上方的“渲染设置”图标按钮，如图 5－2－69 所示。

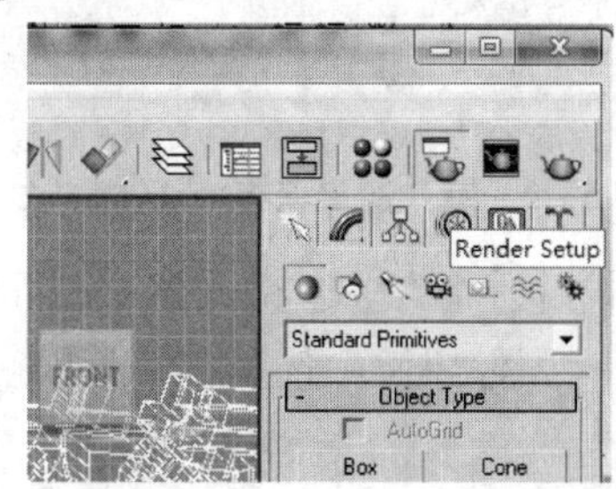

图 5－2－69　单击渲染设置按钮

⑨ 系统弹出渲染设置界面，如图 5－2－70 所示，按如下设置：

第一，Time Output 单选按钮组选择 Active Time Segment。

第二，Output Size 下拉列表选择 PAL D－1（video）项。

第三，勾选 Save File 复选框。

第四，单击“Files”按钮，系统弹出新的文件设置窗口。

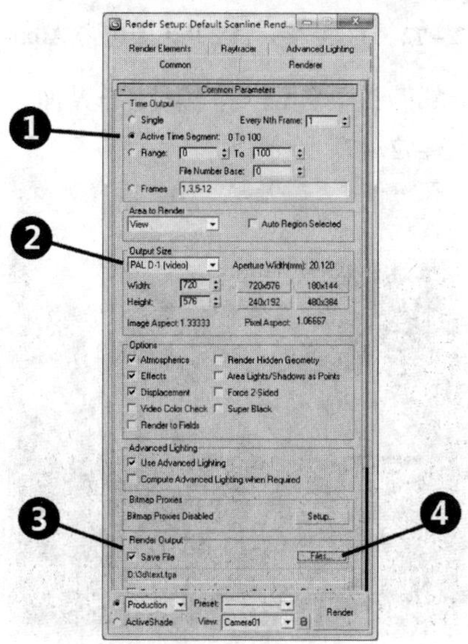

图 5－2－70　渲染设置界面

⑩ 在 Render Output File 对话框中，保存类型可选择 Targa Image File 项，即渲染为 TGA 文件，如图 5－2－71 所示。

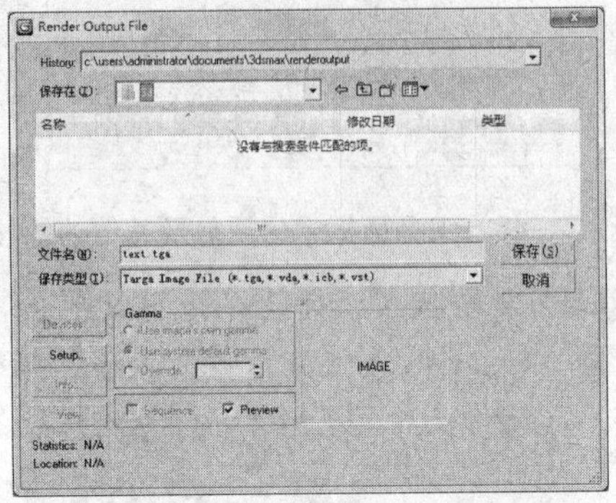

图 5－2－71　渲染保存为 TGA 格式

⑪ 选择 TGA 格式后，将有一个格式选项提示，如图5－2－72所示，在 Image Attributes 图像属性中选择 32 即可带 Alpha 通道。

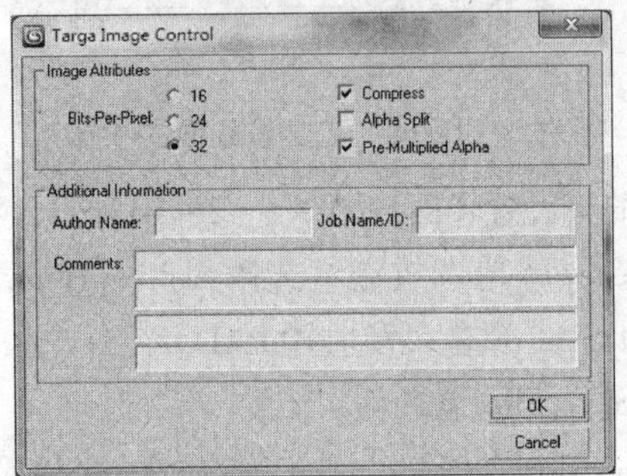

图 5－2－72　TGA 格式选 32bit 即可带 Alpha 通道

⑫ 上述设置全部确认后，回到渲染设置界面，单击 Render 按钮即开始渲染，如图 5－2－73 所示。

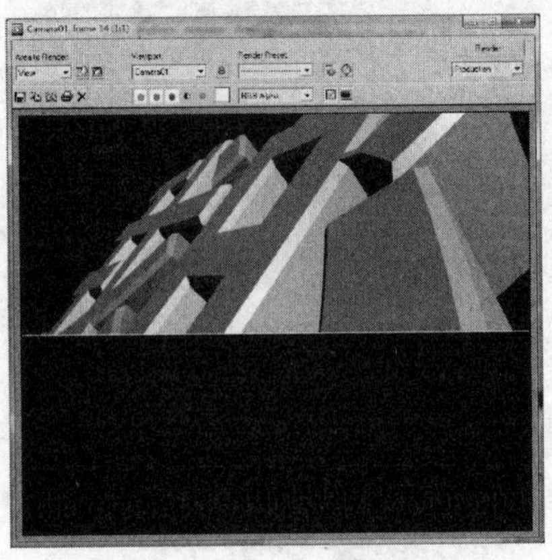

图 5－2－73　渲染画面

同时可以在 Rendering 窗口看到渲染进度，如图 5－2－74 所示。

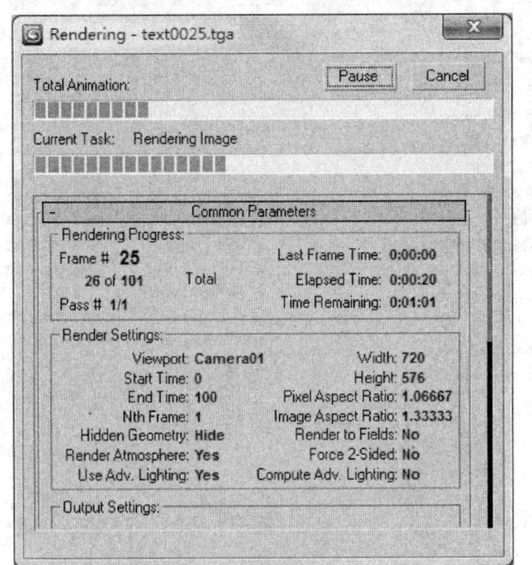

图 5－2－74　渲染进度窗口

渲染完成后，用图像浏览软件观看序列图，如图 5－2－75 所示。

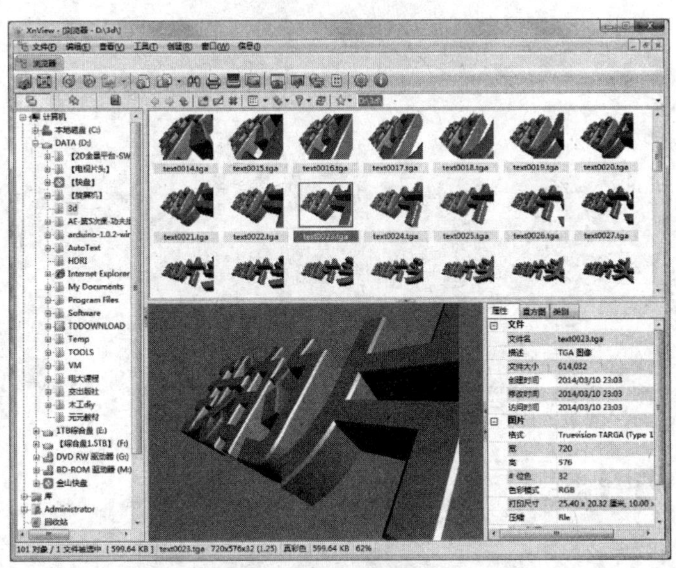

图 5－2－75　渲染完成的动画序列图

非线性编辑与后期合成软件都支持导入这类动画序列素材，如在 Premiere Pro CS5 中，导入动画序列素材时，选中第一个序列图，然后勾选 Numbered Stills 项，然后单击“打开”按钮（见图 5－2－76），此一系列多个图像就被当成一个动画素材导入了。

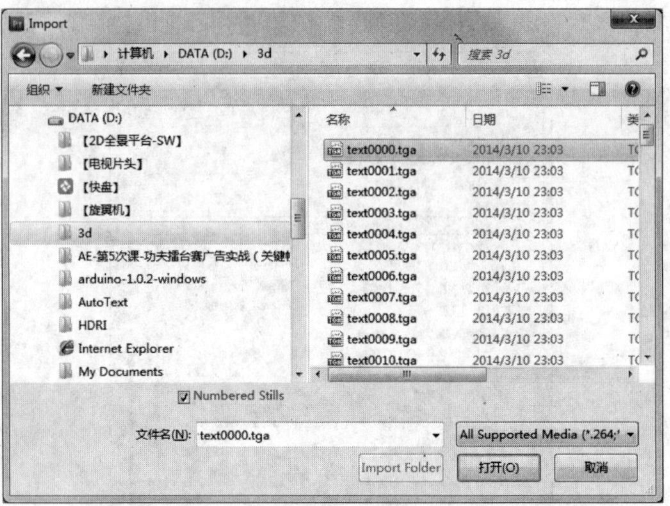

图 5-2-76　在 Premiere 中导入动画序列图

思考与练习

一、填空题

1. 多媒体软件的主要任务是________________。

2. 按使用功能来划分，多媒体软件通常可以分为________软件和________软件。

3. ________公司的 Windows 系统、________公司的 OS X 系统、________公司的 Android系统都支持多媒体。

4. 时至今日，________成为人们公认的最好的图像处理软件。

5. 按 Windows 键盘的________键，能将整个屏幕的图像捕获并保存在内存中。

6. 按________ + ________组合键可以捕获当前窗口。

7. 按________ + ________组合键可以粘贴之前捕获的图像。

8. 要连续地选择多个文件应按住________键。

9. 要选择不相邻的多个文件应该按住________键。

二、选择题

1. 下列软件中，专门用作音频处理功能的是（　　）。

   A. 3ds Max　　B. Photoshop　　C. Adobe Adution　　D. Maya

2. 下列软件中，（　　）具有视频编辑软件功能。

   A. Aduacity　　B. XnView　　C. Corel Painter　　D. Premiere Pro

3. 下列软件中，（　　）可以批量转换视频格式。

   A. XnView　　B. Adobe Flash　　C. ACDSee　　D. “格式工厂”

4. 可以模拟各种自然画笔的电脑绘画软件的是（　　）。

A. 3ds Max　　B. Corel Painter　　C. Premiere Pro　　D. Nero

5. 下列软件中，可以刻录光盘的是（　　）。

A. After Effects　　B. 3ds Max　　C. Nero　　D. Virtualdub

6. Photoshop 可以使用（　　）程序接口标准调用扫描仪。

A. IEEE1394　　B. SATA　　C. TWAIN　　D. USB

7. （　　）可以从音乐 CD 中抓取音轨。

A. Maya　　B. Photoshop　　C. Exact Audio Copy　　D. WinDV

8. 使用（　　）可以采集 DV 和 HDV。

A. 网卡　　B. IEEE 1394 卡　　C. 外置 USB 声卡　　D. SCSI 卡

9. 下列软件可以批量更改文件名的是（　　）。

A. XnView　　B. Photoshop　　C. 3ds Max　　D. Nero

三、问答题

1. 当前支持多媒体系统的操作系统有哪些?

2. 简述用 XnView 实现批量图像文件格式转换。

3. 简述如何从数码相机获取照片文件。

4. 录制声音素材需要哪些硬件、软件?

5. 简述采集 HDV 的步骤。

6. 撰写教程时，需要将某软件的用户界面图插入 Word 中，如何操作?

7. 模仿本书案例，用 3ds Max 制作渲染一个简单文字动画。

8. 简述从音乐 CD 抓取音频文件的步骤。

9. 现有一批 JPG 格式的序列素材，但某非线性编辑软件只接受 TGA 格式，如何处理?

第 6 章　多媒体应用系统开发过程

学习目标

通过本章的学习，了解多媒体应用系统的一般开发过程，从而实现可进行多媒体课件等多媒体系统的开发。

本章要点

- 了解多媒体应用系统的要求与特点。
- 了解多媒体应用系统的一般制作过程及人机界面设计原理及实现方法。
- 了解多媒体应用系统的应用特点。

多媒体技术是当今计算机领域的一个热门技术，其应用领域十分广泛，在教育领域（如教学课件）、电子出版领域（如电子出版物或多媒体字典）、商业领域（如商场导购系统或 KTV 点歌系统）等都有良好的表现。

当前大家去学习与研究它，其主要目的在于去应用它，让它去完成一个满足自己需求的多媒体应用系统。本章主要介绍设计制作多媒体应用系统的一般方法。

*6.1　多媒体软件系统开发概述

计算机进入多媒体时代，使其不仅可以处理文本、数字，还可以对图形、图像、声音、动画等媒体进行相应的处理，这就大大地加强了计算机的应用能力，扩展了它的应用领域。

多媒体应用系统一般具有以下特点。

(1) 改善了人机界面，增强了计算机的友好性

在人们所接触的媒体中应用最多的是声音与图像，由于多媒体技术很容易处理这些信息，从而缩短了人与计算机的距离。同时采用触摸屏和应用虚拟现实技术可提高与计算机的交互性，使输入与输出的方式更加直观与友好。

Windows 系列操作系统是最为常用、典型的多媒体软件系统。

(2) 涉及技术较广，层次较高

多媒体技术中的媒体有声音、图形、图像、网络等，这使得它所涉及的领域较为广泛，相应的技术含量也较高。

(3) 制作方便快捷

在多媒体应用系统开发中，出现了很多的工具软件来进行制作，提供了良好的制作环境，以至于用户不用编写很复杂的程序就可以制作出以前专业人员才能做的优秀作品。

(4) 多媒体技术的标准化

由于多媒体技术涉及面较广，因此需要相关的标准进行规范，现在有 JPEG 标准、MPEG 标准等都为应用系统的开发制定了一套规范。

6.2　多媒体软件系统开发过程

多媒体系统的开发与应用随着当前各种工具软件的出现，变得更加方便与快捷，这也进一步扩大了其应用领域。在多媒体程序设计的制作过程中，一般可分为用户分析需求及确定选题，设计方案、编写脚本，获取和加工多媒体素材，作品制作，软件调试等几个步骤，如图 6－2－1 所示。

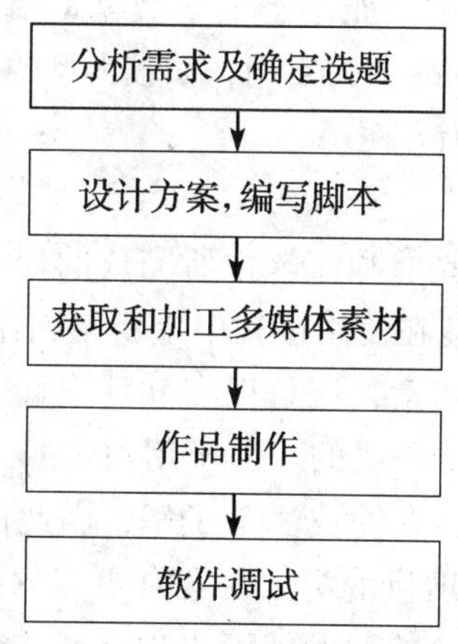

图 6－2－1　多媒体开发流程图

6.2.1　分析需求及确定选题

分析用户的需求是开发多媒体应用软件的第一步，根据用户所要求实现的主要功能，来明确要准备的多媒体素材的种类，设定相应的表现手法、采用的制作软件以及要实现的主要目标。

每个人在开发过程中的习惯不同，可能步骤会有一些不同。

一般来说，从开始创作任务时，应该从如下几个方面确定系统的综合要求。

1. 系统功能要求

根据用户要求，得到系统应该完成的所有功能。

2. 系统性能要求

根据系统功能要求，确定制作此软件的计算机应该具备的最低性能指标，并在开发完成后的软件说明中注明。如计算机的运算速度、系统需要的存储容量、计算机的多媒体性能等，当然现在的计算机硬件技术发展极为迅速，一般的计算机都能满足要求，也可不予考虑。

3. 软件运行要求

制作的多媒体应用软件要求系统具备的硬件条件和软件环境。特别是在开发时用到的一些不常用的软件或技术革新，如采用虚拟现实技术开发的软件系统，一般都要求安装相应的插件，以保证其运行的要求。

4. 选择适合的制作工具

根据用户的要求及要达到的目标，合理选择制作所需的工具软件，这是十分重要的，每个制作工具软件都有自己的优点与缺点，要进行分析，合理选用。如用于电子教案的制作，一般的小课件，通常还是采用 PowerPoint 较为实用，如较大型的课件或光盘作品还是以 Authorware 制作较为方便。

5. 系统扩展要求

通过分析用户的要求和该软件所完成的任务，明确提出一些扩展要求，即用户很可能在使用过程中重新向创作者提出的新的要求。如果事先考虑到这些因素，就可以在软件设计中为软件功能的扩展留有接口，这也是非常必要的。由于用户本身对多媒体技术缺少了解，对实现的效果和表现的技法不了解，因此前期可能给制作人员的要求较少，但随着项目的深入，会有更多的要求。所以，制作人员不能因为别人没提及的问题就不去理会，在制作时就应该考虑这些问题，让自己的作品更完美。

如要制作一个多媒体课堂演示软件“计算机的组成与维修”，表现计算机硬件的基本情况，就应该根据用户的需求，从系统功能、系统性能、软件运行和系统扩展等方面考虑这个多媒体应用软件应该具有的基本功能。

6.2.2　设计方案，编写脚本

编写脚本是设计和制作多媒体应用软件的基础，是设计多媒体应用软件的一个重头戏。正如一部好的电影必须有一个好剧本、好题材一样。脚本的内容必须要覆盖整个多媒体软件的方方面面和每一个画面，这是一个既艰苦又重要的创作任务。脚本应该标明程序中交互的方式、交互的对象、交互后程序的流程，还要考虑整个系统的完整性和连贯性等。同时还要说明引用的素材名及素材的来源等。

应用软件脚本一般有两种类型，一种是交互型，另一种是顺序型。交互型脚本适合设计人机交互界面，强调互动性，常用来设计学习、游戏、管理类多媒体应用软件。顺序型脚本不强调人工干预，按照媒体排列的自然顺序运行，根据预定素材的文件名、画面内容以及显示效果来展示。

顺序型脚本经常用来设计观赏型的多媒体应用软件，如多媒体课堂教学演示教案等。

多媒体应用基本上都是通过恰当的组织各类多媒体信息达到目的的。多种媒体信息的结构需要仔细安排，是组织成网状形式，还是组织成层次结构形式取决于应用的类型。很多情况下的应用都是采用按钮式结构，由按钮确定下一级信息的内容，或者决定系统的控制走向（如到上页，返回等)。除了上面介绍的类型外，还有一种方式是任务驱动方式，常用在教育、训练等系统中，通过使用者对试题的回答，了解它们对信息主题的理解程度，从而决定控制走向。复杂一些的是超媒体信息组织，应尽可能地建立起联想链接关系，使得应用系统的信息丰富多彩。

脚本设计要兼顾多个方面，不仅要规划出各项内容显示的顺序和步骤，还要描述其间的分支路径和衔接的流程，以及每一步骤的详细内容。系统的完整性和连贯性不可忽视，而每一段的相对独立性也是十分重要的。设计中既要考虑整体结构，又要善于运用声、光、画，并注意系统的交互性和目标性，特别要注意根据不同的应用系统运用相关的领域知识和指导理论。

如设计应用于教育或培训的应用系统，就要强调用先进的教学理论来指导，如教育心理学中的认知主义学习理论等。还要注意特定教学方法的实施，并突出人机交互设计。

编写脚本时，既要重视脚本的共性，使其具有广泛的适应性，又要关注脚本的个性，针对不同创作体裁、不同用途和不同艺术风格的软件作品，应该把精力集中在突出软件的个性上。因此，在设计多媒体应用软件的脚本框架时，可以根据实际情况改变表格栏目的内容，以便使脚本更具有可操作性。

在编写脚本时应该注意以下一些事项。

(1) 精心选择相关的内容

内容的选择至关重要，只有选择用户喜欢的内容，软件才能有广泛的应用范围，软件才有生命力。

(2) 具有科学性和趣味性

软件既要具有正确的内容，符合用户的认知规律，又要具有吸引用户的生动性、活泼性、艺术性和趣味性。应该尽量使脚本更直观、形象，更便于记忆、理解，更具有通用性。

(3) 采用模块化设计

应该按照软件的总体设计规划将整个软件划分成多个功能模块，每个模块可以是一幅或多幅画面，集中表达一个主题内容，并突出各部分之间的联系。

(4) 合理设计画面

应该根据屏幕的大小、分辨率等因素来设计具体的画面，文字、图像的分布要合理和美观。画面要恰到好处地采用色彩、闪烁、平移、旋转、放大、缩小、淡入和淡出等多种艺术表现手法来渲染，使其更加生动形象。

(5) 合理选择媒体

每一种媒体都有其各自擅长表现的特定范围，在使用中要根据具体的信息内容、各媒体实现的目标、用户的偏爱心理及当时的上下文联系选择适当的媒体。如文本媒体常用于描述抽象概念和刻画细节及表达有关数量、否定等信息；而图形信息在表达思想的轮廓及表现空间性信息方面具有较大的优越性；视频影像适合于表现其他媒体所难以表现的来自真实生活的事件和情景，特别是那些需要真实感的社会文化信息；语音能使对话信息突出，特别是在与影像、动画结合时能传递大量的信息；音乐与人的情感有密切联系；而音响效果则擅长表示系统中事件的示意、反馈信号，以吸引人的注意力和激发人的想象力。

图形媒体可让人们在短时间内利用直觉能力接收大量的空间信息，并有利于人对其理解和记忆，动画信息可以用来突出整个事物，特别适用于表现静态图形无法表现的动作信息。

但过多使用声音效果有时会造成人的厌烦，分散注意力，应将其使用权交给用户自由控制。

6.2.3 获取和加工多媒体素材

多媒体信息的获取不像文本数据那样简单，必须有相应的设备支持才能顺利完成采集工作。有关多媒体信息的采集方式在后续章节中将详细介绍。

在获取到与作品有关的各种素材后，还应该根据脚本的说明，对原始素材进行必要的加工和处理，产生成品图像素材、音乐素材、动画及视频素材等，以符合开发系统的要求。

准备多媒体数据是多媒体应用设计中一项费时又复杂的事。一般来说，很多动画文本、声音、视频等素材，都要进行数字化处理、编辑。如要得到图像素材，可以采用数码相机拍摄或是用光学相机拍摄后进行扫描，再采集到计算机中，然后用 Photoshop 等软件来进行处理。对于声音素材，要进行音乐的选择，配音的录制，必要时也可以通过合适的编辑进行特殊处理，如加入回声、放大、混声等效果。这些媒体都必须转换为系统开发环境下要求的存储和表示形式。

6.2.4　作品制作

根据预先编写的多媒体制作脚本，利用现有的多媒体集成工具把加工好的各种多媒体素材集成为一体，最终生成用户所需要的多媒体应用软件。

如果创作观赏型的多媒体应用软件，许多软件都可以作为集成和播放环境，如 PowerPoint、FrontPage 等，如果创作交互型的多媒体应用软件，可以选用 Authorware、Director、Flash 等工具软件，当然，这些软件也完全适用于制作观赏型的多媒体应用软件。

我们通常将各种多媒体数据根据脚本要求进行编程连接，从而构造出由多媒体计算机所控制的应用系统。在生成应用系统时，有经验的编程人员可采用程序编码设计，首先要选择功能强、可灵活进行多媒体设计的编程语言和编程环境，如 VB、VC++ 和 Java 等。无编程经验的人可以采用多媒体创作工具进行创作。各种创作工具虽然在功能和操作方法上不同，但操作都相对较为简单。根据现有的多媒体硬件环境和应用系统设计要求选择适宜的创作工具，可高效、方便地进行多媒体编辑集成和系统生成工作。

具体的多媒体应用系统制作可分为两个方面：一是素材制作，二是集成制作。素材制作是各种媒体文件的制作。由于多媒体创作不仅媒体形式多，而且数据量大，制作的工序和方法也较多，因此素材的采集与制作需多人分工合作。如美工人员设计动画，程序设计员实现制作，摄像人员拍摄视频影像，专业人员配音等。但无论文本录入、图像扫描、声视频信号采集处理，均要经过多道工序才可能进行集成制作。

集成制作是应用系统最后生成的过程。许多多媒体/超媒体创作工具，实际上是对已加工好的素材进行最后的处理与合成，即集成制作工具。设计者面对所选用的创作工具或开发环境应有充分的了解和熟练的操作，才能高效地完成多媒体/超媒体应用系统的制作。集成制作应尽量采用快速原型法，即在创意同时或在创意基本完成之时，就先采用少量最典型的素材，对交互性进行“模拟”制作。而全面制作必须在模拟原型获得确认后再进行。

6.2.5 软件调试

在多媒体创作中，素材准备占用大部分工作量，而集成制作工作量仅占整个工作量的1/3左右。

软件制作完成后，必须以编写脚本为标准，对软件的功能和性能进行彻底的、逐步的检查或优化，以便改正错误，修补漏洞，使其最终符合开发目标的要求。

测试多媒体应用软件的方法有很多，下面是3种常用的方法。

1. 自己测试法

根据软件设计指标，如综合要求和软件功能等，逐项检查多媒体应用软件是否符合设计要求，主要检测使用该软件是否能够达到预期的效果，即参照软件设计的每个脚本，一页一页地演示，从功能、性能、美观、容错、方便等多方面全面核对软件是否符合要求。在自测过程中，每进行一步，都要写出自己的意见和评价。

2. 用户测试法

将新制作的多媒体应用软件（不必打包）复制几套，分别交给几个用户使用，让他们实际操作，并记录在使用过程中软件出现的错误，收集他们对改进软件所提出的建议。

3. 专家测试法

在经历了一定工作量的测试之后，应该请一些专家来使用软件，提出意见或发表有益的见解。任何一个多媒体应用软件都会涉及三方面的专家：一是与软件内容有关的专家，比如，检测英语学习软件应该聘请英语教学方面的专家；二是素材专家，这些人对文字、图画、音乐等方面有较高的造诣，能够在专业技术以及创新性上多提宝贵意见；三是软件编程专家，请软件专家检测并提出意见，能够明显提高软件的质量。

无论是用编程环境，还是用创作工具，当完成一个多媒体系统的设计后，一定要进行系统测试。系统测试的工作是烦琐的，测试的目的是发现程序中的错误。测试工作实际从系统制作一开始就可进行，每个模块都要经过单元测试和功能测试。模块连接后要进行总体功能测试。开发周期的每个阶段、每个模块都应经过测试，不断改进。

系统测试完成后，会形成一个可用的版本，便可投入试用，在应用中再不断地清除错误，强化软件的可用性、可靠性及功能。经过一段时间的试用、完善后，可进行商品化包装，以便上市发行。

软件发行后，测试还应继续进行。这些测试应包括可靠性、可维护性、可修改性、效率及可用性等。其中，可靠性是指程序所执行的和所预期的结果一样，而且前一次执行与后一次执行的结果相同；可维护性是指如果其中某一部分有错误发生时，可以容易地将之更改过来；可修改性是指系统可以适应新的环境，随时增减改变其中的功能；效率高则是程序执行时不会占用过多的资源或时间；可用性是指一项产品可以满足用户需求。经过上述应用测试后，再进行用户满意度分析，进而详细整理并消除影响用户满意的因素，完成开发过程。

6.2.6　完成前的工作

一个多媒体作品制作完成前，还必须对此文件打包，生成可执行文件并将数据文件分类管理。还可以借助制作安装程序的软件为多媒体应用软件配备一个安装程序，这样就可以在不同的环境下运行软件了。

与此同时，还需要制作一些使用说明书，以便提高软件作品的可使用性。由于打包后的多媒体软件的容量比较大，另外考虑数据的安全性，应该将成品软件刻录到光盘中保存或发布。打包及存储的简单过程如下：

（1）整理软件

在开发软件的过程中，历经了多次测试和多次修改，不可避免地要产生一些没用的临时文件或垃圾文件，在正式打包之前，应该将这些文件清除，以减少文件容量，提高运行速度。另外，应该将目录规划，分成若干个文件夹来存放，经过这样处理，可以使文件结构更清晰，便于将来查询或更改。有时在软件发布时还必须将程序的原文件删除或加密，以保证自己的知识产权。

为了保证软件的安全，在打包及刻录光盘之前，应进行一下病毒检查，以确保其不携带计算机病毒。

（2）文件打包

在很多制作工具生成的文件中，不能脱离这个创作环境来使用，为了达到通用性，就需要将其打包。所谓打包就是将必须在原开发环境下才能运行的软件进行重新编码，生成可执行的程序文件，这种程序文件的扩展名一般都是 EXE。这样处理之后，打包后的软件就可以在比较宽松的环境下运行了。一般来说，只要软件与操作系统兼容，就能够保证比较正常地运行。

根据开发系统的一般要求，软件中应配备相应的帮助文件。帮助文件一般包含开发系统内容简介、运行的软件与硬件环境、文件的容量、使用说明等，一般采用DOC或TXT格式来完成。

有的开发系统还制作有“setup. exe”安装文件，以方便计算机的初级用户更好地使用，或是在光盘插入后自动运行，这些都必须在光盘刻录前完成。

(3) 刻录光盘

运行光盘刻录软件，将软件所需要的全部程序和相关数据文件，按照在原计算机硬盘上排列的层次和顺序复制到光盘刻录软件窗口的原文件子窗口中。然后，适当地设置刻录参数，就可以执行刻录命令了。

*6.3 多媒体应用系统人机界面设计

随着科技的发展，人们审美观点的提高，我们已不满足那种千篇一律、呆板的计算机单向教学模式，因此人机交互界面应运而生。所谓人机交互界面是指用户与计算机系统的接口进行交互，它是联系用户和计算机硬件、软件的一个综合环境。在多媒体系统中，用户界面的设计是一门艺术，它涉及多个学科的内容。

在一个多媒体应用系统中，良好的人机界面有以下作用。

1. 操作更加方便

不同的背景方式、各种按钮的显示、声音的应用，能使我们更加容易找到操作的方法。

2. 产生更好的视觉效应

通过色彩运用、布局和绘画渲染，使产品具有舒适的色调、醒目的标题、鲜明的个性，以此产生更好的效果，满足人们的视觉神经，因此视觉效应又叫“眼球效应”。现代社会的各行各业非常重视“眼球效应”，为了引起人们足够的重视，往往绞尽脑汁，力图在外观、使用的舒适度、人性化等方面有所突破，以此增加人们的注意力，刺激购买欲望。

3. 内容表达形象化

良好的人机界面不仅美观好看，还应适应人们的生理、心理习惯问题。所谓生理，主要是指人们固有的阅读习惯、聆听习惯、书写习惯等；心理习惯则是指阅读的心态、操作的感觉、对产品的直觉、接受的程度等。

事实上，人们最容易接受和认识的是形象化事物。图 6－3－1 所示的是一组实验数据，表明了人们通过不同的媒介认识事物所需的时间。接受最快的方式是直接观察实物，其次是观看形象化的图像、辨别抽象的图形，最后是文字表达。

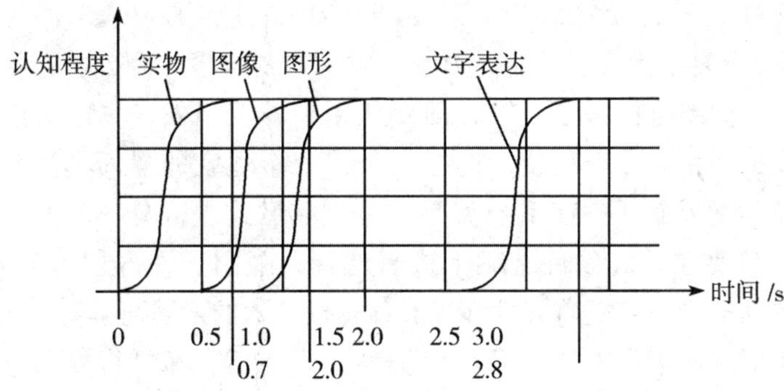

图 6－3－1　人们对不同媒体的认知时间和程度

在人机界面设计中，应尽量采用人们最容易接受的方式来表达必须展示的内容，形象化的表达方式往往以最简单的形式传达最多的信息。

6.3.1　界面设计的过程

在人机界面设计中，首先要进行界面设计分析，即收集有关用户及其应用环境信息之后，进行用户特性分析、用户任务分析等。任务分析中对界面设计要有界面规范说明，选择界面设计类型，并确定设计的主要组成部分。这些工作可与多媒体应用系统结合进行。

由于人机界面是为适合人的需要而建立的，所以要弄清使用该界面的用户类型（是从未用过计算机的外行、初学者，还是熟练操作人员），要了解用户使用系统的频率、用途，并对用户的综合知识和智力进行预先估计。这些均是用户分析中的内容。在此基础上才会产生任务规范说明，进行任务设计。

任务设计应在考虑工作方式及系统环境的支持等因素下进行。任务设计的目的在于重新组织任务规范说明以产生一个更有逻辑性的编排。设计应分别给出人与计算机的活动，使设计者较好地理解设计需要，这是形成系统操作手册和用户指南的基础。

任务设计后，要决定界面类型。目前有多种人机界面设计类型，如问答型（N/Y 之类的问题）、菜单按钮型（按层次组织多选择的逻辑访问通路）、图标型（用图形代表功能）、表格填写型（数据录入中广泛使用的对话类型)、命令语言型（单字命令到复杂语法的命令)、自然语言型等。这些类型各有不同的品质和性能，设计者要了解每种类型的优点和缺点。大多数界面都会使用一种以上的设计类型。对其使用的标准主要考虑使用的难易程度、学习的难易程度、操作速度（完成一个操作时，在操作步序、击键和反应时间等方面的效率)、复杂程度、控制能力及开发的难易程度。因此，选择界面设计类型时要全面考虑。一方面要从用户状况出发，决定对话应提供的支持级别和复杂程度，选择一个或几个适宜的界面类型。另一方面要匹配界面任务和系统需要，对交互形式进行分类。由于界面类型常常要在现有硬件基础上进行选择，限制了许多创新的方法，所以界面类型也将随着硬件环境及计算机技术的发展而丰富。

考虑了以上所有因素及界面类型选定以后，即可将界面分析结果综合成设计决策，进行界面的结构设计与实现。

6.3.2 人机界面设计原则

根据用户心理学和现阶段计算机的特点，人机界面交互的设计可以归纳成以下几项原则。

1. 面向用户的原则

反馈是以面向用户、指导用户，以满足用户使用需求为目标的。屏幕输出的信息是为了使用户获取运行结果，或者是获取系统当前状态，以及指导用户应如何进一步操作计算机系统。所以，在满足用户需要的情况下，首先应使显示的信息量减到最小，绝不显示与用户需要无关的信息，以免增加用户的记忆负担。其次反馈信息应能被用户正确阅读、理解和使用。再次，应使用用户所熟悉的术语来解释程序，帮助用户尽快适应和熟悉系统的环境。最后，系统内部在处理工作时要有提示信息，尽量把主动权让给用户。

2. 一致性原则

一致性原则是指从任务、信息的表达，界面的控制操作等方面与用户熟悉的模式尽量保持一致。如显示相同类型的信息时，在系统运行的不同阶段保持一致的相似方式显示，包括显示风格、布局、位置、所用颜色等。一个界面与用户预想的表现、操作方式越一致，用户就越容易学习、记忆和使用。一致性不仅能减少人的学习负担，还可以通过提供熟悉的模式来增强认识能力，界面设计者的责任就是使界面尽可能地与用户原来的模式一致，若原来没有模型，就应给出一个新系统的清晰结构，并尽可能使用户容易适应。

3. 简洁性原则

界面的信息内容应该准确、简洁，并能给出强调的信息显示。准确，就是要求表达意思明确，不使用意义有二重性的词汇或句子。简洁，就是使用用户习惯的词汇并用尽可能少的文字表达必需的信息。必要时可以使用意义明确的缩写形式，需要强调的信息可以在显示中使用黑体字、加下划线、加大亮度、闪烁、反字及不同颜色来引起用户的注意。

4. 适当性原则

屏幕显示和布局应美观、清楚、合理，改善反馈信息的可阅读性、可理解性，并使用户能快速查找到有用信息，为此要求：

① 显示逻辑顺序应合理。即应该使显示信息有顺序，并在逻辑上和用户习惯或用户思维方式一致。

② 显示内容应恰当，不应过多、过快或使屏幕过分拥挤。如内容显示不下，可采用上下滚动技术。

③ 提供必要的空白。空行及空格会使结构合理，阅读和寻找方便，并使用户的注意力集中在有用的信息上。

④ 一般使用小写或混合大小写形式显示文本，避免用纯大写字方式，因为小写方式的文本容易阅读。

5. 顺序性原则

合理安排信息在屏幕上的显示顺序。信息显示的顺序一般有如下几种方式。

① 按照使用顺序显示信息。

② 按照习惯用法顺序显示信息。

③ 按照信息重要性的顺序显示信息。

④ 以信息的使用频度作为顺序标准，最常使用的在前面显示。

⑤ 按照信息的一般性和专用性确定显示顺序一般性信息先显示。

⑥ 按字母顺序或时间顺序显示。

6. 结构性原则

界面设计应是结构化的，以减少复杂度。结构化应与用户知识结构相兼容，对信息组织的要求是用一种简单的方法只把相关信息提供给用户，不要使用户的记忆负担过重。

7. 合理选择文本和图形

对系统运行结果输出信息，如果是重点，则要对其值做详细分析或获取准确数据，那么应该使用字符、数字式显示，如果要了解今年与前几年的数据总特性或变化趋势，那么使用图形方式更

文字的书写格式在 1955 年 10 月以前均为从右至左纵排，而此后，则要求从左至右横排。而少数民族文字不受其限制。

有效。

8. 使用多窗口

图形和多窗口显示，可以充分利用微机系统的软硬件资源，并在交互输出中大大改善人机界面的输出显示能力。

9. 合理使用色彩

合理使用色彩可以美化人机界面外观，改善人的视觉印象，突出作品的重点，增加作品的感染力，同时加快有用信息的寻找速度，并减少错误。但在实际使用中要避免乱用，过多的颜色会使人产生混乱的感觉。

6.3.3 界面结构的设计与实现

界面的结构设计包括界面对话设计、数据输入界面设计、屏幕设计和控制界面设计等。下面分别讨论。

1. 界面对话设计

人机对话是以任务顺序为基础的，一般遵循如下原则。

① 反馈。随时将系统内部正在做什么的信息告知用户，尤其是当响应时间十分长的情况下。

② 状态。告诉用户正处在系统的什么位置，避免用户在错误环境下进行工作。

③ 脱离。允许用户中止一种操作，并且能脱离该选择，避免用户锁死在不需要的选择中。

④ 默认值。只要能预知答案，尽可能设置默认值，节省用户时间。

⑤ 尽可能简化步序。使用略语或代码来减少击键数。

⑥ 求助。尽可能提供联机在线帮助和学习指导。

⑦ 错误恢复。在用户操作出错时，可返回并重新开始。

此外，媒体设计对话框有许多标准格式供使用。

2. 数据输入面设计

数据输入界面设计的目标是简化用户的工作，降低输入出错率，还要容忍用户的错误。常采用以下多种方法。

① 采用列表选择。对共同输入内容设置默认值，使用代码和缩写，系统自动填入已输入过的内容，如姓名、学号等。

② 使界面具有预见性和一致性。用户应能控制数据输入顺序并使操作明确。

③ 防止用户出错。采用确认输入（只有按下回车键或任意键才

确认）、明确的取消（如用户仅中断输入操作时，已输入的数据并不删除），对删除须再次确认，对致命错误（如无账号等）要警告并退出。

④ 提供反馈。使用户能看到自己已输入的内容，并提示有效的输入回答或数值范围。

⑤ 按用户速度输入和自动格式化。用户应能控制数据输入速度并能进行自动格式化，如不让用户输入多余数据。

3. 屏幕显示设计

计算机屏幕显示的空间有限，如何设计使其发挥最大效用，又使用户感到赏心悦目，可参考如下方法。

（1）布局

屏幕布局因功能不同，考虑的侧重点也不同。如对数字输入界面，可划分为数字输入、命令、出错处理 3 个区域，各功能区要重点突出。对信息展示屏幕则要设计各种媒体信息块的最佳组合和对用户最有效的显示顺序。但无论哪种功能设计，其屏幕设计必须协调，应遵循以下 5 项原则。

① 平衡：注意屏幕上下左右平衡，错落有致，不要堆挤数据。

② 预期：屏上所有对象，如窗口按钮、菜单等处理应一致化，使对象的动作可预期。

③ 经济：努力用最少的数据显示最多的信息。

④ 顺序：对象显示的顺序应依需要排列，不需要先见到的媒体不要提前出现，以防止干扰其他信息的接收。

⑤ 规范化：显示命令、对话及提示行在一个应用系统的设计中尽量统一规范。

（2）文字与用语

① 用语的简洁性。避免用专业术语。尽量用肯定句而不用否定句，用主动语态而不用被动语态。在按钮、功能键标示中应使用描述操作的动词，而避免用名词。

② 格式。一屏文字不要太多，在关键词处进行加粗、变字体、变颜色等处理。尽量用小写字母和易认的字体。

③ 信息内容。显示的信息内容要简洁清楚，采用用户熟悉的简单句子。当内容较多时应以分段或以小窗口分块，以便用户观看、记忆和理解。重要字段可用粗体、彩色和闪烁以强化效果。

（3）颜色的使用

使用颜色应注意如下几点。

① 限制同时显示的颜色数。一般同一画面不宜超过4~5种颜色，可用不同层次及形状来配合颜色，增加变化。

② 动画中活动对象颜色应鲜明，而非活动对象应暗淡。各个对象的颜色应尽量不同。

③ 尽量用常规准则所用的颜色来表示对象的属性，如红色表示警告以引起注意，绿色表示正常、通行等。对字符和一些细节描述当需要强烈的视觉敏感度时，应以黄色或白色显示，背景色用蓝色。使用时，可参考表6-3-1。

表6-3-1　不同的颜色产生不同的联想

颜色	正面的联想	反面的联想
黑色	高贵、庄严、决心	病态、空虚、绝望、邪恶
白色	天真、纯洁、完美、智慧、真理	空白、空虚、幽灵、阴冷
红色	温暖、活力、快乐、幸福、热情	战争、危险、残酷、痛苦
绿色	自然、宁静、生命、朝气、希望	疯狂、道德沦丧
蓝色	天空、海洋、公正、真实、感觉	风暴、疑虑、受伤
黄色	太阳、光芒、直觉、智慧、光亮	叛逆、懦弱、放荡、嫉妒、敌意
橙色	温暖、骄傲、火焰、殷勤	狠毒
棕色	地球、土壤、肥沃	贫穷、荒凉
金色	太阳、威严、诚实、财富、荣耀	贪婪、自私、偶像崇拜
银色	月亮、纯洁	幽灵
灰色	成熟、辨别、自制	沮丧、冷漠、死板、悲伤
紫色	力量、高贵、忠诚、耐心	悔恨、悲伤

（4）控制界面设计

人机交互控制界面遵循的原则是：为用户提供尽可能大的控制权，使其易于访问系统的设备，易于进行人机对话。控制界面设计的主要任务如下：

① 控制会话设计。每次只有一个提问，以免使用户短期记忆负担增加。对于几个相关联的问题，应重新显示前一个回答，以免短期记忆带来错误。还要注意保持提问序列的一致性。

② 菜单界面设计。各级菜单中的选项，应既可用字母快捷键应

答，还可用鼠标按键定位选择。在各级菜单结构中，除将功能项与可选项正确分组外，还要对用户导航做出安排，如菜单级别及正在访问的子系统状态应在屏幕顶部显示。利用回溯工具改进菜单路径跟踪，使用户能回到上页菜单的选项等。另外，在各级菜单的深度（多少级菜单）和宽度（每级菜单有多少选择项）设置方面要进行权衡。

③ 图标设计。图标被用来表示对象和命令，其优点是形象直观。但随着概念的抽象，图标表达能力减弱，并有含义不明确的问题。

*6.4 多媒体应用系统的种类

本节中，我们主要介绍多媒体应用系统在教育、电子出版、多媒体数据库等方面的应用。

6.4.1 多媒体教学课件

在多媒体应用系统中，多媒体教学是应用较多、较广泛的，多媒体教学是现代教育技术的一个重要方向，它从根本上影响与改变了传统的教学活动方式，使之更加高效率、效果更好，是各级各类学校大力发展的一个应用方面。

CAI，是利用计算机帮助教师进行教学活动的一个广阔的领域，在多媒体计算机日益普及的今天，多媒体 CAI 以其友好的界面、灵活的交互方式而深得广大教师与学生的喜爱。

目前在多媒体技术浪潮的冲击下，以教师主讲、学生复述以及分离的实验室为主要构成的传统模式正在受到冲击，许多学校已开始使用现代教育技术来指导学生们的学习过程。重新设计学生要达到的目标及形式，而不是试图让多媒体去适应传统的教育和课堂形式。实践证明，多媒体的巨大作用能给人们的学习带来很多益处，不容置疑，未来的教育一定是与多媒体教学联系在一起的。

1. 多媒体 CAI 的特点

（1）教学信息显示的多媒体化

像计算机类课程很适合采用多媒体课件进行教学。

多媒体 CAI 不仅可以利用文字、图形的方式，而且可以通过动态和静态图像、动画、声音等多种形式来展示教学的内容。利用这种优势，加强表现效果，可以激发学习者的学习热情，也可以创造多样化的情形，使其获得生动形象的素材，体现教学内容，使得教学在内容与表现手法上都较为丰富和新颖，从而加速理解和接受知识信息的过程，可以提高教学的效率与质量。

(2) 教学内容组织的超文本结构形式

这种方式可以为教师提供多样化的教学方案，也为学生提供了多种掌握知识的途径，使学生从不同的角度去认识事物。

(3) 教学过程的交互性

丰富的图形动画功能，真实的图像画面，引人入胜的音乐与配音，多种多样的表现手段，多种媒体对象的合成表现改变了传统 CAI 相对死板的教学方式，各媒体对象的适时表现改善了学习气氛，激发了学生学习的兴趣，调动其主动参与学习的积极性。

(4) 可大大提高教学信息的容量

在多媒体教学过程中，采用多媒体显示文本、图像，可大大减少传统板书所花的时间，可加快教学进度，同时，课件可用于课后教学，通过光盘与网络，能够为学习者提供大量的学习材料，学生可以通过光盘学会如何获取信息、探究信息，建构自己的知识结构，培养自学能力。

(5) 有利于教学信息传输的网络化

通过计算机网络，如多媒体网络教室、校园网络和远程计算机网，为学习者提供多种学习资源。

2. 多媒体教学软件的几种模式

多媒体教学之所以具有与传统教学方式无法比拟的优点，是因为它具有相应的丰富多彩的教学软件。多媒体教学软件有下列几种基本模式。

(1) 课堂演示模式

这种模式的教学软件我们称之为电子教案，它是为了解决某一学科的教学重点与教学难点将教学内容以多媒体的形式，采用多媒体演示进行教学，形象、生动，特别是对于计算机操作类课程的讲解十分方便与直观。

(2) 个别交互学习模式

在这种模式中，教学软件扮演的是教师的角色，从教学软件中可根据学生的学习情况进行多方位的交互，从多方面进行个别化教学活动，使其教学效果达到最佳。这类软件的内容包括有自然科学、外语、语文、音乐、政治、历史、地理、计算机等方面，不仅提供有文字、图形、图像，还有语音解说、背景音乐等。

这类软件文、图、声并茂，具有良好的视觉与听觉效果。学生可根据个人需要，不受时间与空间的限制，分别系统、逐步深入地学习。特别是这种方式结合网络可大大提高其应用领域，同时在软件中还可提供多种形式的练习题与测试题。

(3) 课后复习模式

这种模式作为课堂教学的补充，主要是让学生在课余时间能通过问题的形式来训练和强化某部分的知识，也可对课堂中的教学内容进行自我检查。

（4）资料工具模式

这种模式的软件只提供某类教学资料或某种教学功能，并不反映具体的教学过程。在教学中可能涉及多个方面的内容，这就需要课后查阅相关资料，它除了有传统的百科全书的内容之外，还可提供字典和地图的查询功能，并同时提供大量的图形、图片、动画、视频和语音解说来说明。这类软件主要是通过查询检索方式提供资料的。查询检索方式有很多种，包括按关键字、字母名称、学科类别、媒体类型（图像、动画、声音）、时间顺序等。因此，它十分适用于多媒体资料的演示。

这类软件有：各种电子工具书、电子字典以及各类语音库、图形库和动画库等。

3. 多媒体教学软件的分类

多媒体计算机教学软件根据内容可分为以下几种类型。

（1）娱乐学习类

在多媒体教育软件中，以少年儿童为对象的娱乐学习软件最为丰富。

（2）语言类

学习者可通过多媒体提供的声音、文字、图形及图像等来学习本国或外国语言，具有多重效果，并具有向前、向后、加快、减慢随意控制的功能。这类软件充分注意到了学习者的能力及速度，效果不错。

（3）自然科学类

这类产品主要是通过多媒体来展示真实的照片、影片及声音等数据。因此，它被视为各种多媒体节目中最具潜力的一项。另外，学习者也可以用多媒体的绘图工具与 3D 动画来制作各种辅助性的图表、模型、分段式的呈现及动画模拟等。在自然科学教育上，多媒体有极大的开发潜力与空间。

（4）文学类

将文学名著转化为光盘片并增加图画、声音、影片等效果，可使小说更增趣味。例如，在侦探故事当中加上一些现场的图画、照片及声音会使剧情更加具有悬念，这是多媒体带给文学的一项新的尝试。另外，这类软件可以提供导读与查寻的功能，使读者前后连贯地深入了解故事内容。

(5) 历史类

在对历史事件回忆中，如果全部采用以文字或插图来描述，将可能不能尽其详情，无法展示过去的年代与事件。而多媒体以时间轴为线索的方式将历史事件一一联系在时间轴上，以图片、声音、录像等方式，使后人好像身处过去的各种历史事件中，获得更完整丰富的信息。

6.4.2 多媒体电子出版物

多媒体电子出版物是计算机技术、多媒体技术、大容量光盘存储技术以及网络技术等诸多技术领域综合发展的产物。电子出版物具有传统媒体无法替代的优点，它具有存储信息量大、交互性强、图文声并茂、易于交流与携带、利于共享等特点，因而发展迅速，可作为常规出版物的补充，甚至替代品。

目前，电子出版物从形式、种类、内容、规模和技术各方面都发展迅速，为信息的处理与传播提供了最有力的支持。

《电子出版物出版管理规定》为中华人民共和国新闻出版总署发布，自1998年1月1日起施行。

多媒体电子出版物是把多媒体信息经过精心组织、编辑及存储在一张光盘上或网络服务器中的一种电子信息载体。与传统媒介相比，电子出版物具有以下几个特点。

① 丰富的多媒体信息表现。电子出版物可以表现传统出版物中所无法表现的动态多媒体信息，如音频、视频、声音、动画等。

② 容量大、体积小。一张CD-ROM可存放20多卷的百科全书，或1~2年每天数十个版面的报纸。体积小，收藏管理方便。

③ 交互能力与检索查询。借助于超文本技术和计算机的交互处理能力，可以对信息进行有效的组织，因而能方便快速地检索查询所需内容，还可以将光盘中的内容进行复制或打印。

④ 制作高效、出版迅速。电子出版物的整个制作过程都借助于计算机完成，处理方便，速度快，效率高，手工加工环节少，因而出版速度快，周期短。

⑤ 成本低，节省能源。以单位信息量计算，电子出版物比纸质出版物的加工成本少得多，耗用资源少，且发行速度快。

电子出版物在载体形式上主要可分为光盘出版物和网络出版物。光盘出版物现在已得到普遍发展，是电子出版物的主要形式。而网络出版物则是近年来兴起的一种新的出版形式，其涉及的技术、产品制作、发行应用等都还是较新的课题。

从内容和应用领域上分，电子出版物大体可分为电子图书、电子期刊、电子新闻报纸、电子公文或文献、电子图画和电子声像制品等。根据出版物的内容来分，主要有以下几种。

1. 多媒体电子图书

多媒体电子图书主要包括电子字典、百科全书、经典著作及参考书籍等。这些图书的数据本来就非常庞大，内容非常丰富。多媒体电子图书除了具有庞大的存储量外，还可在其间添加不同形式的数据，如声音、照片与影片等。查找传统的参考书籍是一项颇为累人的事，现在用多媒体光盘来协助查寻既快速又准确。以下分别对字典、百科全书、经典著作及参考书籍等分类加以介绍。

（1）字典类

字典所提供的功能除了查出字的拼法、音标及字义外，还可以查找相关字。在多媒体字典中，除了可以协助查找字的本意外，还可以提供该字的读法及含有该字在内的整个句子的读法。除此之外，还可以提供动画与真实照片，且通过多媒体技术，可在相关字上直接跳转到相应的画面上去，可使读者通过查找相关字而对该字的相关知识了解得更为深入透彻。

（2）百科全书类

百科全书与字典类似，只不过它在提供某一个“字”或“词”的所含本意之外，还加了许多与它相关的数据，使该字或词与所有相关的知识结合在一起，成为一个完整的知识单元。百科全书提供对事物或物品详尽的描述，也提供图表说明、附加照片等数据。多媒体除可以提供以上各项数据以外，再加上声音、影片，使原本信息就很丰富的百科全书更增色彩与内容。

（3）经典著作类

例如，《大不列颠百科全书》是一部世界闻名的经典性著作，该书收藏甚丰，包括天文、地理、文学、艺术、人文、社会、科技、军事、经济、贸易等。《大不列颠百科全书》的内容与章节很多，所经历的年代也很久远，一般阅读《大不列颠百科全书》的人都会有前后引证、互相贯通的需要。因此，若可以提供快速查找功能就可以加强阅读的效果，如再配合照片与声音则更可增加效果。

（4）参考书籍类

查阅参考书籍以便进一步去寻找商品，或找到杂志期刊的目录，也是多媒体光盘数据库的特长，当然若能加入图片及动画数据，必定会比只有文字的资料更受人欢迎。这方面作品以《吉尼斯世界纪录大全》为代表。

2. 地图与旅游

以电影或纪录片为基础，加上许多文字、动画、地图等资料制作出来的反映各地自然风光、文化与习俗的多媒体资料很受欢迎。与电影、电视节目不同，此类多媒体资料允许由用户来控制选择参观的地方（如国家、城市）与参观的速度，再加上提供交通、住宿的相关信息，因此具有导游的功能，是旅行社很有用的辅助工具。这方面的节目可以大略分成地图与旅游两大类。

（1）地图类

地图可以是全国范围的，也可以是某省或城市的街道。利用多媒体，可以使地图的查找更为方便，只要输入地名或街道名，系统会自动显示该地区或街道的位置，还可以配合按键，形成另一个画面，来获取该地区的人口、市容、面积、气候等信息。

（2）旅游类

以多媒体来介绍旅游名胜的风光、文物与习俗是非常好的构想。因为多媒体可以加入文字或图片以外的影片、照片及音乐等资料，达到身临其境的效果。这种旅游的多媒体产品可供旅行社或交通、观光、研究等单位用于吸引游客及实地勘察记录等使用，也可用来当作个人消遣或增长见闻的学习材料。

3. 家庭应用

在家庭中只要有一台多媒体计算机，便可以利用多媒体光盘，欣赏到许多以往在电视电影及画报上看不到的东西，还可以获取多种多样的信息，从而增长知识。立足于家庭应用的多媒体光盘主要包括医药与娱乐两类。

（1）医药类

在家庭中，对小伤口的处理或家人身体有些不适时，做一些最基本的诊断与护理是非常必要的，因此家用护理箱与多媒体护理医疗的多媒体系统光盘便可成为家庭咨询与护理的必备工具。

（2）娱乐类

一家人在一起除了共同生活起居外，能够有共同的乐趣并一起娱乐是非常好的事情。因此，通过使用多媒体光盘来做游戏、讲故事及观赏电影等，可以充实家庭生活的情趣，也是多媒体应用的重要市场之一。这方面以各种 3D 游戏最为典型。

4. 商业应用

多媒体应用也可以成为商业场上的利器。因为企业经营讲求效率，商家要充分把握时机，及时以最强而有力的方式来推销产品，吸引顾客或给予顾客咨询及沟通的机会。多媒体可以充分发挥它的特长，协助商家来训练员工，以最经济有效的方法给员工实施在职教育。也可利用多媒体来展示商品，以多变化、新颖化来吸引顾客。另外，还可以提供顾客查询和自动答询的信息渠道。

（1）员工培训

传统的员工培训是讲师和员工在同一时间、同一间教室里实施。这种方法成本相当高，而且缺乏效率。多媒体技术可以提供一个不错的替代方案，它可将员工培训及工作成效密切地结合在一起。因为多媒体生动的教材交互的特性，员工比较乐意学习，效率也会较高，员工通过使用多媒体去学习基本操作方法或学习一项新技术，都较传统的方法经济有效。

（2）商品介绍

以往商品以专人在商店里为顾客介绍为主，也可以用录像带放映供顾客观赏。前者可能需要相当大的人力投资，后者却只是单向的沟通，两者均非最佳的商品介绍方法。现在已有越来越多的商品利用多媒体进行介绍，顾客可以通过计算机观赏商品的介绍，也可以利用多媒体的按钮来选择所需了解的信息与问题，如此便成了双向的沟通。除增强了说服力外，也满足了顾客交互操作的需要。

（3）查询服务与浏览

近来，百货公司有向功能完备、货品齐全的方向发展的趋势。如果某一个顾客希望快速查找某一个部门或某一个商品的位置，就要到服务台去查问，很不方便。若能提供一套可以自由使用的多媒体查询系统或商场导购系统，顾客便可以很轻松地查阅该货品的部门与位置等信息，同时也节省了许多人力。

（4）商品广告

由于计算机的应用日益普及，很多商家把他们的产品做成广告光盘送给客户进行宣传。这些光盘中往往配有声音、图像、动画，甚至具有产品功能的模拟和仿真程序，用来吸引顾客。在商业中，运用广告光盘进行宣传已相当普及。

*6.5　版权保护

在制作多媒体应用系统中，我们要用到大量的素材资源。在这些素材中，除了要自己创作一些素材以外，可能还要引用大量别人创作的素材，尤其是在今天互联网络普及的形势下，给我们准备素材带来了极大的方便。我们应如何合理合法地利用这些素材资源呢?

6.5.1 版权的基本概念

今天互联网的发展与普及，改变了我们的工作与生活的方式，人类获取信息的手段越来越多，这些信息可以迅速传递、变换，具有能动性、无损耗性和增值性，在生活中发挥着越来越重要的作用。

各种电子出版物和因特网，给人们直接利用各种资源提供了极大便利，简单的复制、粘贴就能完成。然而，现代社会也是一个市场化的社会，人们在考虑某种事物社会效益的同时，也不得不考虑其经济效益，否则也不会推动信息技术的进一步发展。所以，利用信息资源必须遵循一定的原则和法规。

版权由多种不同的权利构成，在不同的国家关于版权的规定也有所不同。在《保护版权伯尔尼公约》和一些国家的法律条文中，都对版权的组成部分做过分析，其中有两项是相关法律都具有的成分，即道德权利利和经济权利。道德权利涉及是否尊重作者权利，经济权利则主要是指复制权、公开发行权和适当修改权等。可以看出，电子版权管理应更多考虑经济因素。在涉及经济因素时，“合理使用”与“合理处理”往往被限制在一个有限的范围。特别是向公众播放的信息，要考虑的版权问题更多。

互联网信息资源十分丰富，它主要包括两大类信息：一类是随意共享的公众信息，另一类是受到版权保护的作品。由于互联网是一个极为松散的组织体系，它没有专门的机构对其进行集中管理和统一规划，其特点是自由连接、自由发布信息、自由扩展、自由增加新的服务方式和服务内容。因此，人们首先想到的是互联网信息资源共享，而对于该信息是不是受到版权保护则是许多人不愿意设想的问题。然而，作为信息用户，尊重版权人的劳动和劳动成果是十分必要的。况且，信息用户的劳动成果或许也会转化为受到版权保护的信息，也渴望得到人们的尊重。

版权保护的目的并不只是回报作者们的劳动，而是促进科学和艺术的繁荣与进步。

版权法一方面保障作者们对他们的创造成果所拥有的权利，另一方面也鼓励其他人不受限制地在此著作所表达的思想基础上进行再创作。

6.5.2 版权问题的注意事项

依据我国著作权法的有关条款，在多媒体开发中应注意以下问题。

① 素材应尽量使用自己创作的作品，即人们常说的“原创作品”。如果需要采纳其他作者的作品，应通过合法手段，支付相应的报酬，在得到授权的情况下合法使用。

② 尽量避免使用在版权归属方面有争议的素材。

③ 整体设计不要与已知的多媒体系统雷同，包括系统中英文名称、界面风格等容易造成误解的内容。

④ 避免在未经著作权人同意的情况下，发表、修改、翻译、复制、注解和发行著作权人的作品。并且，若未经著作权人同意，展示复制品也是违法的。

⑤ 若多媒体产品是多人合作开发的，不要当作自己的作品发表或实施商业行为。

⑥ 自己开发的产品一旦制作完成，即享有著作权，若发现他人在未经过允许的情况下使用或贩卖，应运用法律武器予以制止和惩罚。

由于多媒体产品的素材采集范围比较广泛、形式多样化、工具软件种类繁多，因此，要谨慎、认真地对待版权问题。如素材是否经过授权，制作工具软件是否合法，版权授权是否在有效期内等，都必须进行认真的调查和核实，千万不能掉以轻心。

由于多媒体产品的开发周期较长，而且经济投入和精力投入都很大，因而盗版所造成的损失也比较大。因此，应加强版权保护意识，同时为了保护自己的合法权益，应做好以下几项工作，以尽量避免损失。

① 妥善保管多媒体产品，减少被盗版的机会。

② 利用工具软件，为产品增加密码保护。

③ 制作光盘、包装的防伪标记。

④ 在软件系统中插入标识码。

⑤ 光盘加密处理，防止非法复制。

⑥ 加强版权意识，对有必要的作品，申请专利等进行保护。

思考与练习

一、填空题

1. 多媒体程序设计的制作过程中，一般可分为用户分析与确定选题、编写脚本、采集素材、加工素材、制作作品、________等几个步骤。

2. ________是设计和制作多媒体应用软件的基础，是设计多媒体应用软件的一个重头戏。

3. 应用软件脚本一般有两种类型，一种是交互型，另一种是________。

4. 素材制作是各种________的制作。

5. 许多多媒体、超媒体创作工具，实际上是对已加工好的素材进行最后的处理与合成，即是________。

6. 一个多媒体作品制作完成前，还必须首先对此文件________。

7. 根据开发系统的一般要求，都要求有相应的帮助文件，此文件一般采用________格式来完成。

8. 所谓人机界面指用户与计算机系统的接口，它是联系用户和计算机硬件、软件的一个________。

9. 界面的结构设计包括界面对话设计、数据输入界面设计、__________和控制界面设计等。

10. 在多媒体应用系统中，________是应用较多、较广泛的。

二、选择题

1. 下列（　　）是目前常用的人机交互方式。

A. 菜单方式　　　　B. 命令语言

C. 自然语言　　　　D. 虚拟现实方式

2. 在计算机输出显示中使用颜色的优点有（　　）。

A. 用于强调屏幕上的信息格式和内容

B. 把用户注意力吸引到重要信息上

C. 颜色可用来对信息分类，便于区分

D. 彩色显示可改善人的视觉印象，增强兴趣，减少疲劳

3. 多媒体教学软件包含（　　）。

A. 课堂演示模式　　　　B. 个别化交互模式

C. 操练复习模式　　　　D. 资料工具模式

4. 下列说法中符合光盘出版物的描述的是（　　）。

A. 电子出版物存储容量大，一张光盘可以存储几百本长篇小说

B. 电子出版物媒体种类多，可以集成文本、图像、声音、视频等多媒体信息

C. 电子出版物不能长期保存

D. 电子出版物检索迅速

5. 在一个多媒体应用系统中，良好的人机界面具有（　　）的作用。

A. 操作更加方便　　　　B. 产生好的视觉效应

C. 节省空间　　　　D. 内容表达形象化

6. 合理使用颜色可以美化人机界面，表示警告应用（　　）。

A. 黄　　B. 绿　　C. 红　　D. 蓝

7. 常用的软件调试方法有（　　）。

A. 自己测试法　　B. 用户测试法

C. 专家测试法　　D. 社会调查法

8. 电子教案的制作宜采用（　　）制作工具软件。

A. Authorware　B. PowerPoint　C. Flash　D. FrontPage

9. 多媒体应用系统制作任务可分为（　　）。

A. 素材制作　B. 编程制作　C. 集成制作　D. 菜单制作

10. 对于版权问题的描述，下列叙述中错误的是（　　）。

A. 版权包括道德权和经济权

B. 素材制作过程中尽量使用自己的素材

C. 可以任意复制展示互联网上的作品

D. 对必要的作品申请专利进行保护

三、简答题

1. 媒体应用系统与其他应用系统相比有什么特点?
2. 简述编写脚本的重要性。
3. 多媒体教学模式有几种? 各有何特点?
4. 人机界面的设计原则有哪些?
5. 使用颜色时应注意哪些问题?
6. 多媒体 CAI 有哪些特点?
7. 多媒体计算机教学软件从内容上可分为哪几种类型?
8. 与传统媒介相比，电子出版物有何特点?
9. 电子出版物大体可分为哪些?
10. 依据我国著作权法的有关规定，在多媒体开发中应注意哪些问题?

第❸篇

多媒体制作工具Authorware

第 7 章　多媒体创作软件 Authorware

学习目标

通过本章的学习，掌握多媒体创作软件 Authorware 7.0 的基本操作。

本章要点

- 初步了解 Authorware。
- 熟悉 Authorware 工作界面。
- 熟练掌握 Authorware 各图标的使用。
- 运用 Authorware 制作多媒体程序。

Authorware 是美国 Macromedia 公司推出的多媒体开发软件，是深受广大计算机用户和专业开发人员欢迎的最流行的多媒体创作工具。

作为一款优秀的多媒体制作软件，Authorware 已成为众多多媒体创作者的首选工具。除了它本身具有操作简单、易学易用的因素外，另外一个不可忽视的方面就是它能在绝大多数的操作系统（像 Windows 95/98、Windows NT、Windows 2000、Windows XP、Macintosh 等）下稳定运行，对计算机硬件与软件要求较低。

现在多媒体的制作推翻了过去必须依赖专业程序设计人员的旧观念。以 Macromedia 公司的 Authorware、Director 为代表，它们最大的特色是代替了令非计算机专业设计人员望而生畏的编程语言，而采用了人性化的方式，如 Authorware 就属于流程线式制作，设计方式符合人类思维习惯。

7.1　熟悉 Authorware 基础知识

“欲先善其事，必先利其器”，我们要想使用 Authorware 多媒体设计平台创作出丰富、生动的多媒体作品，首先必须对 Authorware 多媒体设计平台的界面、组织方法、各命令的含义和使用等内容有一个较全面、深入的了解。

通过这一章节内容的学习，读者可以熟悉 Authorware 窗口的结构、了解各命令和工具栏的含义和作用。对本书中 Authorware 的各种设计按钮及功能按钮的命名等有一个大致了解，为后续的学习打下一个良好的基础。

可视化的媒体集成制作软件沿袭了 Windows 的传统，以人性化界面取代程序语言部分，流程式的制作方式使初学者更容易上手，只要根据我们的思维的走向，配合各种图标的使用，就能制作出一个精美的多媒体作品。

Authorware 为设计者提供了直观的图标流程控制界面，利用流程线上的图标的逻辑布局来反映程序设计者的思维走向，实现整个应用系统的制作，采用鼠标进行操作，从而取代复杂的编程语言，并配合灵活方便的菜单指令使多媒体制作更加容易。

7.1.1 Authorware 软件介绍

Authorware 是一款优秀的交互式多媒体编程工具。它广泛地应用于多媒体教学和商业等领域，目前大多数多媒体教学光盘都是用 Authorware 开发的。而商业领域的新产品介绍、模拟产品的实际操作工程、设备演示等，也很多采用 Authorware 来开发，取得了良好的企业形象和市场宣传效果。用 Authorware 制作多媒体的思路非常简单，它直接采用面向对象的流程线设计，通过流程线的箭头指向就能了解程序的具体执行过程。Authorware 能够使不具备高级语言编程经验的用户迅速掌握，并能创作出高水平的多媒体作品，因而成为多媒体创作首选的工具软件之一。

用 Authorware 进行多媒体创作，入门容易，创作出来的作品效果好，而且图、文、声、像俱全，最适合于多媒体创作的初学者使用。Authorware 主要具有以下特点。

（1）简单的面向对象的流程线设计

用 Authorware 制作多媒体应用程序，只需在窗口式界面中按一定的顺序组合图标，不需要冗长的程序编码，程序的结构紧凑，逻辑性强，便于组织管理。组成 Authorware 多媒体应用程序的基本单元是图标，图标内容直接面向最终用户。每个图标代表一个基本演示内容，如文本、动画、图片、声音、视频等，要载入外部图、文、声、像、动画，只需在相应图标中载入，完成对话框设置即可。

（2）图形化程序结构

应用程序由图形化的流程线和图标组成。构成应用程序时只需将图标用鼠标拖放到流程线上，在主流程线上还可以进行分支，形成支流线，程序流向均由箭头指明，程序结构、流向一目了然。

（3）交互能力强

Authorware 预留有按钮、热区、热键等交互作用响应。程序设计只需选定交互作用方式，完成对话框设置即可。程序运行时，可通过人机交互对程序的流程进行控制。

（4）程序的调试和修改直观

程序运行时可逐步跟踪程序运行和程序的流向。程序调试运行中若想修改某个对象，只需双击该对象，系统立即停止程序运行，自动打开编辑窗口并给出该对象的设置和编辑工具，修改完毕后关闭编辑窗口可继续运行。

(5) 编译输出应用广泛

调试完毕后，即可将程序打包成可执行文件，生成的可执行文件可脱离 Authorware 在 Windows 98、Windows 2000 和 Windows XP 环境中运行。

在多媒体刚刚走上历史舞台时，人们过多地依靠复杂程序和大量代码来实现多媒体演示，这对一般的用户来说是可望而不可即的。在解决这个问题上，Macromedia 公司开辟了多媒体创作的新天地，成功地开发了 Authorware。由于它采用最直接的流程线设计方式，用户可以像搭积木一样在设计窗口中组建流程线，在组建过程中，它采用基于图标的编辑方式，所有的程序框架可以简单地使用图标来完成，然后在图标中集成图像、文字、音乐、动画、视频等素材，同时，辅以变量和函数进行程序控制，最终合成一部完整的多媒体作品。

这种大众化的编程方式使 Authorware 很快就在多媒体界赢得了市场，随着时间的发展，Macromedia 公司不断对其进行更新换代。Authorware先后经历了 1.0，2.0，3.*x*，4.*x*，5.*x* 版本，直至目前的 7.*x* 版。同以前的版本相比，Authorware 7.*x* 增强了交互功能，新添了大量的系统函数和变量，演化出新的模块—智能对象等。软件功能的纵向扩展，使得初级、中级、高级用户使用都非常方便。

Authorware 是集成多媒体素材的多媒体制作软件。它采用多媒体管理机制，支持多种文件格式，提供图文显示和声音播放，可实现多种类型的动画位移，播放多种格式的外部动画文件和视频文件，利用这些功能可以制作出高质量的作品。

7.1.2　Authorware 软件安装与启动

同大多数 Windows 安装程序一样，Authorware 7.0 的安装程序具有良好的用户界面。如果读者从前已经熟悉了 Windows 应用程序的安装方法或者从前安装过 Authorware 的前期版本5.0 或6.0，可以跳过本节，进入本书后面的学习。对于不太熟悉 Windows 安装过程或者是第一次接触 Authorware 的读者，本节将帮助你顺利地完成 Authorware 7.0 的安装和启动。

① 在安装光盘上找到 Authorware 所在的目录和 Authorware 所在目录下的“Setup. exe”安装文件，双击执行该安装文件，开始 Authorware 的安装过程，如图 7－1－1 所示。

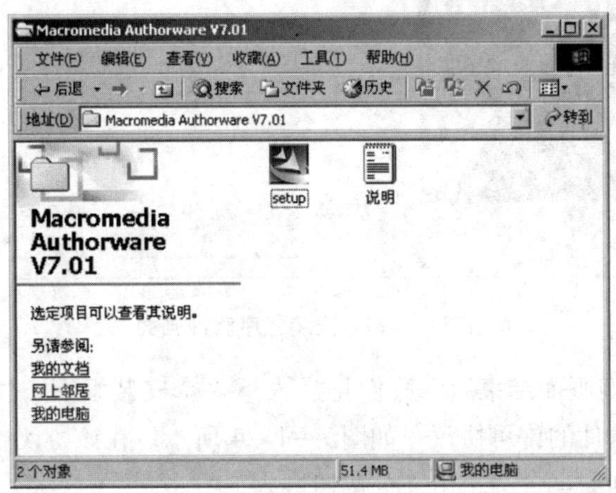

图 7－1－1　启动安装程序

② 启动 Authorware 安装程序后，系统首先装载安装向导程序，向导程序的作用是引导用户逐步完成设定，顺利完成 Authorware 的安装。装载安装向导程序大约需要十几秒时间。

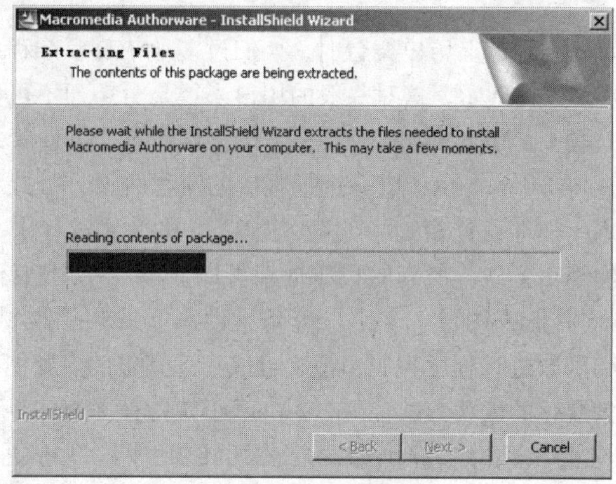

图 7－1－2　装载安装向导程序

③ 装载 Authorware 安装向导程序后，读者可以在屏幕上看到 Authorware 的安装欢迎画面，如图 7－1－3 所示。单击 Next 按钮。

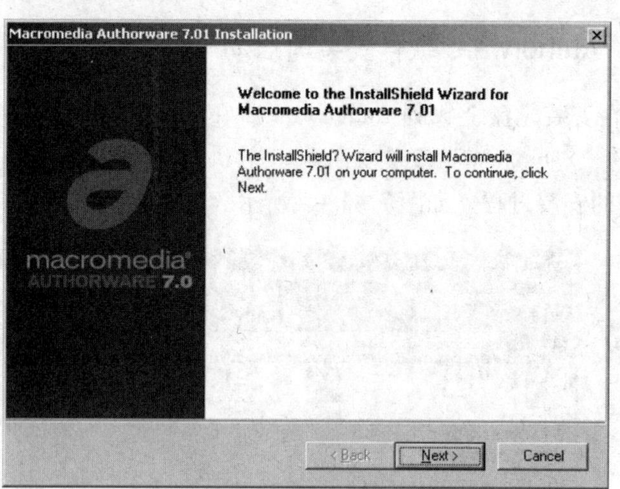

图 7－1－3　安装程序欢迎画面

④ 欢迎画面结束后，我们将进入下一个安装画面，该安装画面是关于该软件的许可协议，如图 7－1－4 所示。在该协议中，说明了用户的权利和义务。单击 Yes 按钮进入下一步。

⑤ 单击如图 7－1－5 中的 Next 按钮按默认路径安装。在下面的

安装画面中，我们可以使用 Back 按钮返回上一步的安装画面，使用 Next 按钮继续下一步的安装过程。

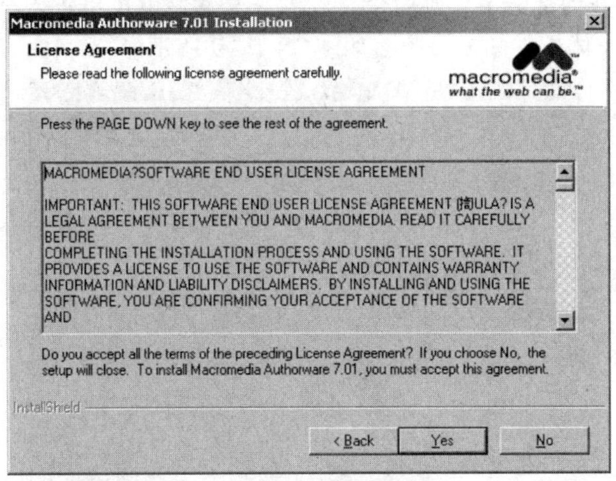

图 7-1-4　安装许可协议

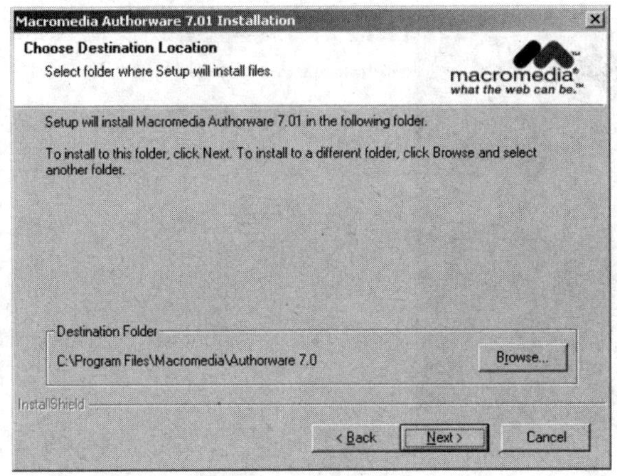

图 7-1-5　选择安装目录

⑥ 电脑将文件自动复制到系统中，在安装程序复制文件的过程中，使用状态条来显示安装所进行的程度，并在屏幕上显示所复制文件的相关信息，如图 7-1-6 所示。

读者在安装过程中，可以随时单击 Cancel 按钮来结束软件的安装。最后是安装的结束画面，如图 7-1-7 所示。

如果不希望读取 Authorware 的自述文件（英文版本），单击鼠标将画面左边的选择框置空即可。单击 Finish 按钮，结束安装。可以使用 Windows 的"开始"菜单来打开 Authorware，默认操作路径如

Authorware 默认的文件夹是"Macromedia Authorware"，如果读者希望建立自己的文件夹，方法如下：

（1）读者可以通过对话框中的滚动条来选择合适的文件夹。

（2）读者还可以在 Destination Folder 文本框中输入自己希望建立的文件夹。

提示：

文件安装时间的长短和读者所使用的计算机系统有关。

为了方便以后工作，更加方便地打开 Authorware，可以发送快捷方式到桌面上。

图7－1－8所示。

进入 Authorware 时，在屏幕上会显示有关欢迎画面，用鼠标单击画面上的任何部分，该画面会立刻消失。然后就可以进入 Authorware 7.0 的多媒体软件的窗口中，如图 7－1－9 所示。

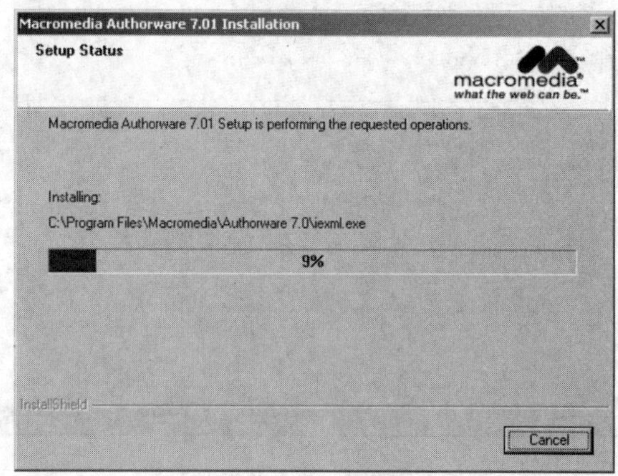

图 7－1－6　文件复制画面

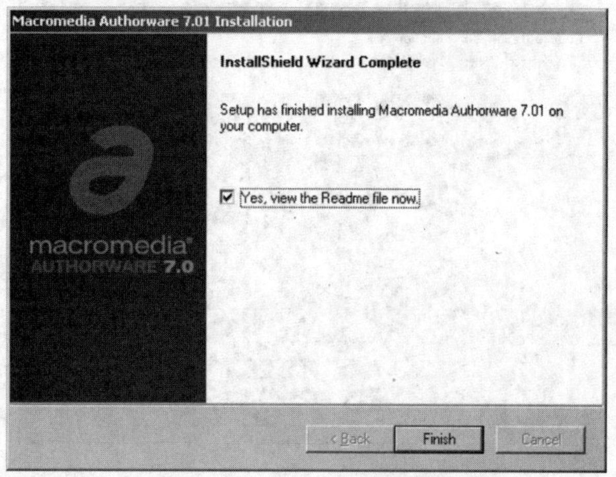

图 7－1－7　安装结束画面

图 7－1－8　启动 Authorware 的操作路径

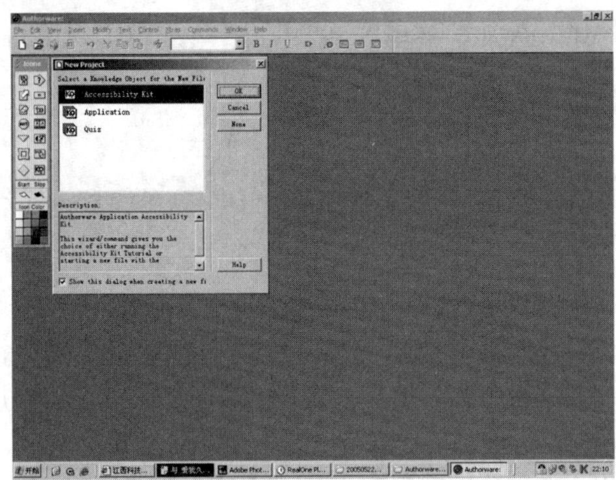

图 7－1－9　窗口结构

在这里，通常不是单击默认的选项 OK，而是单击选项 Cancel。这一点在后面的章节中还会详细说明。最后进入 Authorware 操作界面，如图7－1－10所示。

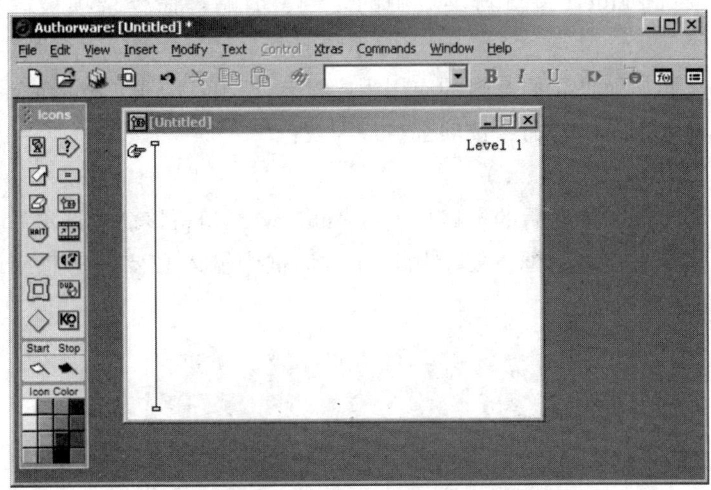

图 7－1－10　编辑窗口结构

第一次进入 Authorware 后，读者可能会被那一排排的设计按钮和设计窗口所吃惊，而不知道如何进行操作。这并不难，只要掌握了它们的使用方法，就可以自如地运用这些令人眼花缭乱的设计按钮和命令，完成复杂的多媒体设计任务了。

7.1.3 Authorware 菜单栏

1. 菜单栏

图 7－1－11 所示为 Authorware 的菜单栏。

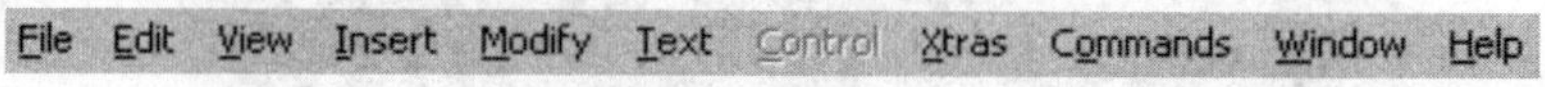

File Edit View Insert Modify Text Control Xtras Commands Window Help

图 7－1－11 菜单栏

经常使用其他编程软件的读者知道，高效地使用一个软件的最好的方式是使用软件的快捷键。在 Authorware 的使用中，我们同样可以使用快捷键来提高工作效率。在下面的内容中，我们简单介绍 Authorware 各菜单选项的用途和快捷键。

对于 Authorware 菜单栏中各菜单选项中各命令的实际含义和具体的使用方法，我们将在实例的学习中逐一进行了解学习，在这里不再详细介绍各选项命令的使用方法，而是简单介绍它们的用途，使我们对 Authorware 的菜单栏有一个简单的了解。

在使用 Authorware 菜单时，有一些标识特殊含义的标记符希望读者注意。

(1) 命令名被置灰色

表示该命令不可用，命令名被设置为灰色的原因非常多。

例如：如果我们没有在设计窗口中选择要编辑的对象，则 Authorware 的 Edit（编辑）菜单中的复制、剪贴等命令选项被设置为灰色。

又如：如果我们编辑的应用程序没有使用库，则在 Authorware 菜单中显示库窗口的命令选项都被置为灰色。

(2) 省略号（...）

菜单命令选项后的省略号表示 Authorware 执行该命令选项后，程序会弹出一个对话框，要求用户在对话框中输入必要的信息或设置具体选项。

New
Open
Close
Save Ctrl+S
Save As...
Save And Compact...
Save All Ctrl+Shift+S

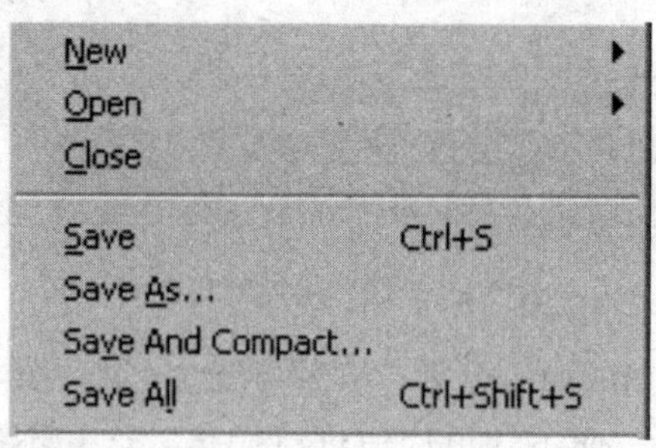

图 7－1－12 文件菜单

例如：File（文件）菜单中的 Save as（另存为）命令（见图 7－1－12），选择该选项，系统会弹出如图 7－1－13 所示的对话框。在该对话框中输入要保存的文件名。

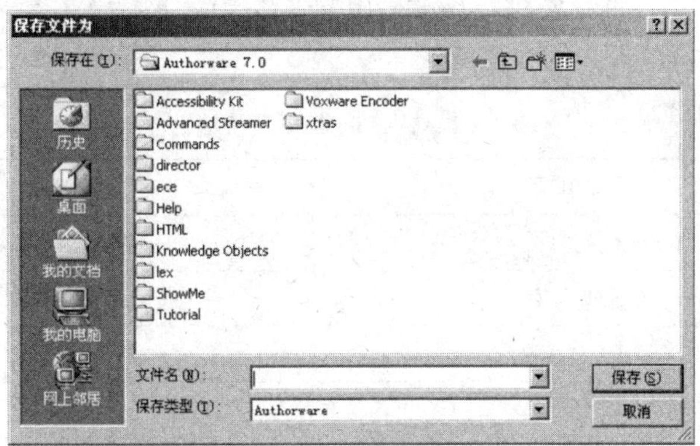

图 7-1-13　保存窗口

（3）复选标记

即命令选项前加上一个对号，该标记表示该命令按钮是一个开关式的切换命令。每次选取该命令，它就在关闭和打开之间交替切换，如图 7-1-14 所示。Text（文本）菜单中的 Style（风格）命令选项中的“Plain”命令就是这种情况，现在处于选中状态，当再次选择它，命令名前的对号会消失，表示处于关闭状态。

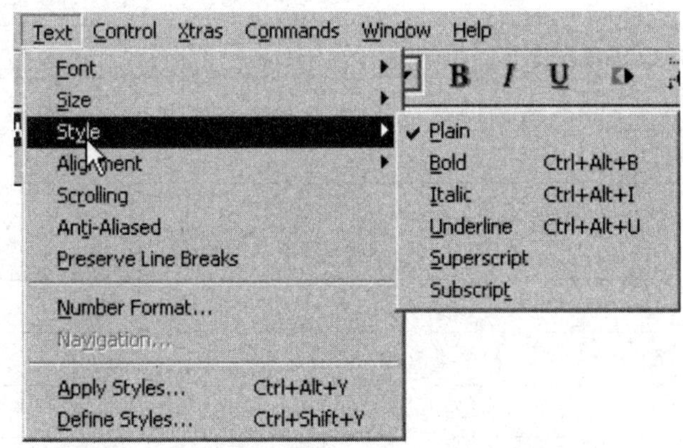

图 7-1-14　【Text】文本菜单

2. 菜单栏中各菜单的常用命令

（1）File（文件）菜单

该菜单包括对文件的基本操作。如打开、关闭和保存文件等，还有将文件打包命令、引入外部文件命令、页面和打印等设置命令。常用的快捷键命令选项如表 7-1-1 所示。

（2）Edit（编辑）菜单

该菜单中的命令选项用于对程序设计窗口流程线上的设计按钮

或展示窗口中的对象进行编辑，功能有复制、剪贴等。常用的快捷键命令选项如表 7－1－2 所示。

提示：

“→”符号表示级联菜单中的下一级菜单中的命令项。

表 7－1－1　File 菜单及快捷键

菜单项	快捷键
New→File（新建→文件）	Ctrl + N
New→Library（新建→库）	Ctrl + Alt + N
Open→File（打开→文件）	Ctrl + O
Open→Library（打开→库）	
Close→Windows（关闭→窗口）	Ctrl + W
Close→All Windows（关闭→所有窗口）	Ctrl + Shift + W
Save（保存）	Ctrl + S
Save AS（另存为）	
Save And Compact（压缩保存）	
Save All（全部保存）	Ctrl + Shift + S
Import And Export（导入和导出）	Ctrl + Shift + R
Publish（发布）	
Page setup（页面设置）	
Print（打印）	
Exit（退出）	Ctrl + Q

表 7－1－2　Edit 菜单及快捷键

菜单项	快捷键
Undo（取消）	Ctrl + Z
Cut（剪切）	Ctrl + X
Copy（复制）	Ctrl + C
Paste（粘贴）	Ctrl + V
Delete（删除）	Delete
Select All（全选）	Ctrl + A
Find（查找）	Ctrl + F
Find Again（继续查找）	Ctrl + Alt + F
Open Icon（打开图标）	Ctrl + Alt + O

（3）View（查看）菜单

使用该菜单中的命令选项，读者可以查看当前设计按钮、改变窗口结构等。常用的快捷键命令选项如表 7－1－3 所示。

表 7－1－3　View 菜单及快捷键

菜单项	快捷键
Current Icon（当前图标）	Ctrl＋B
Menu Bar（菜单栏）	Ctrl＋Shift＋M
Toolsbar（工具栏）	Ctrl＋Shift＋T
Panels（浮动面板）	Ctrl＋Shift＋P

（4）Modify（修改）菜单

使用该菜单中的命令选项，可以修改设计按钮、显示对象和文件等的属性，还可以设定显示对象的前景和背景。常用的快捷键命令选项如表 7－1－4所示。

表 7－1－4　Modify 菜单

菜单项	快捷键
Image→Properties（图像→属性）	Ctrl＋Shift＋I
Icon→Properties（图标→属性）	Ctrl＋I
Icon→Calculation（图标→计算）	Ctrl＋＝
Icon→transition（图标→过滤效果）	Ctrl＋T
Icon→Library Links（图标→库链接）	Ctrl＋Alt＋L
File→Properties（文件→属性）	Ctrl＋Shift＋D
Align（对齐）	Ctrl＋Alt＋K
Group（群组）	Ctrl＋G
Ungroup（取消群组）	Ctrl＋Shift＋G
Bring to Front（置于上层）	Ctrl＋Shift＋Up Arrow
Send to Back（置于下层）	Ctrl＋Shift＋Down Arrow

（5）Text（文本）菜单

Authorware 提供了丰富的文本处理能力，通过该菜单命令选项，读者可以设置文本的字体、大小写、颜色、风格和链接等。常用的快捷键命令选项如表 7－1－5 所示。

表 7－1－5　Text 菜单

菜单项	快捷键
Size→Size Up（大小→字体增大）	Ctrl + Shift + Right Arrow
Size→Size Down（大小→字体减小）	Ctrl + Shift + Left Arrow
Style→Bold（风格→粗体）	Ctrl + Alt + B
Style→Italic（风格→斜体）	Ctrl + Alt + I
Style→Underline（风格→下划线）	Ctrl + Alt + U
Alignment→Left（对齐→左对齐）	Ctrl +【
Alignment→Right（对齐→右对齐）	Ctrl + 】
Alignment→Center（对齐→居中）	Ctrl + \
Apply Styles（应用风格）	Ctrl + Alt + Y
Define Styles（定义风格）	Ctrl + Shift + Y

（6）Control（控制）菜单

该菜单在调试应用程序时使用，在调试程序时，Authorware 为编程人员提供了单步执行、分段执行等功能。常用的快捷键命令选项如表 7－1－6 所示。

表 7－1－6　Control 菜单

菜单项	快捷键
Restart（从头运行）	Ctrl + R
Play（当前运行）	Ctrl + P
Stop（暂停）	Ctrl + P
Step Into（调试窗口）	Ctrl + Alt + Right Arrow
StepOver（单步窗口）	Ctrl + Alt + Down Arrow
Restart from Flag（从标志旗开始运行）	Ctrl + Alt + R

（7）Windows（窗口）菜单

Authorware 为编程人员提供了大量的窗口显示编程的信息，如变量窗口、函数窗口、库窗口、展示窗口等，使用该菜单选项，可以随时打开类似的窗口来观察编程的信息。常用的快捷键的命令选项如表 7－1－7 所示。

表 7-1-7 Windows 菜单

菜单项	快捷键
Panels（控制面板）	Ctrl +2
Inspectors→Lines（显示工具盒→线）	Ctrl + L
Inspectors→Fills（显示工具盒→填充）	Ctrl + D
Inspectors→Modes（显示工具盒→模式）	Ctrl + M
Inspectors→Colors（显示工具盒→色彩）	Ctrl + K
Properties（演示窗口）	Ctrl + J 或 Ctrl + 1
Functions（函数面板）	Ctrl + Shift + F
Variables（变量面板）	Ctrl + Shift + V

（8）Help（帮助）菜单

该菜单可以提供使用 Authorware 的帮助信息。如果读者在使用过程中有不熟悉的地方或有某些疑难问题的时候，可以使用“帮助”菜单，然后找到自己所需要的帮助信息，使用 Authorware Help 命令选项（快捷键为 F1），系统会弹出 Authorware 的帮助菜单目录，在该目录中读者可以查找需要的内容。

7.1.4 Authorware 工具栏

Authorware 工具栏如图 7-1-15 所示。

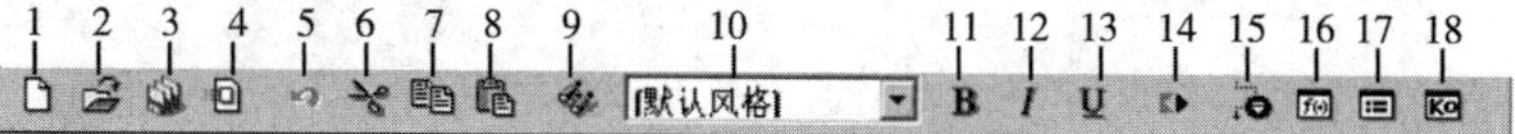

图 7-1-15 工具栏

图中：1 为 New 命令，即新建文件按钮。使用该按钮可以创建一个新的文件。单击该按钮，Authorware 会弹出一个名为“Untitled”的设计按钮，该按钮等价于菜单中的 File→New→File 命令项。

2 为 Open 命令，即打开文件按钮。用于打开一个已存在的文件。单击该按钮，系统会弹出一个 Select a file 对话框，使用该对话框，读者可以选择已经存在的要打开的文件。

3 为 Save 命令，即保存按钮。用于快速保存当前文件。

4 为 Import 命令，即导入按钮。使用该按钮，可以在文件中引入外部的图像、文字、声音、动画或者 OLE 对象。

5 为 Undo 命令，即撤销按钮。该按钮用来撤销用户上一次的

经常使用其他软件编程的读者会知道，对于经常使用的菜单命令，如果仅仅靠菜单命令来实现，会显得很烦琐。针对这种情况，我们可以利用菜单命令的快捷键来减少重复劳动，除此之外，我们还可以利用 Authorware 提供的菜单工具栏。菜单工具栏列出了菜单栏中最常用的命令，熟练使用菜单工具栏，可使我们的开发过程更富有效率。

操作。

6 为 Cut 命令，即剪切按钮。该按钮的作用是将选定的对象剪切到剪贴板中。

7 为 Copy 命令，即复制按钮。该按钮的作用是将选定的对象复制到剪贴板中。

8 为 Paster 命令，即粘贴按钮。该按钮是将剪贴板中的内容粘贴到指定的位置。

9 为 Find 命令，即查找按钮。用于在文件中查找用户指定的文本。单击该按钮，系统弹出图 7－1－16 所示的“查找”对话框。

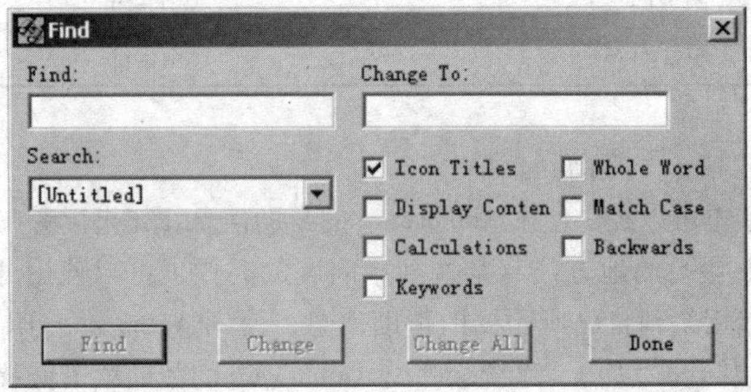

图 7－1－16　“查找”对话框

10 为 Style 命令，即文本风格选择框。使用该下拉列表，读者可以将已经定义的风格应用到当前的文本中。

11 为 Bold 命令，即粗体按钮。将选中的正文对象转化为粗体显示。

12 为 Italic 命令，即斜体按钮。将选中的正文对象转化为斜体显示。

13 为 Underline 命令，即下划线按钮。为被选中的正文对象加上下划线。

14 为 Restart 命令，即执行程序按钮。单击该按钮，屏幕上会弹出一个展示窗口，显示程序执行的效果。

15 为 Control Panel 命令，即控制面板按钮。单击该按钮，系统弹出如图7－1－17所示的控制面板，使用该控制面板可以调试程序。

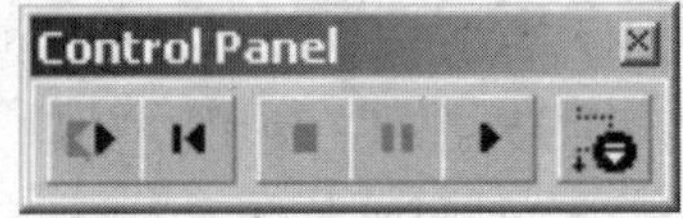

图 7－1－17　控制面板

16 为 Functions 命令，即函数按钮。单击该按钮，屏幕上会弹出一个“函数”对话框，如图 7-1-18 所示。

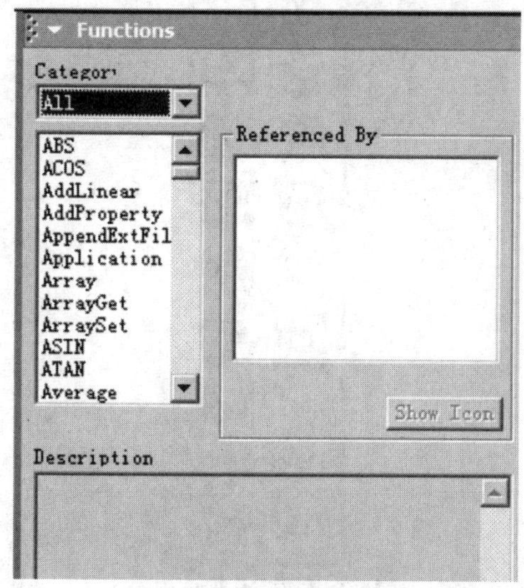

图 7-1-18　“函数”对话框

17 为变量按钮。单击该按钮，屏幕上会弹出一个与函数对话框类似的变量对话框。

18 为帮助按钮。单击该按钮，鼠标指针会变成问号形状，使用该形状的鼠标单击 Authorware 窗口中读者有疑问的地方，Authorware 就会弹出相关的帮助信息。读者可以使用该帮助信息来解决自己的疑问。

7.1.5　Authorware 图标栏

图标栏是 Authorware 流程线的核心组件，如图 7-1-19 所示。其中，前 14 个图标用于流程线的设置，通过它们来完成程序的计算、显示、判断和控制等功能。

① Display 图标，显示图标。显示图标是 Authorware 编辑流程线使用最频繁的图标，在显示图标中可以存储多种形式的图片及文字，另外，还可以在其中放置系统变量和函数进行运算。

② Motion 图标，移动图标。Authorware 的动画效果基本上是由它来完成的，它主要用于移动位于前面的显示图标内的对象，而它本身并不能移动。Authorware 提供了 5 种方式的二维动画。

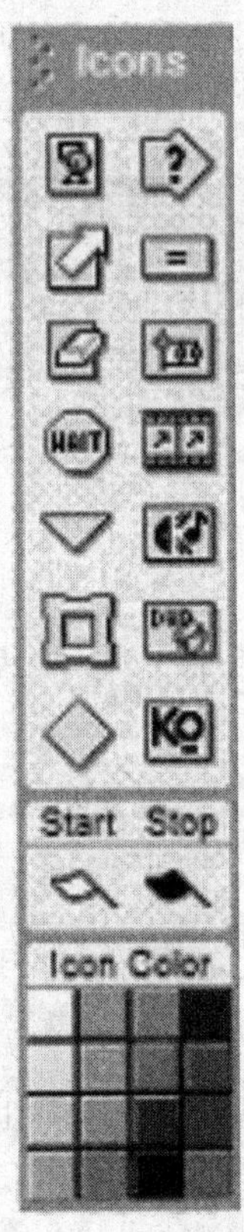

图 7-1-19 图标栏

③ Erase 图标，擦除图标。顾名思义，擦除图标主要用于擦除程序运行过程中不必要的画面。它还能提供多种擦除效果使程序变得丰富多彩。

④ Wait 图标，等待图标。主要用于程序运行时的暂停或停止控制。

⑤ Navigate 图标，导航图标。主要用于控制程序的跳转，它通常与框架图标结合使用。在流程中用于创建一个跳向指定页的链接。

⑥ Framework 图标，框架图标。框架图标提供了一个简单的方式来创建 Authorware 的页面功能。框架图标上可以下挂许多图标，包括显示图标、交互图标、声音图标等，每一个图标被称为一页。而且它也能包含其他的框架图标。

⑦ Decision 图标，决策（判断）图标。决策图标通常用于创建一个判断结构，当 Authorware 程序执行到决策图标时，它将根据用户对它的定义而自动执行相应的分支路径。

⑧ Interaction 图标，交互图标。交互图标是 Authorware 交互功能的最主要体现，有了交互图标，Authorware 才能完成多种多样的交互动作。Authorware 提供了 11 种交互方式。与显示图标类似，在交互图标中也可以插入图片和文字。

⑨ Calculation 图标，计算图标。计算图标的功能比较简单，它主要用于进行变量和函数的赋值及运算。

⑩ Map 图标，群组图标。为了解决设计窗口有限的工作空间，Authorware 引入了群组图标，群组图标能将一系列图标进行归组包含于其内，从而大大节省了设计窗口的空间。另外，Authorware 还能够将包含于群组图标中的图标释放出来，实现图标解组。

⑪ Digital movie 图标，数字电影图标。主要用于存储各种动画、视频及位图序列文件。它还能控制视频动画的播放状态，如倒放、慢放、快放等。

⑫ Sound 图标，声音图标。与数字电影图标的功能比较近似，声音图标用来完成存储和播放各种声音文件。

⑬ DVD 图标，视频图标。在 Authorware 流程线上的视频图标通常用于存储一段视频剪辑，通过与计算机连接的视频播放机进行播放。

⑭ Knowledge object 图标，知识对象图标。在 Authorware 流程线上的知识对象图标通常用于建立模块。

提示：Authorware 还提供了这样一个功能，当把鼠标移向图标栏的某一图标的上方时，在鼠标的下方会出现该图标的名称。同样，将鼠标移向工具栏的按钮上方时，鼠标下方也会出现该按钮的名称。

⑮ Start 旗帜，开始旗帜。用于调试用户程序，可以设置程序运行的起始点。

⑯ Stop 旗帜，停止旗帜。用于调试用户程序，可以设置程序运行的终止点。

⑰ Icon color Icon Color，图标调色板。在图标栏下方还设置了一个图标调色板，当设计窗口上的图标比较多时，进行程序调试和检查往往是非常令人头痛的事，如果对流程线上的同一种图标或同

“开始旗帜”和“结束旗帜”主要用于控制程序执行的起始位置和结束位置，关于它们的使用技巧，将在具体程序的调试过程中讲解。

进行图标上色时，首先用鼠标单击流程线上的图标，图标即被选择，然后再用鼠标在图标调色板内选择一种颜色，此时，被选中的图标就被涂上颜色了。

一类型的图标使用同一种颜色，检查起来将会很方便，调色板就是用于完成这种功能的。

在程序设计的流程线上，我们可以使用图标调色板功能，为程序中用来实现某类功能的不同的设计按钮加上相同的颜色。这样，在程序的调试和维护过程中，可以快速地掌握该类颜色设计按钮具有的功能。

7.2 处理显示效果

在 Authorware 中，处理显示效果是使用最多的一个环节，其中包括显示图标、擦除图标、等待图标。通过对这些图标的综合使用，我们可以创作出一些简单的多媒体演示程序。

7.2.1 加入显示图标

实例 1 显示图标中绘图工具箱的使用

在 Authorware 中，显示图标是使用最频繁的一个图标，在这里我们主要介绍显示图标中绘图工具箱的功能及使用技巧，绘图工具箱（或称图解工具箱）是 Authorware 处理文字和图片的主要工具，它通常出现在显示图标或交互图标的演示窗口中，虽然它只有 8 个工具，但这些工具却能够完成 Authorware 处理多媒体原材料的各种功能。本实例的效果图如图 7－2－1 所示。

显示图标在制作课件中的地位是非常显著的，除了数字影像之外的所有内容都是通过显示图标来实现的，因此，也有人将它称为 Authorware 的“灵魂”。显示图标支持以多种方式输入文本和图标，并且可以在同一显示图标内允许同时使用位图与矢量图标。通过透明模式和反转模式的使用，显示图标还可以实现有特定意义的图像显示。

图 7－2－1 实例运行的效果图

本例要点：

◇ Authorware 的启动和退出。

◇ 流程线的概念。

◇ 绘图工具箱各工具的使用。

操作步骤：

① 启动 Windows 2000 操作系统，进入 Windows 2000 的桌面。在任务栏的“开始”菜单中，选择“程序”→Macromedia→Macromedia Authorware 7.0，可以打开 Authorware，如图 7－2－2 所示。

图 7－2－2　启动 Authorware

此时，出现 Authorware 的对话框，如图 7－2－3 所示。

Authorware 是通过流程线实现设计思想的。每条流程线上都包含多个图标，它们是流程线的基本组成单位的逻辑结构。

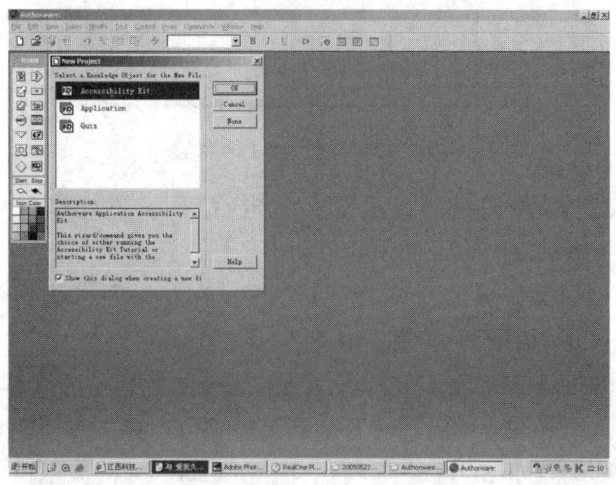

图 7－2－3　Authorware 对话框

在每一个图标的旁边都对应着图标的名称，默认的情况下，Authorware自动默认的名称大都是Untitled，导航图标的默认名字为Unlinked，等待图标没有名称，但在图标的中央有Wait的字样，很容易将它从众多的图标中分辨出来。图标的命名是非常重要的，一个见名知意的名称有助于程序的调试、修改。对于大型的课件来说，清晰的图标名称可以帮助工作组成员尽快理解图标的作用，明白课件的结构。

② 在Authorware对话框中默认的选项是OK，但一般情况下，我们通常选择Cancel项或不选。当单击Cancel按钮后，正式进入Authorware的工作窗口，如图7－2－4所示。

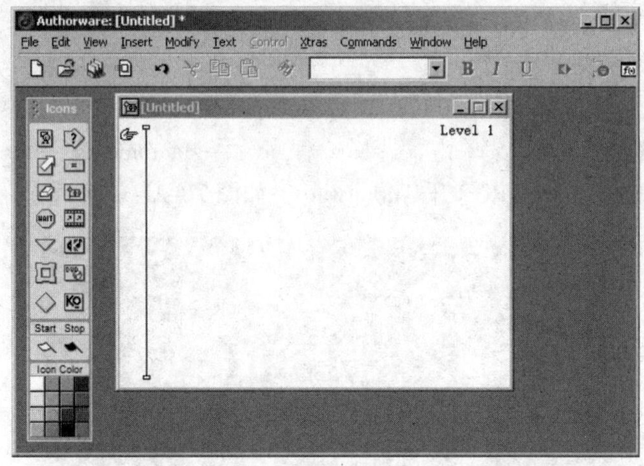

图7－2－4　Authorware工作窗口

③ 选中右边图标工具栏中的第一个图标，即显示图标，并按住不放，将其拖放到流程线上，且命名为电视机，如图7－2－5所示。

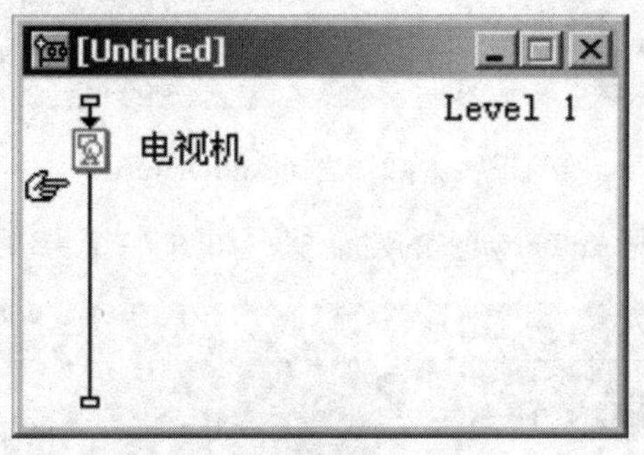

图7－2－5　实例1流程线

④ 用鼠标左键双击显示图标“电视机”，进入编辑界面，如图7－2－6所示。同时，程序会自动出现绘图工具箱。

为了以后操作更加方便、简单一些，在此我们先花一些时间来看看如何来运用绘图工具箱，如图7－2－7所示。

- 选择工具 。选择工具主要是用来选择窗口中的文本对象或图形对象，选择好的对象周围有8个调节方块，选择工具还能将选中的对象进行移动。如图7－2－8所示，在Authorware的演示窗口中用鼠标单击图片对象，在图片的周围就会出现8个调节方块，此时用鼠标

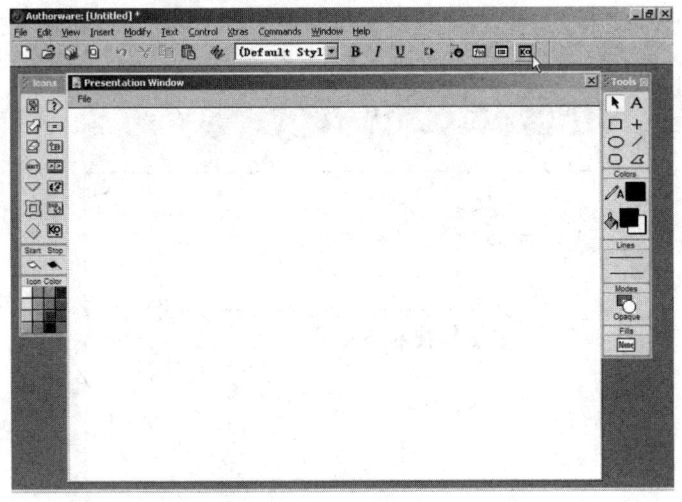

图 7-2-6　显示图标演示窗口

编辑图标时可双击该图标，切换到编辑状态。如果图标的内容显示在屏幕上，那么 Authorware 将自动打开演示窗口（Presentation Windows）。同时，绘图工具箱也出现在演示窗口内，绘图工具的内容将随着演示窗口内容的不同而不同。

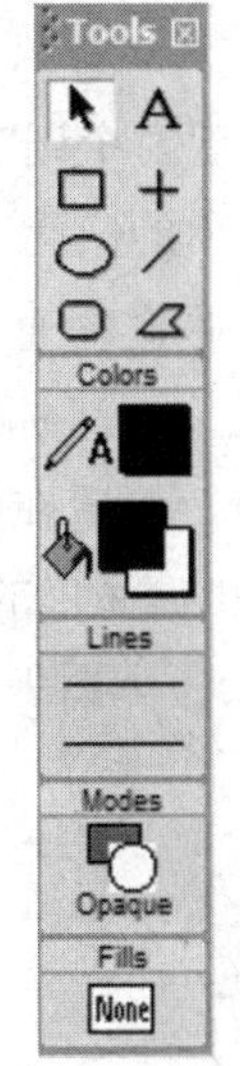

图 7-2-7　绘图工具箱

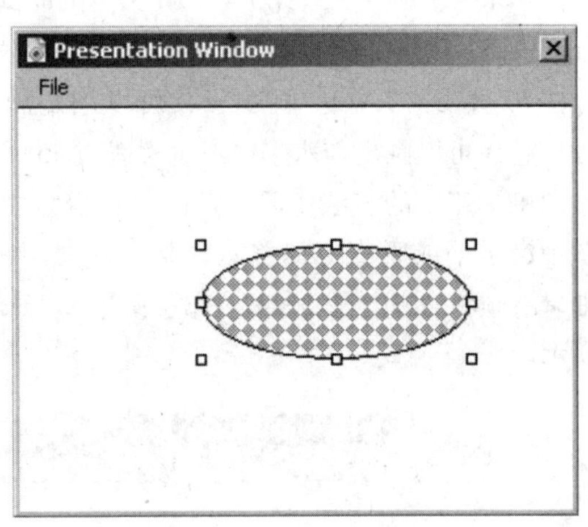

图 7-2-8　选择工具

按住图片进行拖动，就会有一个图片边框跟随移动，在适当的位置释放鼠标，对象就会被移动到当前位置了。如果用鼠标按着对象周围的调节方块拖动，会改变对象的大小。

拖动对角线上的调节方块会等比例改变对象的大小；拖动对象左右两边的调节方块会改变对象的长度，而对象的宽度不变；同样，拖动对象上下两边的调节方块只改变对象的宽度。

使用工具箱中的文本工具可以创建、编辑文本对象。文本对象可以来源于用户的直接输入、剪切或粘贴的文本或嵌入的文本。一旦在演示窗口得到文本之后，就可以利用菜单命令或工具按钮，对文本对象进行修饰。

- 文本工具 A。文本工具给 Authorware 提供了文字输入功能，用鼠标单击文本工具，然后再单击演示窗口，屏幕上会出现一条标尺，在标尺下方的光标闪烁处可以进行文本输入，如图7-2-9所示。

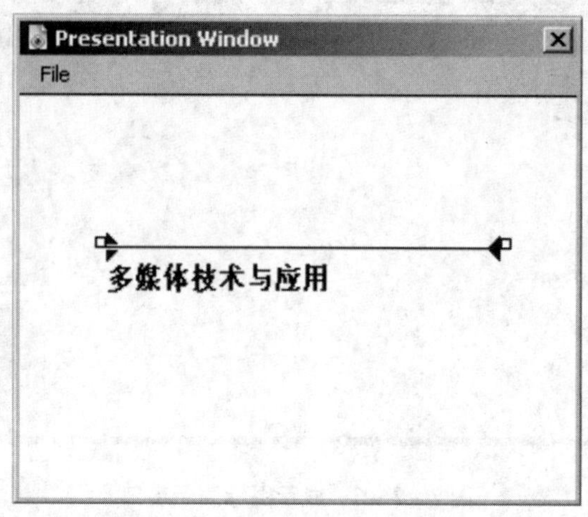

图7-2-9 文字输入窗口

如果再单击一下选择工具，在文本的周围就会出现8个调节方块。此时用鼠标按住文本对象进行拖动，同样会改变文本对象的位置。

- 直线工具 ＋。直线工具可以用来画水平或垂直的直线，另外，它还可以画出与水平线或垂直线成45°角的直线。用鼠标先单击绘图工具箱中的直线工具，此时鼠标变为“+”形。然后在演示窗口中沿水平或垂直方向拖动鼠标，就会画出两条相互垂直的直线。如果沿倾斜的方向拖动鼠标，就会画出±45°角的直线，如图7-2-10所示。

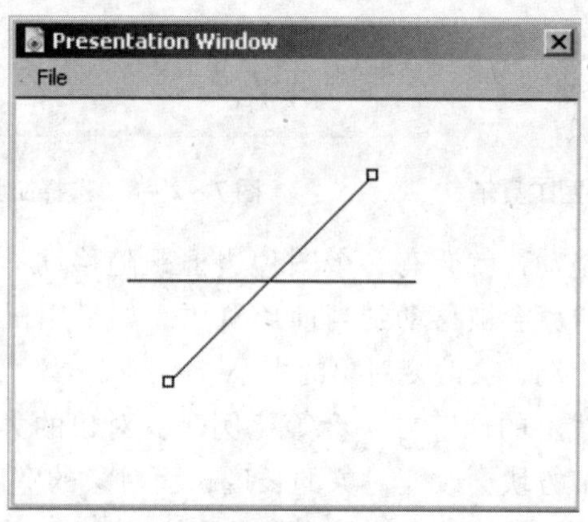

图7-2-10 线条的绘制

- 斜线工具 ⁄。斜线工具可以用来绘制任意角度、任意长短的直

在显示图标内，通过动态自动换行、显示字体和改变字号等功能，可以在屏幕的任意地方显示各种样式的文本信息。利用动态缩放功能可以将文本和图形放置于屏幕上。显示图标允许用户在指定的任意区域内或沿着用户绘制的路径上移动文本和图形。

工具箱的直线工具用于绘制水平或垂直方向直线，也可以绘制45°的斜线。斜线工具用于绘制任意方向的直线。按住Shift功能键的同时，用斜线工具可以绘制水平线、垂直线或45°的斜线。

线。单击绘图工具箱中的斜线工具，此时鼠标也会变为“+”形。然后在演示窗口中沿任意方向拖动鼠标，就会画出倾斜任意角度的斜线。

• 椭圆工具⬭。椭圆工具可用来绘制各种曲率、任意大小的椭圆。单击绘图工具箱中的椭圆工具，然后在演示窗口中沿任意方向拖动鼠标，就会画出一个椭圆，如图 7-2-11 所示。

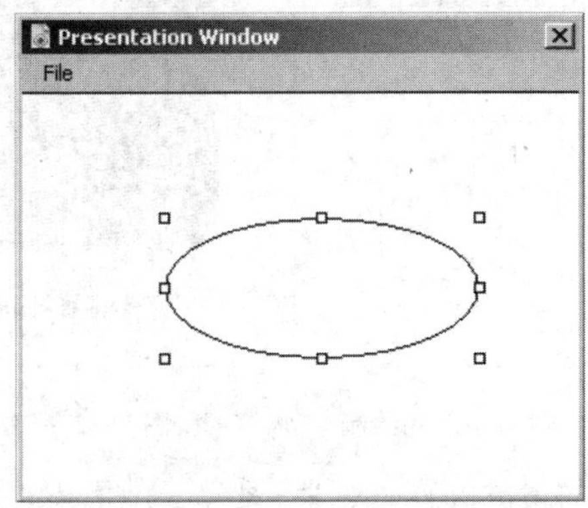

图 7-2-11　椭圆的绘制

Authorware 7.0 的绘图工具一般只适用于创建和绘制简单的图形。如果需要绘制比较复杂图形，必须学会将其他格式的图形导入显示图标内。

如果想改变椭圆线条的粗细，可以双击斜线工具或直线工具打开线型选择框，然后再选择适当的线条。改变椭圆的大小或曲率，同样要使用调节方块来完成。拖动椭圆上下两边的调节方块可只改变椭圆的短轴，而拖动椭圆左右两边的调节方块则只能改变椭圆的长轴。

• 矩形工具▭。矩形工具可用来绘制任意大小的矩形。单击绘图工具箱中的矩形工具，然后在演示窗口中拖动鼠标就会画出一个矩形，同样我们也可以改变矩形线条的粗细。

• 圆角矩形工具▢。圆角矩形工具可用来绘制各种大小和各种曲率的圆角矩形。单击绘图工具箱中的圆角矩形工具，然后在演示窗口中拖动鼠标即可画出一个圆角矩形。如图 7-2-12 所示，在圆角矩形的左上角有一个方块，我们称它为曲率调节方块。用鼠标拖动该方块，可以改变圆角的曲率。

• 多边形工具 ◿。多边形工具可用来绘制多边形，用户每单击一下屏幕，鼠标下方就会出现一条直线。当终结点和起始点重合后，多边形自动生成。

• 色彩工具 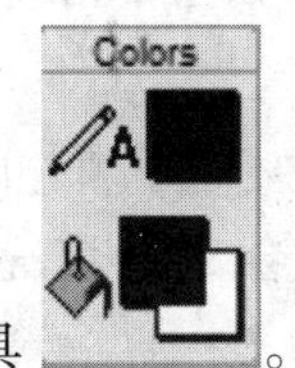

。色彩工具可用来改变文字、图形、线条

的色彩。单击色彩工具的任何位置，都会出现色彩面板，如图7－2－13所示。

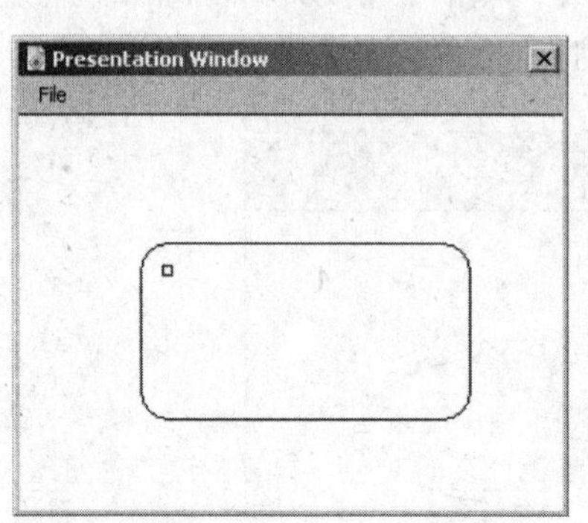

图7－2－12　圆角矩形的绘制

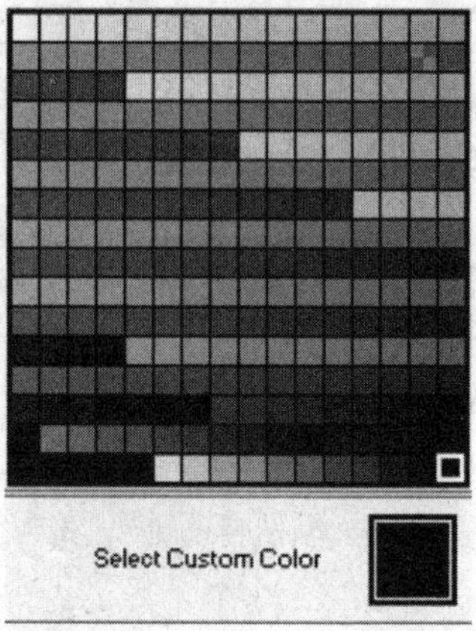

图7－2－13　色彩面板

通过此色彩面板可以改变文字、线条、图形的前景色或背景色。

• 线型工具  。线型工具主要是用来调整所绘制线条的粗细，单击线型工具的任何位置，都会出现线型工具设置面板，如图7－2－14所示，线型选择框分为两部分，上面主要用于设置线条的粗细，而下面部分主要用于设置带箭头的直线。

对于线条形状可以通过这样的操作来改变，首先在窗口中画一条直线，释放鼠标后，直线两端出现两个调节方块，然后用鼠标单击线型选择框中的某一线型，此时当前的线条就会变为相应的形状。如果再单击线型选择框下部的箭头样式，当前的线条就会被加上左箭头、右箭头或双箭头。也可以先打开线型选择框，选择适当的线条样式，然后在窗口中就可以直接画出所需要的线条。

对于Authorware的这6种重叠模式，用户不需要详细了解它们的定义，在以后的应用中，只要逐个单击这些按钮，然后根据图片显示的效果来决定就可以了。

• 重叠模式工具 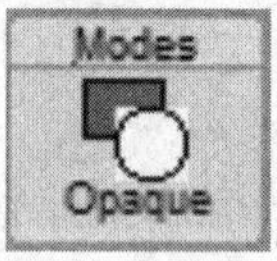 。重叠模式工具主要用于设置多个图形的重叠效果，Authorware共有6种重叠模式。在设置对象的重叠模式时，首先要选择对象，然后再单击对话框中相应的模式。

• 填充工具  。填充工具主要用于填充闭合图形的图案花纹。单击填充工具的任何位置，都会出现填充工具面板，如图7－2－15所示。

对于填充工具的使用，非常方便，只需选择所绘制的图形，再选择一个花纹图案就可以了。

⑤ 刚才花了许多的篇幅来介绍绘图工具箱的使用，接下来我们就通过这些工具把电视机图形绘制完成。进入编辑画面后，单击圆角矩形工具来绘制两个圆角矩形，并通过色彩工具，填充不同的色彩，如图7－2－16 所示。

⑥ 接下来再单击椭圆工具，绘制 3 个圆，注意要绘制一个标准的圆，只需在绘制的过程中按住 Shift 键即可，再填充不同的色彩，如图 7－2－17 所示。

图 7－2－14　线型工具设置面板

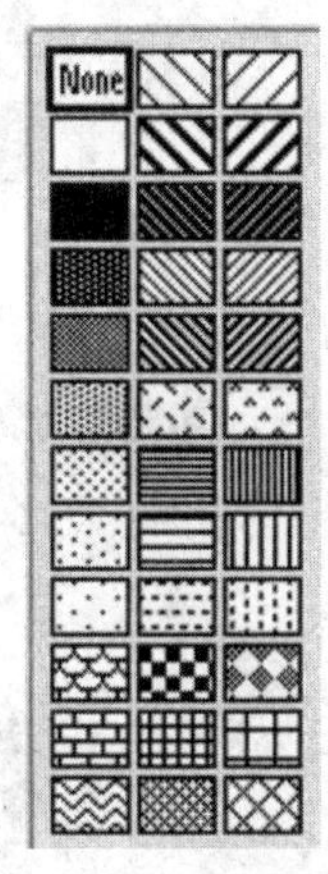

图 7－2－15　填充工具面板

⑦ 接下来再单击多边形绘制工具，绘制出天线，并填充不同的色彩。注意，多边形工具绘制时，首尾点重合并双击鼠标后即可闭合图形，如图 7－2－18 所示。

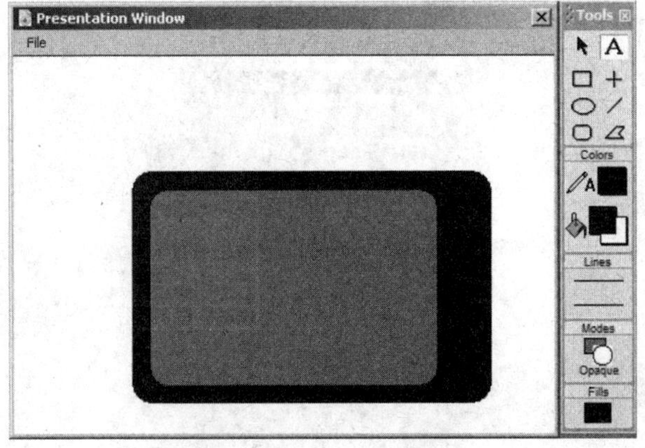

图 7－2－16　绘制矩形

对于 Authorware 的填充工具面板，如果选择了“无”，则不会填充，这样也就无法改变图形的色彩了。因此，在以后的操作过程中如果有发现改变不了某个绘制的图形的色彩时，有可能是因为你选择了填充为“无”。

填充是对封闭对象来说的，它对线条无效，可以作用于椭圆形或矩形。如果用户选择了多个对象，那么所选的填充模式将对多个对象同时生效。因此，这里的天线是通过多边形工具来绘制的。

⑧ 这样通过绘图工具箱，我们可以绘制出一些简单的图形，最后，保存文件，单击 File 菜单中的 Save 命令，如图 7 – 2 – 19 所示。

⑨ 在弹出的保存对话框（如图 7 – 2 – 20 所示）中输入文件名就可以了。

在我们制作多媒体产品时，通常会保留多个备份，因此，为以防意外情况可能会导致程序丢失，可以使用“另存为”功能来实现！

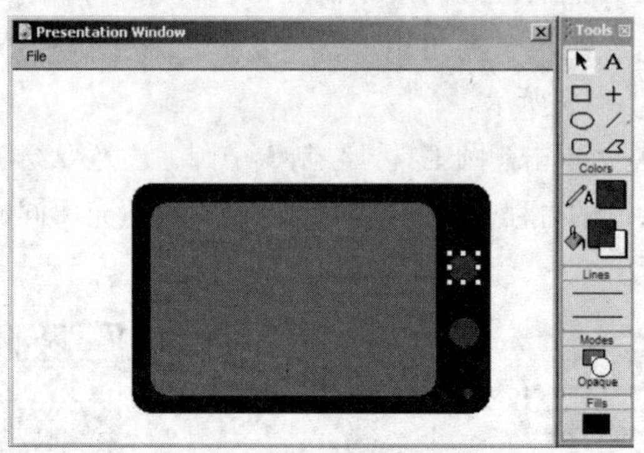

图 7 – 2 – 17　绘制圆

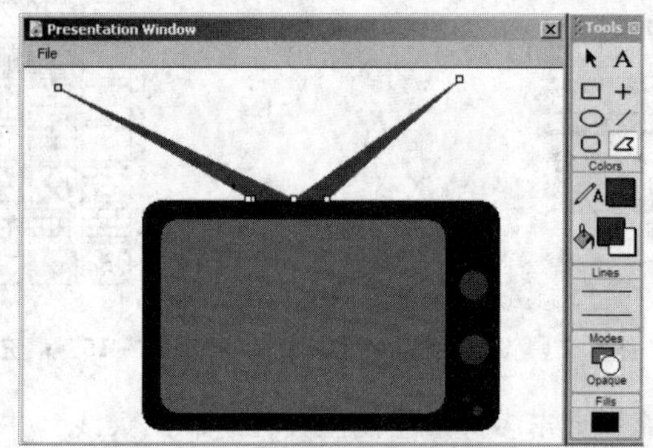

图 7 – 2 – 18　利用多边形工具绘制“天线”

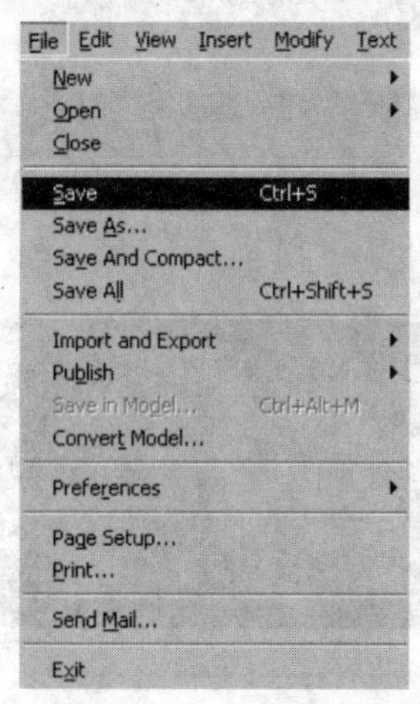

图 7 – 2 – 19　保存文件

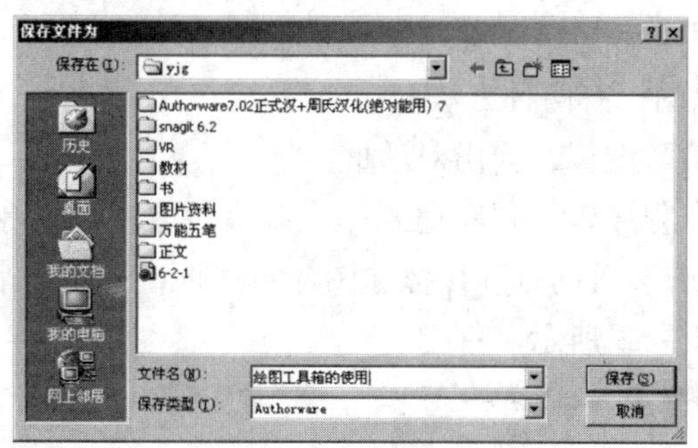

图 7-2-20　文件名的输入

技巧提示：

画椭圆的同时按住 Shift 键，画出的结果将是标准的圆。

试一试：

① 启动 Authorware，新建一个文件，在显示图标中绘制一个图形，图形可以自己创意。

② 将新文件保存为“我的第一个文件”，保存在“C:\我的文档”文件夹下。

Authorware 提供的擦除图标，不仅能够方便地擦除显示对象，而且还可以提供丰富的擦除方法，它已成为制作课件过程中必须使用的图标。

7.2.2　使用擦除图标

实例 2　擦除图标的使用

Authorware 在展示窗口中显示的内容除了一些可以使用图标本身的设置或在交互作用下可以自动擦除外，如果想擦除屏幕上已经显示的内容，我们可以使用擦除图标。

本例要点：

◇ 显示图标的使用。

◇ 擦除图标的使用。

◇ 擦除图标属性的设置。

操作步骤：

擦除图标可以擦除任何显示在展示窗口上的内容，包括显示图标中的内容、交互图标的内容和数字化电影图标的内容等。

擦除图标擦除的对象是流程线上显示对象图标内的所有内容，即擦除图标是将图标中所有的显示内容都从展示窗口中擦除。

例如，一个显示图标中有两个图形和一个文本对象，使用擦除图标时，这 3 个对象都会被擦除。如果想擦除特定的对象，读者必须将该对象单独地剪贴到另一个显示图标中，然后用擦除图标来擦除该图标在展示窗口中显示的内容。

首先，请读者利用擦除图标来实现一个小的擦除功能。这样，就能对擦除图标有一个大致的概念了。我们使用前面学习过的图标建立一个简单的小程序，在该程序的基础上添加一个擦除图标，并命名为“擦除矩形”，如图 7-2-21 所示。

我们使用擦除图标来实现使多边形对象从展示窗口中消失的效果。打开擦除图标有两种方法。

① 双击擦除图标，弹出对话框。

② 运行该程序，当程序遇到一个没有设置擦除对象的擦除图标时，Authorware 会自动打开该擦除图标对话框，让用户来设置相关属性，如图7-2-22 所示。

当擦除一个图标时，该图标的所有内容都将被一次性地擦除。也就是说，擦除图标的操作是针对图标的，而不是针对图标内包含的对象。如果需要每次仅仅擦除一个对象，可以将多个对象分散在不同的图标内。

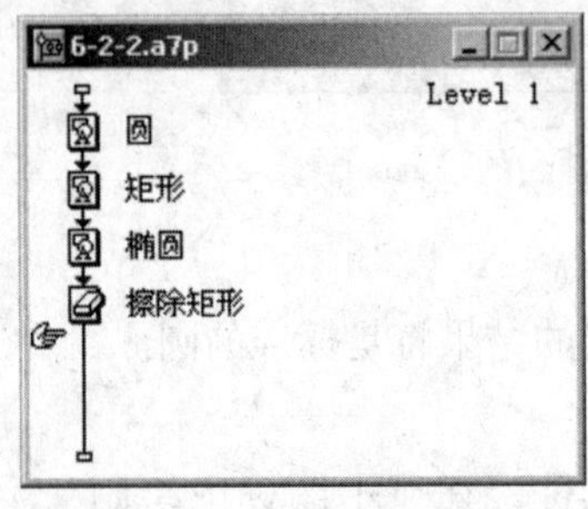

图7-2-21　本实例流程线示图

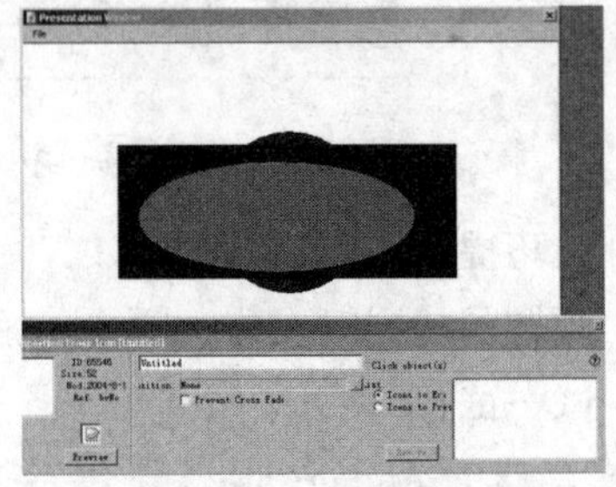

图7-2-22　擦除属性对话框

在实际的程序设计过程中，我们一般使用方法②来打开擦除图标，因为让程序运行到擦除图标并打开其对话框时，展示窗口中的内容是存在的。如果使用双击来打开擦除图标的话，要擦除的对象不一定显示在展示窗口中。

运行该程序，当程序运行到标题为"擦除矩形"的擦除图标后，系统自动打开该图标，弹出设置对话框，如图7-2-22 所示。该对话框的中间区域有一行提示"Click object（s）to"，提示读者用鼠标单击展示窗口中要擦除的对象，以便将该对象所在的图标设置为擦除对象。

在本程序中，我们用鼠标单击图7-2-22 中的矩形，在展示窗口中矩形自动消失，在擦除图标对话框的 Icon 区出现了擦除对象所在的图标，该图标中的所有内容都被擦除图标从展示窗口中移走，如图7-2-23 所示。

当擦除的图标较多时，应该选中 Icons to Preserve 单选按钮，这样可以选择要保留的较少的图标。当保留的图标较多时，应该选中 Icons to Erase 单选按钮，这样可以选择要擦除的较少的图标。

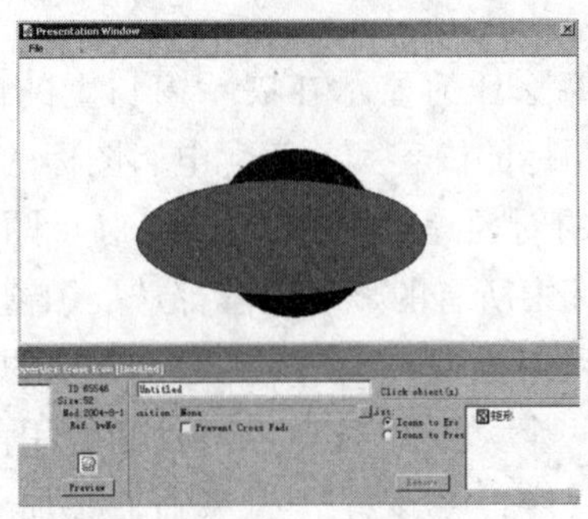

图7-2-23　擦除属性对话框

通过该实例，我们已经对擦除图标的使用有了一定的了解，下面就对擦除图标对话框中的相关内容的设置进行详细的学习。

擦除图标对话框包括多个按钮，下面请读者参照图7－2－23逐一学习与这些按钮相对应的对话框中的选项的设置。

① 选择 Prevent Cross Fade 选项。Authorware 在显示下一个图标中的内容之前，要完全擦除要擦除的图标显示的对象，如果不选择该选项，则 Authorware 在擦除要擦除的对象的同时显示下一个图标中的内容，从而会产生两个对象相互干涉的效果。

② Preview（预览窗口）。对于擦除图标来说，预览窗口是空白的。

③ 预览按钮。单击该按钮，读者可以在展示窗口中看到设置的擦除效果。

④ Transition（过渡方式）。过渡方式是擦除图标的重要内容。使用过渡方式，读者可以创建出各种各样的屏幕擦除效果。单击图7－2－23中该选项右边的小方块，系统弹出过渡方式选择对话框。通过设置该对话框来设置擦除显示对象的过渡效果。

⑤ Click object(s) to 提示。在展示窗口的中间区域有一行提示 Click object(s) to，提示读者用鼠标单击展示窗口中要擦除的对象，将该对象所在的图标设置为擦除对象。当读者用鼠标选择展示窗口中要擦除的对象后，该对象从展示窗口中消失，读者可以重复该操作来选择多个擦除对象。

⑥ Icons to Erase（要擦除的图标）。选择该选项，则该对话框的图标列表中所有的图标中的显示信息将被擦除图标从展示窗口上擦掉。

⑦ Icons to Preserve（要保留的图标）。选择该选项，则该对话框的图标列表中所有的图标中的显示信息不会被擦除图标从展示窗口上擦掉。

选择该选项，Authorware 除了将要保留的图标显示在展示窗口上外，将擦除展示窗口上所有其他显示信息，该选项适用于要擦除的对象非常多，只需要保存少量对象的情况。

⑧ Remove（移去）。该按钮可以修改图标列表中的内容。选择要擦除或保留的图标后，如果读者想对列表图标进行修改，可以在列表区域中选择图标，使其高亮，然后用鼠标单击 Remove 按钮将这个图标从列表中移出去。

为对象设置过渡效果，是 Authorware 的一大特色，在决定过渡效果的范围方面，可以是针对整幅画面的，也可以是针对有画面的区域的。

实例3　显示、擦除中过渡效果的使用

在 Authorware 程序的执行过程中，如果在显示和擦除展示窗口中的对象时，仅仅是简单地弹出、弹入的话，则整个程序会让用户觉得非常的单调和无味。

在多媒体的作品中，我们可以通过大量的动画和特殊效果来引起用户的注意，吸引用户的使用兴趣。所以，对于显示图标和擦除图标中的正文对象、图形对象等往往需要设置一些特殊的过渡效果，以进一步增强演示过程的生动性、形象性和趣味性。

Authorware 作为一个功能强大的多媒体制作平台，为我们提供了大量的过渡效果功能，如旋转、飞行等常见的显示效果都可以通过 Authorware 提供的 Xtras 实现。

Authorware 有大量的 Xtras 插件。Macromedia 公司以及第三方供应商创建了许多附加的过渡效果，Authorware 内的功能可以通过 Xtras 的方式来扩展。

注意：

在制作过程中使用 Xtras 是非常有效的，但当作品完成，准备发行时，有一些问题要记住：使用了哪些 Xtras 文件，必须为最终用户提供这些 Xtras 文件。而且，如果 Xtras 文件放错了位置，也产生不了过渡的效果，程序会出现错误提示。

1. 如何打开过渡效果对话框

不同的图标有不同的打开方法：

① 对于显示图标需首先在流程线上选中图标，使其高亮，然后使用 Authorware 的 Modify 菜单中 Icon 子菜单的 Transition 命令选项（快捷键为 Ctrl + T），如图 7 – 2 – 24 所示，来打开过渡效果对话框。

② 对于擦除图标有两种打开方法：

为了观察过渡效果的情况，可以打开单击的 Transition 对话框的 Apply 按钮，此时可在演示窗口内预览过渡效果，但对话框本身并不关闭，以便于用户对当前的过渡效果进行修改。

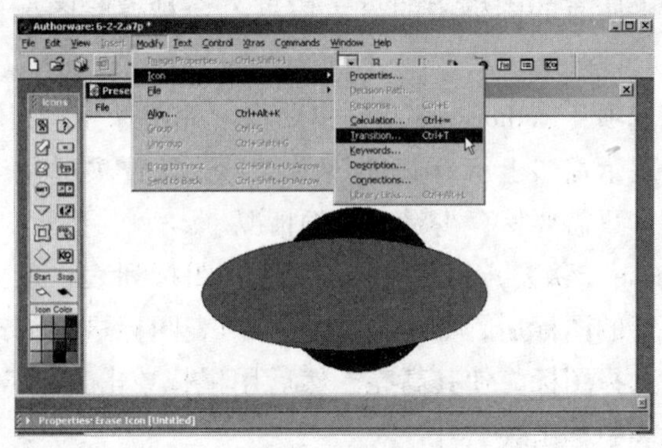

图 7 – 2 – 24　应用过渡特效

第一种方法，使用擦除图标对话框中的 Transition 选项来弹出过渡效果对话框。

第二种方法，在流程线上选中图标，使用 Authorware 菜单栏提供的 Transition 命令来弹出过渡效果对话框，如图 7－2－25 所示。

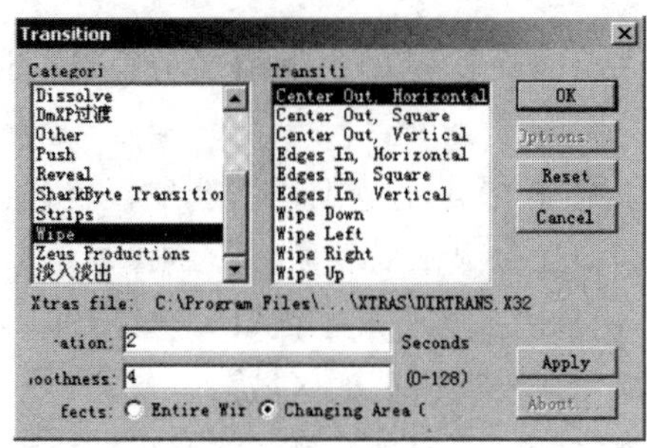

图 7－2－25　过渡特效对话框

注意：

只有在选择或打开一个显示图标和擦除图标或框架图标时，Modify 菜单中的 Transition 命令选项才有效。

2. 过渡效果对话框的设置

① 在该对话框中，有两个列表性区域，左边区域为过渡效果类别列表，右边区域为过渡效果列表。

为了用户方便地引用过渡效果，Authorware 提供了一个类别列表 Catagorie，通俗一点讲，可以把它认为是过渡效果的大类。选择了一个类别名后，属于该类别的所有过渡效果都在 Transition 列表中显示出来，如果读者不知道过渡效果属于哪一个类别，选择 All 就可以将 Authorware 支持的所有过渡效果都以列表的形式显示出来。

在过渡效果列表 Transition 中选择合适的过渡效果，可将该过渡效果应用到所选的图标上。如果读者不想使用任何过渡效果将显示对象从展示窗口直接抹去，则可以在该选项列表中选择 None。

② Duration 为持续时间，无论我们选择了哪一种过渡效果，用户都可以在文本输入框中直接输入数值、变量和数值型表达式来设定完成过渡效果所需的时间。读者也可以使用 Authorware 中 Xtras 默认的持续时间。在该正文输入框中输入的数值、变量和数值型表达式的值最大不能超过 30 秒。

③ Smoothness 为平滑度，该文本输入框设置的是过渡效果的平滑度，请读者注意，0 表示最平滑的过渡，数字越大，表示过渡效果越粗糙。过渡效果被视为较平稳的原因是在单位时间内，屏幕的

希望读者将所用到的 Xtras 文件的位置和文件名记录在自己的工作记录中，为最终作品的发行做准备，最终发行作品时，该 Xtras 必须同 Authorware 程序同时发行，并放置到合适的目录中。

一小部分发生了变化。例如，用户为一个显示对象选择了淡入的效果，并且设置了平滑度的值，在持续时间的基础上，该对象将在持续的时间内显示一些像素。但是，如果在相同的持续时间里，用户设置的平稳度是最大值——128，则对象以一大组像素为单位来显示。

为了在课件内暂停某幅画面或镜头，Authorware 提供了等待图标，它为控制演示的进度提供了方便。需要重新启动演示时，只需单击鼠标或按任意键，也可以经过一段时间的等待之后，演示就继续开始了。

有些过渡效果有一个固定的不能改变的持续时间和不能改变的平滑度。

④ Effects 为过渡效果作用范围，该选项设置过渡效果作用的范围，是整个展示窗口还是显示对象所占据的区域。其中，选择 Entire Window 选项，作用范围为整个展示窗口。选择 Changing Area Only 选项，作用范围是显示对象所占据的区域。

读者可以根据实际的需要来选择过渡效果的范围。

除了 Authorware 中 Xtras 所提供的默认过渡效果外，读者还可以在 Xtras 的基础上设置特定的过渡效果。

最后我们可以运行一下程序，可以发现就不那么单调了，在每一个图形出现的过程中都伴有过渡效果。但是，又出现了一个新的问题，在程序运行的过程中，当前一个图形出来后，紧接着第二个图形马上就出来了，我们可不可以让它等一下出来呢？这就是我们下一小节要讲解的等待图标的使用。

7.2.3　使用等待图标

实例 4　等待图标的使用

本例要点：

◇ 等待图标的使用。

◇ 等待图标的属性设置。

操作步骤：

在这里我们还是以前面刚刚做好的实例来学习等待图标的使用。上一例程序的逻辑结构如图 7-2-26 所示。本程序实现的功能和需掌握的知识点有：

① 实现显示图标在显示椭圆时使用过渡效果。

② 实现擦除图标在擦除多边形时使用过渡效果。

需重点掌握的知识为过渡效果的应用。程序的运行效果是圆、矩形、椭圆在展示窗口伴随着过渡效果出现。

接下来，我们在这个程序的基础上来进行修改，在每一个显示图标的后面分别加入一个等待图标，如图 7-2-27 所示。

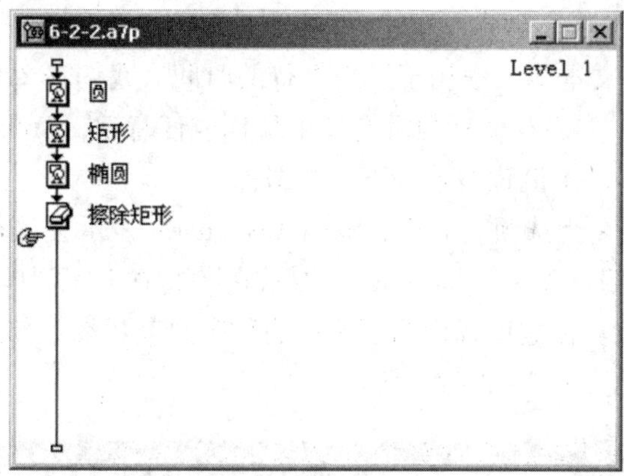

图 7－2－26　实例程序结构

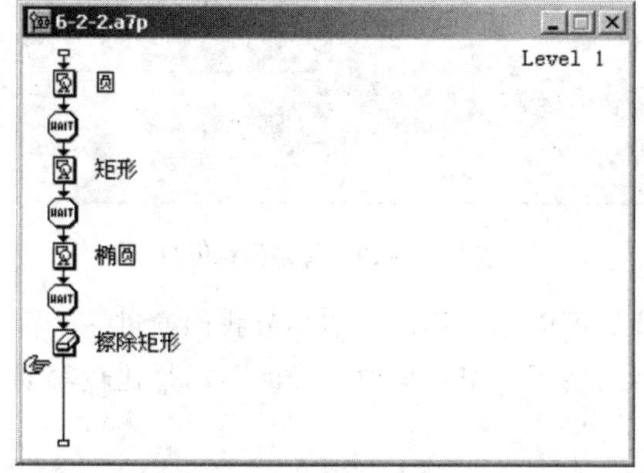

图 7－2－27　加入等待图标后的屏幕显示

然后，我们开始设置等待图标，双击该图标打开等待图标属性对话框，如图 7－2－28 所示。

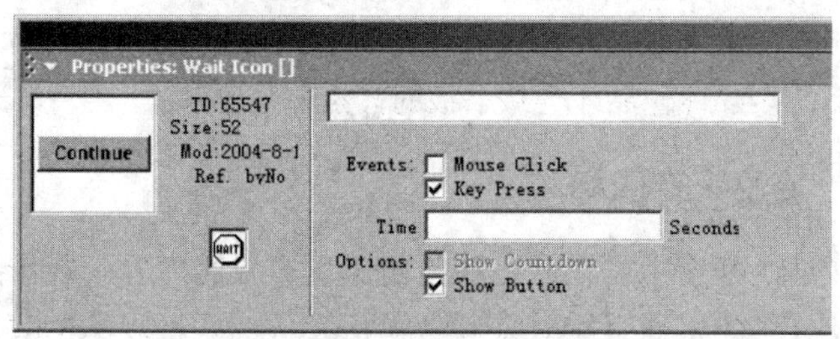

图 7－2－28　等待图标属性对话框

① Events 为事件驱动选项，其目的是当所选择的事件发生时，Authorware 结束等待，无论是否到设定的等待时间。

我们可以选择 Mouse Click 和 Key Press，其作用是当最终用户按下鼠标或任意键时，Authorware 结束等待，继续执行流程线上的下一

如果同时设置了 Mouse Click 和 Key Press 两种触发事件，那么总是先出现的那个触发事件产生作用。

Time 文本输入框用于设置课件暂停的时间，它是以秒为单位的。用户不仅可在此文本框内输入数值，而且可以输入变量或表达式，以决定等待图标暂停的时间。

个图标。

② Time 文本输入框用于设定等待的时间。我们输入程序等待的时间为 2 秒，如果在 2 秒内没有按下鼠标或任意键，Authorware 会在 2 秒后执行程序主流程线上的下一个图标。

③ Options 为选项。其中，Show Countdown 表示在等待的过程中是否要出现倒计时。Show Button 表示在等待的过程中是否要出现 Continue 按钮。在这里我们为了不影响程序的美观都不勾选。设置完成之后的面板如图7－2－29 所示。

需要改变 Continue 按钮的位置时，可在课件运行的过程中，执行 Control → Pause 命令，暂停程序的执行，然后将等待图标拖动到新的位置，即完成了它的位置改变。当用户在课件流程线上放置一个新的等待图标时，它的按钮将自动显示在用户上一次放置按钮的位置。使用这种方法改变按钮的位置，可能会将所有的按钮都布置在同一位置，这一点需要引起足够的重视。

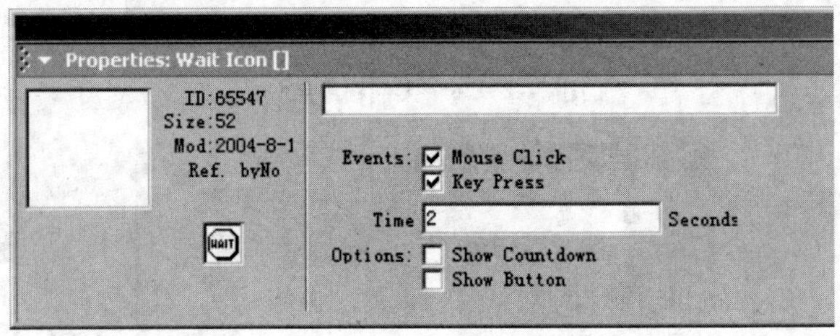

图 7－2－29　等待图标设置

最后，我们可以运行程序。本小节我们通过一个简单的实例来说明等待图标的使用，相对来说，等待图标是比较容易掌握的一个图标。

7.3　加入声音与视频

从这一节开始，我们的作品开始真正走向多媒体，在下面将分别讲解声音、数字电影以及视频动画在作品中的设置，添加了这三种媒体后，多媒体作品才会从呆板的气氛中走出来。

7.3.1　使用声音图标

为了给课件文件增加声效功能，Authorware 提供了声音图标。声音图标可以添加在流程线的任何位置，装载声音文件的方法也是多种多样的，调整播放选项之后就能够适应用户的需求。

多媒体的开发中，我们一般使用声音来叙述内容、制作按钮和菜单在交互中的特殊音响效果以及模仿设备或一种环境的声音，或者在课件播放过程中，我们可能会为程序的内容配上解说词，或者背景音乐等，这都需要声音来实现。那么如何在 Authorware 中添加声音呢？这就是我们下面所要讲解的内容。

实例 5　声音图标的使用

本例要点

◇ Authorware 所支持的声音格式。

◇ 声音的导入。

◇ 声音图标的属性设置。

在学习声音图标对话框中所有的设置之前，让我们来先了解 Authorware 支持的声音格式，只有熟悉了 Authorware 支持的所有声音文件格式，我们在程序的设计过程中才能够灵活地运用 Authorware 的声音图标在程序中恰当地添加声音文件，使开发出的作品更加生动活泼。Authorware 支持的声音格式有 MP3、SWA、PCM、AIFF 和 WAVE 格式。

注意：

虽然 MIDI 格式音乐经常用于多媒体课件的背景音乐，但 Authorware 当中不可以直接导入 MIDI 音乐格式，关于 MIDI 音乐格式的导入，后面章节会详细讲解。

要使 Authorware 设计的作品能够播放声音，前提条件是电脑上必须要安装声卡和音箱，这是声音播放的“硬指标”。其次，还要对声音播放进行设置、控制，这样，创作的多媒体作品播放起来才能显得生动、形象。

操作步骤：

① 首先在流程线上放入一个显示图标，命名为“文字说明”，双击打开显示图标，在里面输入文字“音乐欣赏《茉莉花》”，修改文字的相关属性，如字体、字形、位置等，如图 7－3－1 所示。

② 在流程线上拖入一个声音图标，命名为“茉莉花”。如图 7－3－2 所示

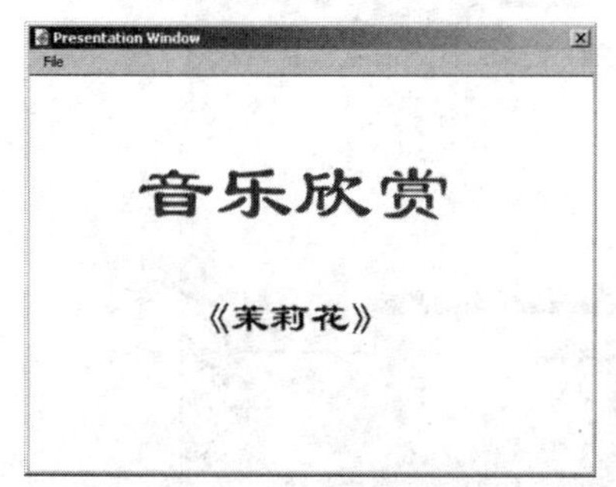

图 7－3－1　作品界面

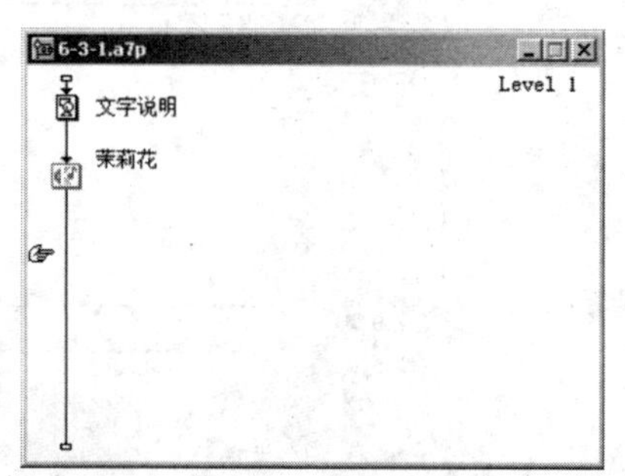

图 7－3－2　程序结构图

③ 在声音图标上单击右键，选择 Properties 打开声音属性面板，

声音另类导入法之一：

直接将声音文件拖动到流程线上。使用此方法之前，不需要在流程线上添加声音图标，在将声音文件拖动到流程线上的同时，Authorware 7.0 将自动产生一个声音图标，该图标已加载了拖动的声音文件，并以此声音文件名命名声音图标。

声音另类导入法之二：

将声音文件拖动到声音图标上。在拖动之前，需要在流程线上放置声音图标，然后从资源管理器窗口选择声音文件，将其拖动到 Authorware 7.0 流程线的声音图标上。如果声音图标是新建的，所选的

声音文件将成为此图标的内容。如果声音图标内已经存在声音文件，那么所选的声音文件将覆盖旧的声音文件。

如图 7－3－3 所示。

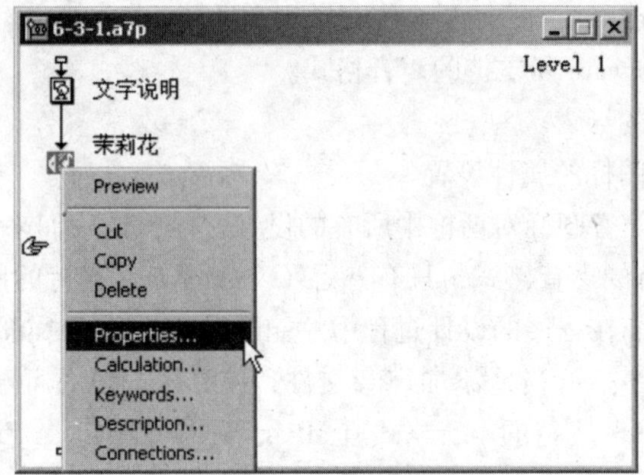

图 7－3－3　打开声音图标属性

系统弹出现声音图标的相关属性，如图 7－3－4 所示。

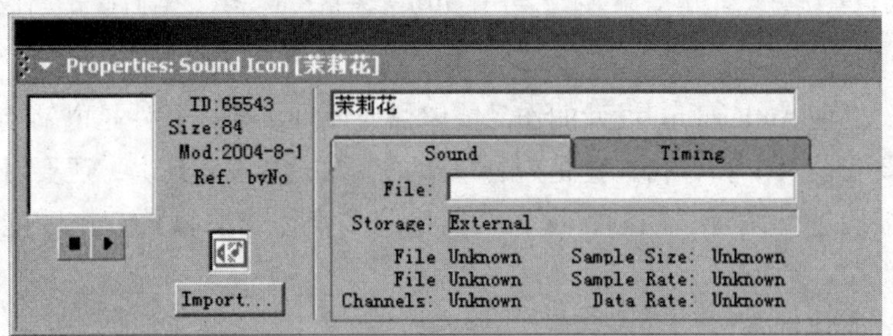

图 7－3－4　声音图标属性面板

④ 单击该属性面板中的 Import 按钮，弹出 Import 导入对话框（见图 7－3－5），以引入外部声音文件。

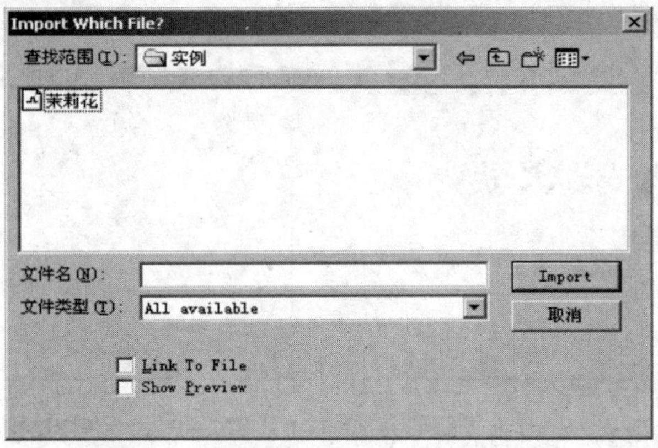

图 7－3－5　导入音乐

⑤ 引入外部声音文件后，声音图标对话框中的相关内容将发生改变，如图 7 -3 -6 所示。下面来介绍声音图标的对话框相关内容的含义。

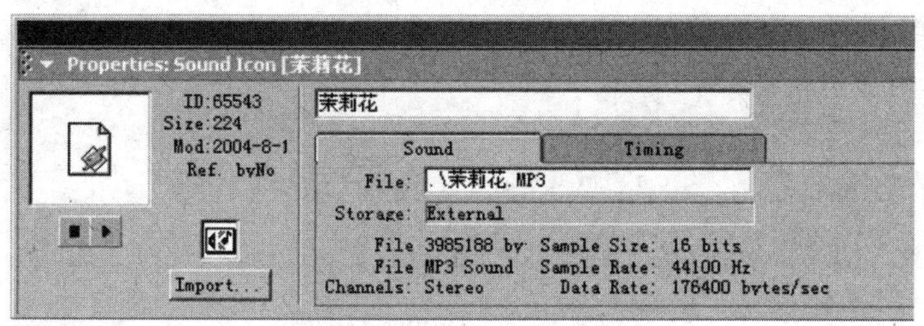

图 7 -3 -6　声音图标属性

当用 Import 按钮引入声音文件后，该区域自动更新为声音文件所在的位置信息，包括所在的盘符、所在的目录和文件名等信息。读者也可以在该区域直接用手工来输入要引入的声音文件的位置信息。

• Import（引入）按钮。使用该按钮，系统会弹出 Import 导入对话框以引入外部声音文件。

• 插入小图播放控制面板。使用该控制面板可以播放引入的声音文件，来检测是否为合适的声音类型。

• Sound（声音）图标信息。该区域为图标的相关信息，包括 ID 标识、占用空间大小等。

• File（文件名）输入框。在该输入框中显示的是引入的声音文件所在的位置信息。

• Storage。用来显示引入的声音文件的储存信息，是作为外部文件还是作为内部文件来存储。

External 表示是外部文件。

Internal 表示内部文件。

• File Size。显示的是引入的声音文件的大小。

• File Format。显示的是引入的声音文件的格式。

• Channels。显示的是声音文件的通道数。其中：Mono（单通道）项表示声音有一个通道。Stereo（双通道，立体声）项表示声音有两个通道。

• Sample Size（样本大小）。该选项表示存储了声音信息的多少。该选项和声音的采集速率以及通道数决定了声音的质量。一般情况下，有 8 位和 16 位两种方式。其中，16 位方式的声音质量较好，但需要的存储空间是 8 位的 2 倍。

• Sample Rate（样本频率）。该选项显示的是声音的采集频率，数值越高，声音的质量越好。

• Data Rate。显示的是当 Authorware 播放声音文件时从硬盘上

当选择了 Concurrent 或 Perpetual 选项后，如果要使 Authorware 在播放完一个声音以后再播放当前加载的声音文件，我们可以选择 Wait for Previous Sound 选项。

读取该文件的传输速率。该值的计算方式是通道数、Sample Size 和 Sample Rate 三个值相乘的结果。

⑥ 设置声音图标的 Timing 对话框，如图 7－3－7 所示。

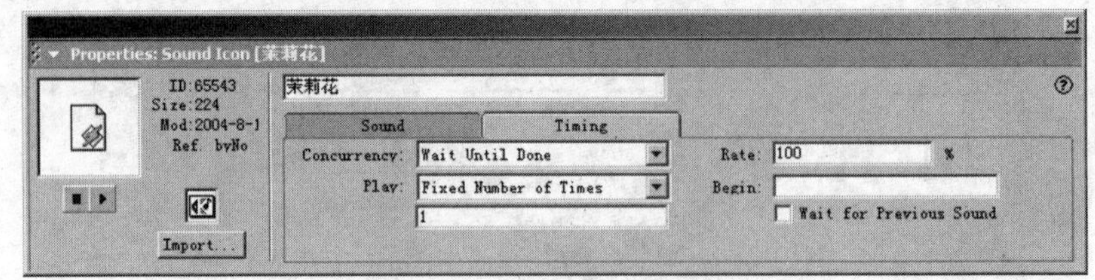

图 7－3－7　Timing 对话框

- Concurrency（并发控制）选项。决定该声音播放开始后 Authorware 将执行什么。其包括如下选项：

注意：

并非所有系统为 Windows 的平台都支持变速播放声音文件，如果对话框中该文本输入框中的设置不可用，则有可能是读者使用的声卡不能控制声音的播放速度。

选择 Wait Until Done（等待直至完全播放完毕）选项，Authorware 在开始播放该图标中的声音文件后，暂停所有的动作，等待声音文件的播放完成后再执行下一个图标。该选项为 Authorware 的默认选项。

选择 Concurrent（并发控制）选项，Authorware 在开始播放该图标中的声音文件后，流程线上的下一个图标被继续执行。

选择 Perpetual（常动）选项，当被激励的对象得以显示并且给定的表达式为真的话，带有 Perpetual 并发性设置的声音图标将播放该声音文件。在 Authorware 程序的运行过程中，Authorware 时刻监视着设定有 Perpetual 并发性设置的声音图标的触发条件，即使该图标已经执行完毕，一旦条件为真，Authorware 仍会自动播放该声音图标中的声音文件。

- Play（播放模式）列表。该选项列表是用来控制声音的播放方式和播放进程的，在该选项列表中有下列选项，请读者逐一学习。

技巧：

由于声音文件占据的空间较大，并可以压缩，这样对音质会产生不好的影响，因此，我们需在处理多媒体的声音文件上寻找一些经验。

Fixed Number of Times（固定播放次数）选项。使用该播放模式，我们可以在下面的文本输入框中输入数值、变量或数值型表达式来控制声音的播放次数。Authorware 默认的值是“1”次。

Until True 播放模式，读者可以在它下面的文本输入框中设置变量或表达式。Authorware 将重复播放该声音文件，直至读者设置的变量或表达式值为真。比如，我们在该文本输入框中设置了系统变量 MouseDown，则数字化电影会被重复播放，直至用户最终按下鼠标才结束。

- Rate（速度）文本输入框。在该文本输入框中，读者可以输入相应的数值、变量或表达式来控制播放声音文件的速度。例如，如果我们要播放声音文件的速度是正常速度的两倍，可以在该文本输入框中输 200，如果要播放的速度是正常速度的一半，可以在文本输入框中输入 50。其他的情况类似。

- Begin 文本输入框。用于控制触发声音播放的条件。在该文本输入框中，我们可以输入变量或条件表达式，当输入的变量或条件表达式为真时，Authorware 将自动播放该声音文件。在交互程序的设计过程中，读者可以使用该选项在文本输入框中输入相应的变量或条件表达式来控制声音的适时播放。
- Wait for Previous Sound 选项。选择该选项，将延迟播放当前图标中的声音文件，等待前一个声音文件播放完毕。

目前，比较好用的声音处理文件有 Macromedia 公司的 Soundedit，该工具使读者可以使用不同的采样频率（5 kHz、11 kHz、22 kHz、44 kHz）来录制声音。44 kHz 是品质最好的声音，但是，声音的品质越好，存储占据的空间就越大。

最后程序完成，可以保存并播放观看效果。

通过数字电影图标插入的内容是非常广泛的，游动的鱼类、生长的花木和休闲的人群等都可能是数字影像的一部分。它可以在演示窗口的某个位置静止地播放，也可以通过移动图标的控制，一边播放一边在指定的屏幕范围内移动。

7.3.2　数字电影的处理

Authorware 作为一个多媒体的制作平台，软件本身不能产生数字化电影。它的优势是将各种媒体有机地组合成一个整体。Authorware 支持多种数字化电影格式，所以，读者可以使用其他的数字化电影制作软件，如 3ds Max、Macromedia Director、Easy 3D 等生成数字化电影，然后引入到 Authorware 的程序中。Authorware 能够播放数字电影，这使作品的演示变得丰富多了。数字电影图标兼容各种动画格式，并且还可以对它的演示画面进行控制，在多媒体中使用数字电影将会使用户的动画作品发挥得淋漓尽致。在本节中将给大家讲解数字电影图标的设置及使用，并重点介绍其属性和设置过程。

对于直接输入的数字化电影格式，Authorware 在运行过程中一般不会出什么问题，但对于外部链接的数字化电影格式，Authorware 在运行过程中需要合适的驱动器或使用特定平台上的播放工具。因此，为了顺利运行最终作品，我们在文件打包和发行时，必须包含这些外部可链接的文件。

实例 6　数字电影的导入

本例要点：

◇ Authorware 所支持的视频格式。

◇ 数字电影的导入。

◇ 数字电影图标的属性设置。

在某些方面，数字电影图标的设置与声音图标的设置相似，但数字电影图标所具备的功能显然要丰富得多，相应的在导入数字电影之前，我们先了解一下相关的知识。Authorware 支持的数字化电影格式有 DIB、FLC、FLI、CEL、QuickTime、Director movies、MPEG 和 PICS 等，在这些数字化电影类型中，有些必须直接输入到 Authorware 中，有些需要作为外部文件来进行链接。如 PICS 和 FLC/FLI 数字化电影格式必须直接输入到 Authorware 中，而其他类型的数字化电影格式就必须作为外部文件进行链接。数字化电影格式的介绍如下：

（1）Director 文件（DIR，DXR）

Director 数字化电影是由 Macromedia 公司的 Director 软件产生的。多媒体 Director 数字化电影因具有完善的交互性而为交互式多媒体作品设计人员所青睐。在 Authorware 中可以播放这种数字化电影。当将含有 Lingo（Director 的语言，支持交互式操作）的 Director 版本的数字化电影加载到 Authorware 中，便可以在播放数字化电影的同时直接与外设（鼠标、键盘等）发生交互作用。

（2）Windows 视频标准格式（AVI）

AVI 数字化电影是 Windows 支持的标准格式，它同样是 Authorware 的外部文件，但是，要想在 Authorware 中播放 AVI 数字化电影，必须要保证在开发环境中和最终用户使用的系统上都安装有能播放 AVI 格式文件的驱动文件。

Director 文件保存在 Authorware 外部，在最终发行作品时，需要将这些文件按照固定的目录位置同 Authorware 程序一并发行。

（3）Windows 下的 QuickTime 文件（MOV）

MOV 数字化电影是苹果公司开发的一种适用于 Windows 的格式，它同样是 Authorware 的外部文件，但是，要想在 Authorware 中播放 MOV 数字化电影，必须要保证在开发环境中和最终用户使用的系统上都安装有能播放 QuickTime 格式的媒体播放器。该格式文件可以将声音和图像结合在一起。

（4）Animator、Animator Pro 和 3D Studio 文件（FLC、FLI、CEL）

这几种软件是 Autodesk 公司的动画制作软件。这些格式的文件被保存在 Authorware 的内部，它们是跨平台的，在 Windows 和 Macintosh 环境下都可以使用该格式文件。

（5）MPEG 文件

该格式文件保存在 Authorware 外部，MPEG 文件将声音和图像结合在一起，压缩比较大，能够得到较好的播放效果，在 Windows 系统的计算机上，一般需要有一块视频卡来播放这些文件。但是，目前已大量出现支持 MPEG 文件的解压播放软件。在 Macintosh 系统的计算机上，不需要安装硬件，但需要相应的软件支持。

（6）位图组合文件（BMP Sequence）

Authorware 允许使用一系列位图组合成的连续动画。这些 BMP 文件必须放置在同一个目录下面，并对它们的名字编号。例如，从 Sun01. bmp 到 Sun100. bmp。选择一个位图文件为数字化电影的起始帧，Authorware 会自动按照文件的编号顺序播放剩余的图片从而形成一个连续的动画效果。

使用该方法可以利用简单的绘图工具来实现简单的动画效果。

操作步骤：

① 首先在流程线上放入一个显示图标，命名为“文字说明”，双击打开显示图标，在里面输入文字“影视片段欣赏”，修改文字的相关属性，如图 7－3－8 所示。

② 拖入一个数字电影图标到流程线，并命名为“影视欣赏”，如图 7－3－9 所示。

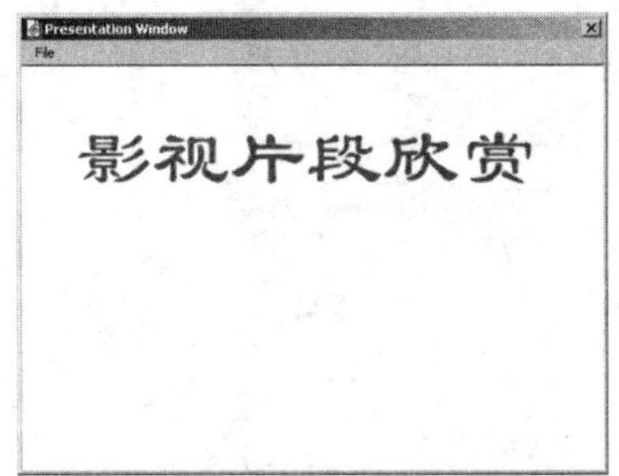

图 7－3－8　显示效果

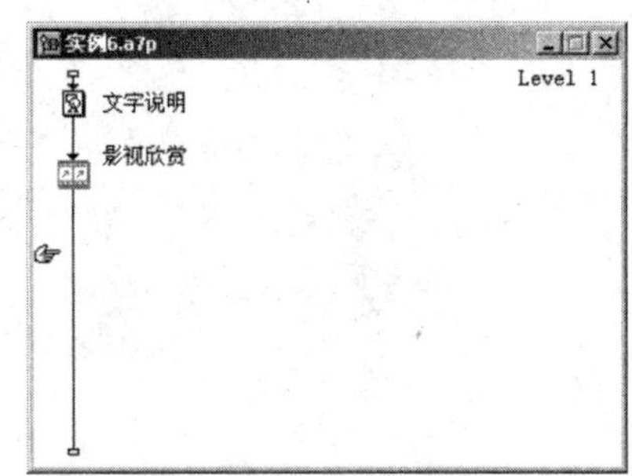

图 7－3－9　程序流程图

③ 用鼠标右键单击流程线上的数字电影图标，并选择 Properties，如图 7－3－10 所示。

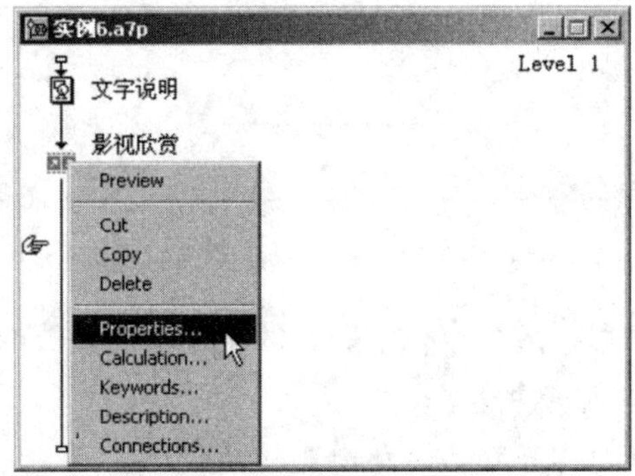

图 7－3－10　打开影视图标属性

④ 选择 Properties 后，系统弹出数字电影图标属性面板，如图 7－3－11 所示。

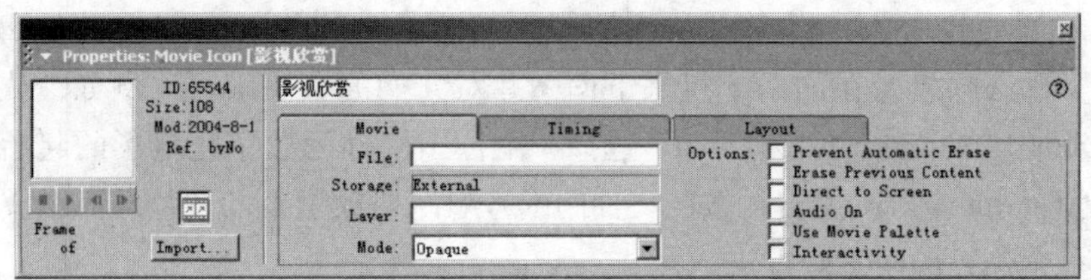

图 7－3－11　数字电影图标属性面板

⑤ 单击 Import 按钮，系统弹出数字电影导入面板，选择相对应的影视文件导入，如图 7－3－12 所示。

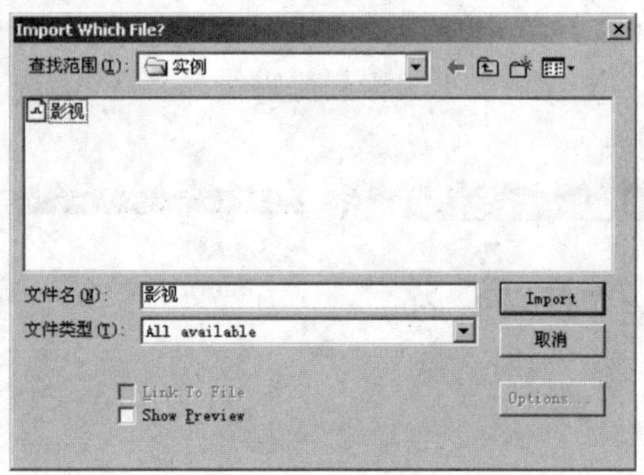

图 7－3－12　导入影视

⑥ 接下来我们来进一步了解并设置数字电影图标的相关属性，这里我们以图 7－3－13 为例来说明。

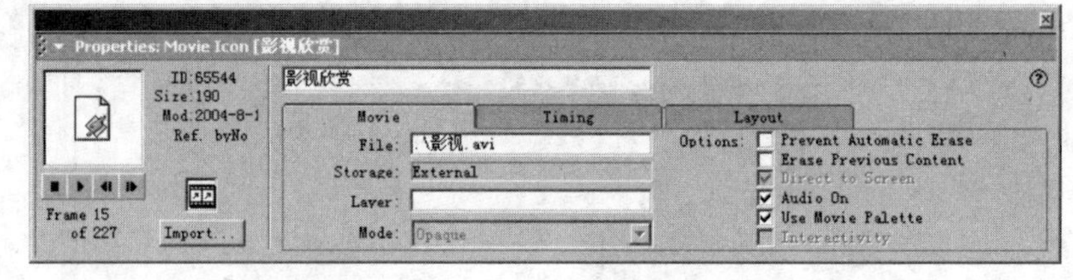

图 7－3－13　数字电影图标的选项

单击按钮可播放数字化电影，数字化电影播放的起始帧由起始帧输入框中的输入值决定。

单击按钮可停止对数字化电影的播放。

单击按钮，数字化电影向前跳动一帧。

单击按钮，数字化电影向后退一帧。

关于数字影像文件的存储方式，Authorware 提供了两种类型：内部存储方式与外部存储方式。在内部存储方式下，影像文件将存储在 Authorware 课件文件的内部，将课件打包之后，可以将它移动到任何位置进行播放，并且可以通过擦除图标对影像对象进行擦除，且可以设置各种擦除过渡效果。使用内部方式存储影像文件，势必增大课件文件的大小，好在由于压缩算法的进步和磁盘容量的增大，这种影响并不显得那么突出。

在帧计数器 Frame Counter 区域显示的是当前引入的数字化电影的总帧数和当前播放的帧位置，该区域的内容随数字化电影的播放实时更新。

单击 Import 按钮，系统弹出 Import 对话框，使用该对话框可选择要引入的数字化电影文件，并将文件信息引入 Authorware。

Movie 页签的设置及相关含义如下：

• File（文件）输入框。在该提示框中显示的是引入的外部文件的路径和文件名。我们可以使用该输入框直接输入引入的文件的路径和文件名，同样我们还可以输入一个变量或表达式来指定路径和文件名。

• Storage（储存）提示框。该提示框中只有两种显示内容：External（外部文件）和 Internal（内部文件）。使用该区域可以标识引入的数字化电影是存储在 Authorware 程序的内部还是外部的。该区域的内容与引入的数字化电影有关，是 Authorware 自动指定的。

• Layer（层次级别）文本输入框。在该文本输入框中可以输入数字化电影的层次级别。数字化电影的显示层次同一般图形的显示层次概念相同。对于数字化电影来说，Authorware 默认的层次级别是第“0”层，层次级别越高，数字化电影越显示在上面。

• Mode（显示模式）选项列表。该选项列表用于控制数字化电影在展示窗口中显示时同其他显示对象之间的关系。该选项只适用于内部存储（PICS、FLC 和 FLI 格式类型）的数字化电影文件，外部存储的数字化电影文件的显示模式只能是 Opaque 模式。

4 种显示模式介绍如下：

Opaque（不透明显示模式）。播放区将全部覆盖其下面的对象，快速显示所有的帧，没有任意透明的像素，使用该模式，数字化电影将播放得更快一些，并且占用较少的内存空间。

Transparent（透明显示模式）。将使数字化电影画面中以透明颜色显示的像素点不可见，因此在这些像素点的位置上将显示出下面对象在该位置的像素，从而产生一种透明的效果。Authorware 默认的情况是将白色作为 Macintosh Movie Editor 和 PICS 电影文件的透明色；将黑色作为 Authodesk Animator 的透明色。

Matted（遮隐模式）。使用该模式，将使播放区下面的对象中不可见的像素点转化为透明的颜色显示，数字化电影边缘的白色部分将不显示出来，只显示数字化电影本身的内容部分。

在默认的情况下，Macintosh Movie Editor 和 PICS 电影文件边缘的白色部分将被隐去，对 Authodesk Animator 数字化电影来说，边缘的黑色部分将被隐去。

Inverse（反显模式）。在这种模式下，数字化电影画面的像素点颜色将变成它下面的对象像素点的颜色，从而产生一种反色显示的效果。

• Options（内部选项）。请读者注意，该区域的选项并非对所有的文件都适用，当我们引入不同格式的数字化电影文件时，该区域的选项列表中只有和引入的文件格式相关的选项可用，其他的选项处在不可选的状态。如当我们引入了一个 Windows 标准格式 AVI 后，该区域只有四个选项可用，其他两个选项变成不可使用。

下面我们将逐一学习 Options 选项区域中所有选项的含义，具体的使用和各选项所适用的数字化电影文件格式请读者在实际的操作中进行体会。

Prevent Automatic Erase（防止自动擦除）。选择该选项将阻止其他设计按钮所设置的自动擦除选项擦除展示窗口中的数字化电影播放区。选择该选项后，如果想擦除该数字化电影必须使用擦除图标。

Erase Previous Content（擦除前面的所有内容）。选择该选项，在显示当前设计按钮中的内容之前，Authorware 将擦除展示窗口中所有前面的设计按钮所显示的内容，无论是在与当前显示内容在同一层还是在不同的层。完全将它们擦除后，再在展示窗口上显示当前设计按钮中的数字化电影。

Direct to Screen（直接显示在屏幕上）。选择该选项，Authorware 将数字化电影直接显示到展示窗口中其他显示对象之上。

Audio On（开启声音）。如果一个数字化电影包含动画和声音，打开该选项将在播放动画的同时播放声音。Authorware 默认选择该选项；当数字化电影不包含声音时，该选项变为灰色不可用。

Use Movie Palette（使用数字化电影的调色板）。选择该选项，Authorware 将使用数字化电影本身的调色板，而不再使用 Authorware 的调色板，请读者注意，并非所有的数字化电影都使用该选项。对于有的电影格式，该选项变为灰色不可用。

Interactivity。选择该选项，允许最终用户与具有交互作用的 Director 数字化电影通过外设（鼠标或键盘等）进行交互操作。

Timing 页签的设置及相关含义如下（见图 7－3－14）：

对于外部保存的数字化电影，Authorware 直接显示在屏幕上，被放置到所有显示对象的最上面。在 Motion 对话框中该选项不可用。

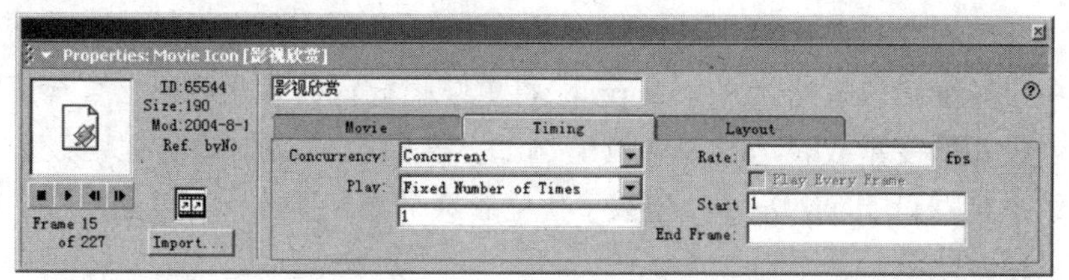

图 7－3－14 Timing 页签

- Concurrency（并发控制）选项。用来决定移动开始后 Authorware将干什么。其包含选项的含义如下：

选择 Wait Until Done 选项，Authorware 在开始播放该图标中的数字化电影后，暂停所有动作，等待数字化电影播放完成后再执行下一个设计按钮。

选择 Concurrent 选项，Authorware 在开始播放该图标中的数字化电影后，流程线上的下一个图标被继续执行。

选择 Perpetual 选项，当被激励的对象得以显示并且给定的表达式为真时，带有 Perpetual 并发性设置的数字化电影图标将播放该数字化电影。

- Play 播放模式选项列表（见图 7－3－15）。该选项列表是用来控制数字化电影的播放方式和播放进程的。在该选项列表中有下列选项。

Repeatedly
Fixed Number of Times
Until True
Only While in Motion
Times/Cycle
Controller Pause
Controller Play

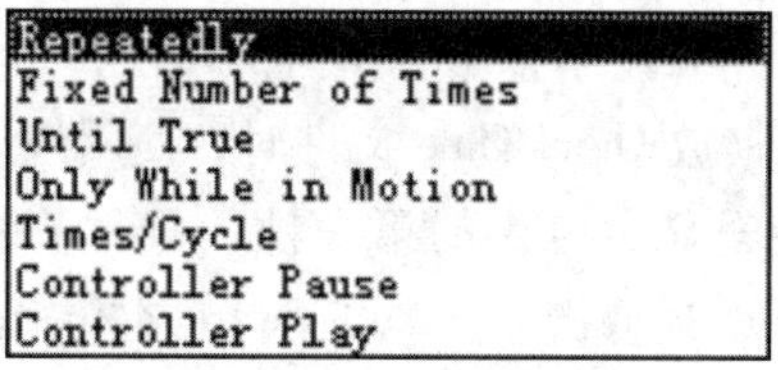

图 7－3－15 播放模式

Repeatedly（重复播放）。选择该播放模式，在展示窗口中，Authorware 重复播放该数字化电影，直到有一个擦除图标来擦除该数字化电影。或者使用系统函数 MediaPause () 来终止对该数字化电影的播放。

Fixed Number of Times（固定播放次数）。使用该播放模式，我们可以在下面的文本输入框中输入数值、变量或数值型表达式来控制数字化电影的播放次数，Authorware 默认的值是“1”次，如果读者输入值或变量和表达式的值为“0”，Authorware 将只显示数字化电影的第一帧。

在程序的运行过程中，Authorware 时刻监视着设定有 Perpetual 并发性设置的数字化电影图标的触发条件，即使该图标已经执行完毕。一旦条件为真，则 Authorware 自动播放该数字化电影图标中的数字化电影。

Only While in Motion 选项对于某些特殊效果的动画是非常有帮助的。例如，我们在拖动一个画面时，画面上的动物会实现某些动作。

对于 PICS 数字化电影来说，选择 Only While in Motion 显示模式后，Authorware 在展示窗口上只播放该数字化电影的第一帧，只有当该电影被一个移位图标移动或被最终用户的鼠标拖动时，该数字化电影才开始播放。

如果播放的数字化电影不是 QuickTime 格式的文件，Under User Control 选项变为灰色不可用。当在 Concurrency 并发选项列表中选择 Concurrent 选项时，该选项同样不可用。

Until True。选择该播放模式，读者可以在它下面的文本输入框中设置变量或表达式，Authorware 将重复播放该数字化电影，直至读者设置的变量或表达式值为真。例如，我们在该文本输入框中设置了系统变量 MouseDown，则数字化电影会被重复播放，直至用户按下鼠标才结束。

Only While in Motion（只有在移动时才播放）。该选项对存储在外部的数字化电影是无效的，也就是说，Storage 标识为Internal时该选项才有效。

Times/Cycle。该播放模式对外部存储的数字化电影文件无效。当选择该播放模式后，Authorware 将调整播放的速度来完成每一次播放中指定的次数。例如，模拟月球绕地球旋转的实例中，月球自转是一个数字化电影动画，让这个数字化电影动画沿一定路径绕地球旋转，我们可以调整 Times/Cycle 速率来使月球在绕地球旋转一周的情况下，数字化电影播放多少次。

Under User Control。该播放模式只对 QuickTime（MOV）格式的数字化电影适用。对于此种格式的电影来说，选择该播放模式，Authorware 将在屏幕上显示一个默认的播放面板，该面板提供了对电影播放的控制栏，包含暂停、快进、停止播放等控制按钮。用户可以拖动这个面板到合适的位置。

Controller Pause。当数字化电影被显示在播放区域后，Authorware 并不开始播放电影，只显示该数字化电影的第一帧，等待最终用户的响应。例如，在播放 QuickTime 文件时，使用该选项，当电影被放置到展示窗口后，只显示电影的第一帧，只有最终用户单击 QuickTime 播放控制面板的播放键后，Authorware 才开始播放该电影。

Controller Play。该播放模式是和 Controller Pause 播放模式相对的，当数字化电影被放置在展示窗口上就开始播放。

- Rate（播放速度）。对于支持可调整播放速度的数字电影格式，可以通过该选项的文本输入框来设置数字化电影的播放速度。在该文本输入框中，可以输入数值、变量或数值型表达式来调整播放的速度。

- Play Every Frame（播放每一帧）。该选项只对内部保存的文件有效。选择该选项，Authorware 在播放的过程中，不跳过每一帧，并尽量快地播放电影的每一帧。但播放的速度不会超过 Rate 文本输入框中设定的播放速度。

- Start Frame 和 End Frame（起始帧和结束帧）。使用这两个文本输入框可控制电影播放的范围。当最初将数字化电影引入 Authorware 中时，这两个输入框中显示的是第一帧和最后一帧所处的帧数。读者如果想控制数字化电影播放的范围，可以在这两个文本输入框中输入合适的数值、变量或数值型表达式来限定播放范围。

注意：

① 读者可以在预览窗口中观察要设定范围的帧的位置。

② 要想让数字化电影倒放，读者可以在起始帧文本输入框中输入较高的帧数，在结束帧文本输入框中输入较低的帧数。对于 Director 和 MPEG 格式的数字化电影是不能倒放的。

Layout 页签的设置及相关含义如下（见图 7－3－16）：

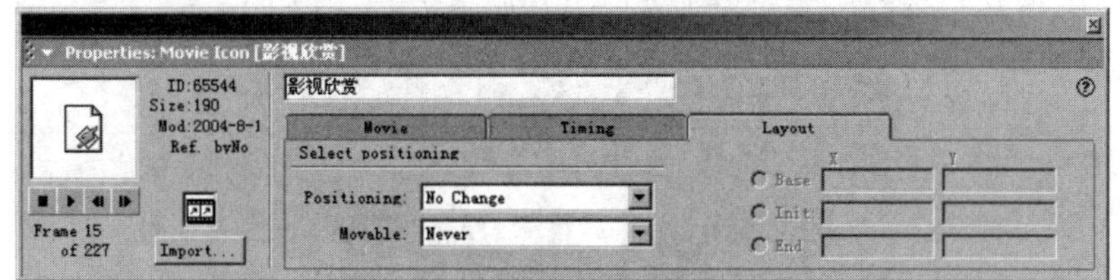

图 7－3－16　Layout 页签

该对话框主要用来设置在展示窗口上显示的数字化电影的显示位置和移动特性。

• Movable（移动特性）。Movable 是指数字化电影在展示窗口的可移动性，Authorware 的默认值是 Never，不可移动。它包含以下几个选项。

Never。该选项是 Authorware 的默认选项，选择该选项，数字化电影在展示窗口中不可移动。

On Screen。数字化电影可以在展示窗口内随处移动。请读者注意，整个电影必须在屏幕内。

Anywhere。数字化电影可以在展示窗口中随处移动。请读者注意，数字化电影甚至可以移到屏幕以外。

在这里，希望读者亲自实践一下，对这些选项会有更深刻的认识。

• Positioning。Positioning 包含以下选项。

No Change。数字化电影总是出现在当初放置的位置。除了选择可移动选项以外，不能移动到其他区域。

On Screen。Initial 区域中的值是数字化电影在屏幕中的位置。我们可以手工输入数值，或通过用鼠标拖动对象到合适的位置。该

如果输入的速度太快，用户的系统不足以逐帧播放数字化电影时，Authorware 将适当跳过一些帧，来达到播放速度的要求。如果在对话框中选择了 Play Every Frame 选项，则 Authorware 将牺牲播放速度来播放每一帧。

在设计多媒体时，导入数字影像文件是非常重要的，但也不能仅仅停留在播放现有的数字影像文件和丰富课件内容的层次上，而是应该多从为用户提供交互操作的角度出发，这样的课件才具有灵活性、交互性，引起人们的关注与兴趣。

区域的值随对象的移动而改变。

On Path。数字化电影出现在定义了起点和终点的一条直线的某一点上。

In Area。数字化电影出现在定义了范围的四边形区域中，显示的位置由 Initial 区域中的数值决定。

- Base（起点）和 End（终点）。起点和终点的设置在后面的移动图标中再详细讲解。
- Initial。Initial 区域中可以输入变量，来控制显示对象在直线上的位置。该选项在交互式多媒体软件的设计中被大量使用，希望读者能实际操作尝试该选项，体会其含义。

⑦ 最后保存，并播放观看效果，如图 7－3－17 所示。

图 7－3－17　运行效果

7.4　设置动画

动画是多媒体作品中不可缺少的一部分，在一些作品的开篇常常会看到反映主题的三维动画，这些动画通常精彩、生动，很容易引起用户的兴趣。但 Authorware 所能制作的动画仅仅是二维的，即动画的对象只能在一个平面内运动。然而这并不说明 Authorware 不能演示三维动画，它可以通过文件插入的方式来演示其他软件（如 3ds Max、Premiere 等）制作的三维动画。实际上，Authorware 提供的 5 种动画方式在多媒体作品的制作中已经足够了。在 Authorware 中动画是通过移动图标实现的，在这一节中，我们将详细讲解移动图标及相关属性。

7.4.1　移动图标的类型

在很多情况下，动画的吸引力远远超过静止的图像和呆板的文本，其说服力是非常强大的。在目前的多媒体设计中，越来越多的动画和声音被引入到娱乐作品和教学作品中，大大激起了用户的兴趣。那么在 Authorware 中，移动图标提供了哪些动画方式呢？我们来一一讲解。

实例 7　认识移动图标——飞行的小鸟

本例要点：

◇ 认识移动图标。

◇ 不同类型的移动方式。

一般来说，Authorware 制作动画必须具备两个图标。首先是显示图标。显示图标是 Authorware 动画对象的载体，有了显示图标，才能存储演示动画的人物、动物、机械等对象。其次是移动图标。移动图标常常位于显示图标的下方，通过移动图标中的内部设置才能控制动画对象的运动。因此，在进行动画设置之前必须做好这两方面的准备工作。

注意：

多个移动图标可以作用于同一个显示对象，这些移动图标作用于同一个显示对象时，可以使用不同的动画方式，但不能对同一个显示对象同时起作用。

要想移动某个图标中显示的对象（包括图像或文本），就必须将移动图标放到该图标的后面。

在同一个文件中，不允许有相同名字的移动图标。

操作步骤：

① 首先在流程线上放入一个显示图标，命名为“小鸟”，双击打开显示图标，在里面导入一张小鸟图片，如图 7 -4 -1 所示。

② 再在流程线上放入一个移动图标，命名为“飞行”，如图 7 -4 -2 所示。

对于新建的移动图标，当课件运行到此处时，Authorware 将自动打开该图标。只要将显示对象放置在移动图标之前，它就会显示在演示窗口内，这样就允许用户对移动属性进行设置。对于修改的移动图标，用户可以在课件运行到移动对象之后暂停，双击流程线上的移动图标，即可保证移动图标对话框打开后，包含移动对象的演示窗口出现在它的后面。

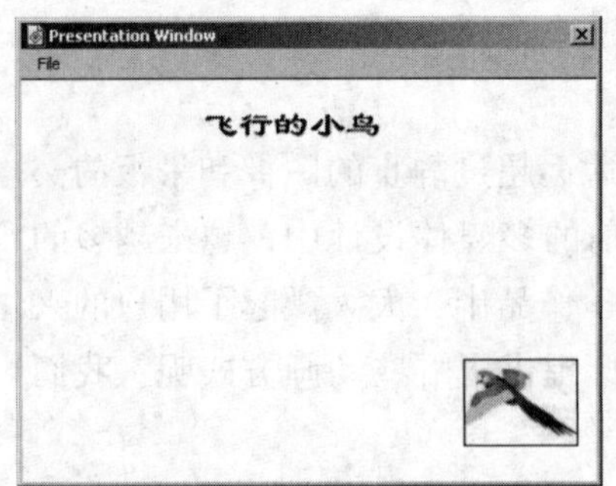

图 7 -4 -1　显示效果

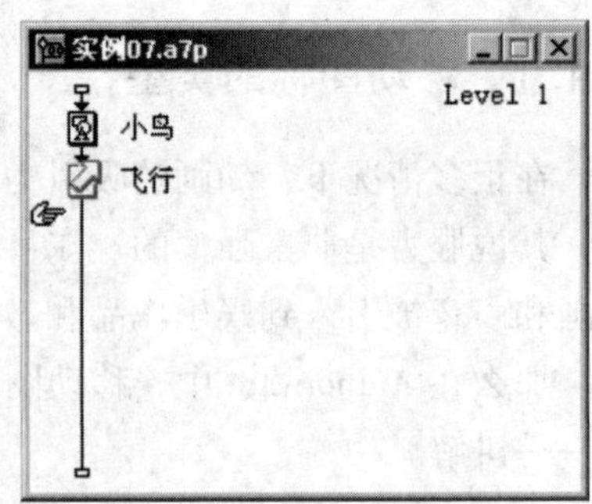

图 7 -4 -2　流程图

③ 接下来开始设置移动图标，这时候直接播放程序，Authorware自动弹出移动图标的属性面板，如图 7 -4 -3 所示。

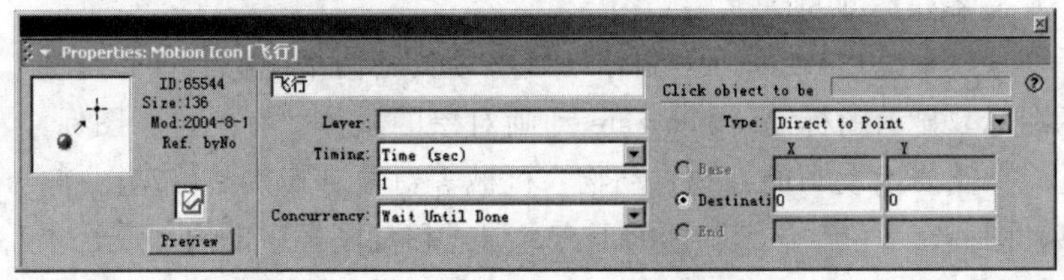

图 7 -4 -3　移动图标属性面板

Authorware 提供了强大的移动功能，它是实现多媒体动画的前提与基础。Authorware 支持 5 种移动功能，其中前 3 种是直接将对象移动到目的位置，后两种是沿着路径移动对象。

④ 对于移动图标的属性面板的具体设置我们稍后再讲，在这里我们先单击显示图标中的小鸟，再把它拖到另外一个位置就可以了。最后播放程序，就可以看到简单的动画效果。

在这个实例当中我们只是简单地做了一个小程序，用到了最简单的一种移动方式，接下来我们再来详细介绍各种移动类型。

利用 Authorware 提供的移动图标，我们可以实现如图 7 -4 -4 所示的 5 种方式的路径运动。

第一种，至固定点的运动（两点间的运动）。这种运动方式是将显示对象从展示窗口中的当前位置运动到指定的终点位置。

第二种，至固定直线的运动（点到直线计算点的运动）。这种运动方式是将显示对象从展示窗口中的当前位置运动到定义了起点和终点的直线的某一点上。

第三种，至固定区域的运动（点到区域计算点的运动）。这种运动方式是将显示对象从展示窗口中的当前位置运动到定义了范围区域中的某一点上。

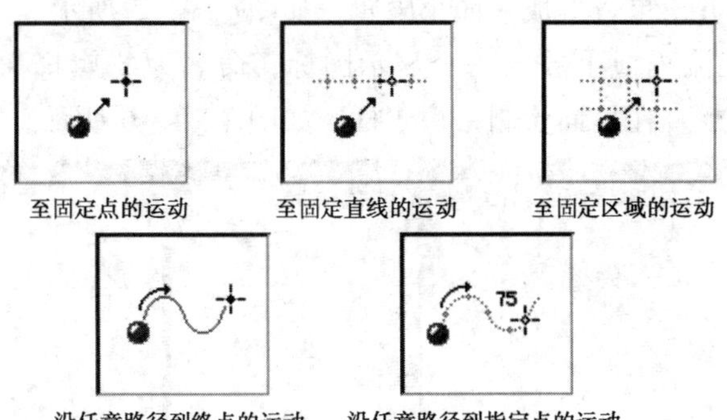

图 7-4-4　移动的方式

第四种，沿任意路径到终点的运动。这种运动方式是将显示对象沿定义的路径从展示窗口中的当前位置运动到终点。

第五种，沿任意路径到指定点的运动。这种运动方式是将显示对象沿定义的路径从展示窗口中的当前位置运动到路径上的任意位置。

第四种和第五种移动方式非常相似，不同之处是，第四种方式是沿指定路径直接移动到终点，第五种方式是沿指定路径移动到路径上的任意点。

接下来，我们再通过几个实例来详细介绍几种不同的移动类型的属性设置。

7.4.2　移动图标的设置

Authorware 提供的移动图标，可以实现图 7-4-4 所示的 5 种方式的路径运动，前面的实例当中我们用到系统默认的第一种移动方式“至固定点的运动（两点间的运动）”。由于篇幅有限，且前面 3 种移动方式有很多相似的地方。同样后面 2 种的移动方式也非常相似，所以，接下来我们通过两个实例再来讲解不同的两种移动方式。

实例 8　移动图标的设置——升旗

本例要点：

◇ 点至固定直线的运动方式。

◇ 移动图标相关属性设置。

操作步骤

① 首先在流程线上放入一个显示图标，命名为“红旗”，双击打开显示图标，在里面绘制一个红色的小矩形，再从其他地方

红旗上的 5 颗五角星在 Authorware 中制作起来比较麻烦，我们可以到其他软件，如 Photoshop 等软件中复制、粘贴过来。

复制5颗小五角星，形成一面小国旗，如图7-4-5所示。

② 再在流程线上放入一个显示图标，命名为“旗杆”，双击打开显示图标，在里面绘制一根旗杆，如图7-4-6所示。

为了使旗杆更加逼真，我们可以在旗杆下加一个底座，当然，色彩最好与旗杆相同，这样看起来更像一个整体。

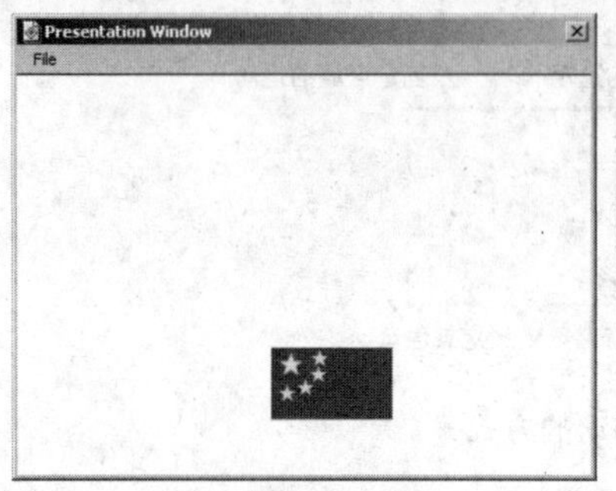

图7-4-5　红旗

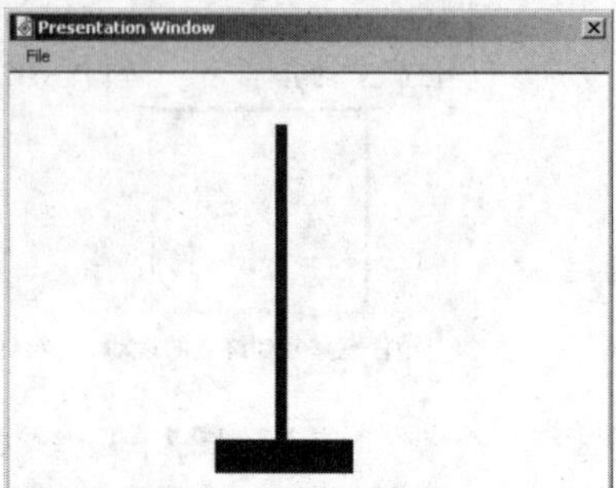

图7-4-6　旗杆

③ 在这里还有关键的一步，一定要记得调整好“红旗”与“旗杆”的位置，直接播放程序，拖动“红旗”到一个适当的位置，如图7-4-7所示。

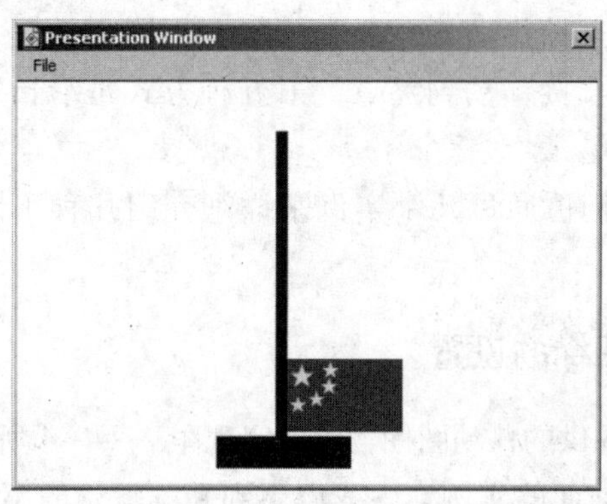

图7-4-7　调整“红旗”位置

在移动过程中，当两个移动对象相互重叠时，Authorware将依据Layer选项决定处理的方法。在默认情况下，Authorware将按照图标在程序流程线上出现的次序，安排对象在演示窗口的显示层次。唯一的例外是设置为Direct to Screen类型的数字影像总是在其他图形对象之前放映。

④ 拖动一个移动图标到流程线上，并命名为“升旗”，直接播放程序，系统弹出移动图标的属性面板，如图7-4-8所示。

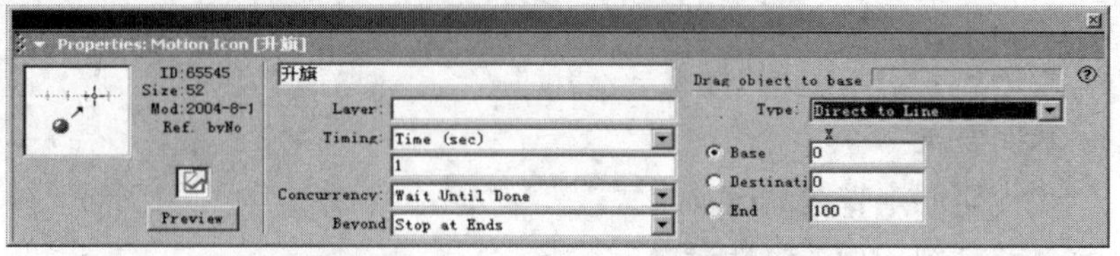

图7-4-8　移动图标属性面板

在这里我们先看看属性面板各个选项的含义。

- Type（移动类型）选项列表。为所有Authorware提供的5

种移动类型的列表，我们可以在该选项列表中选择合适的移动类型，对于每一种移动类型，都有一个与该移动类型相匹配的移动设计按钮对话框。

- Layer（设置层）文本输入框。在该文本输入框中输入要移动的对象在展示窗口中显示时所处的层。

在动画的演示过程中，不可避免地会出现不同显示对象之间的重叠现象。在重叠时为了决定哪个显示对象在上面，哪个显示对象在下面，以产生不同的动画效果，Authorware 为我们提供了层的概念，利用显示对象层次的高低来决定重叠时它们之间的关系。当两个显示对象重叠时，层次级别高的显示对象显示在层次级别低的显示对象的上面。

在 Layer 文本输入框中，我们可以输入正整数、负整数和零。

- Timing（时间）控制选项。Authorware 提供了两种时间的控制方法。

Time（sec）：使用移动显示对象所需时间来控制。该控制方法为 Authorware 默认的控制方法。

Rate（in/sec）：用显示对象移动的速率（英寸/秒）来控制。

在 Timing 文本输入框中我们可以输入任何数字类型的数值、变量或表达式。例如，我们选择 Time（sec）时间控制方式，然后在其下方的文本输入框中输入 5，意思是显示对象从起始点移动到终点的时间为 5 秒。我们选择 Rate（sec/in），然后在其下方的文本输入框中输入 0.2，表示显示对象从起始点到终点的移动速度为 0.2 英寸/s，如果起始点和终点之间的距离是 1 英寸的话，显示对象到达终点所需的时间为 5 秒。

Authorware 提供的移动功能的适用范围非常广泛，不仅仅是图形可以使用该功能，文本、数字化电影等都可以利用移动图标产生动画的效果。

- Concurrency（并发控制）选项。该选项用来决定移动开始后 Authorware 将干什么。

Wait Until Done（等待直至完全移完选项）。选择该选项，Authorware 在执行该移动图标后，暂停所有的动作，等待移动图标对显示对象的移动完成后再执行下一个图标。

Concurrent（并发选项）。选择该选项，Authorware 在执行该移动图标后，流程线上的下一个图标被继续执行。

Perpetual（常动选项）。选择该选项，当被激励的对象得以显

不同的时间控制方式可以达到同样的动画效果。我们在设置不同的显示对象同时到达的情况下用时间的控制方式。设置固定速率或不同速度的对象的运动可以使用速度控制方式。两种方式结合使用，可以产生丰富、生动的二维动画效果。

示并且给定的表达式为真时，带有 Perpetual 并发性设置的移动图标将执行。在程序运行过程中，Authorware 时刻监视着设定有 Perpetual 并发性设置的移位图标的触发条件，一旦条件为真，则自动执行该移动图标来移动显示对象。

注意：

Perpetual 选项不适用于至固定点的移动，仅适用于其他 4 种类型的移动。

Beyond Range 选项用于设置移动对象的越界，它只对 Direct to Line，Direct to Grid 和 Path to Point 三种移动类型有效。在上述移动类型的作用下，当控制运动的数值小于起点位置或大于终点位置的数值时，Beyound Range 会发生作用。Authorware 提供了 3 种越界处理选项。

• Beyond（越界）选项列表。一般来说，我们可以使用变量或表达式来控制至直线上计算点或至区域计算点的移动。在这种情况下，Beyond Range 选项列表是非常重要的。

Stop at Ends（在终点停止选项）。该选项可防止把对象移动到规定的线或区域外面。例如，如果控制动画的数值、变量或表达式的值大于线或区域的终点值时，则对象将仅仅移动到线或区域的终点位置。

Loop（环路选项）。该选项将线性路径看作是将终点位置和起点位置连接起来。例如，如果起点位置值为 0，终点位置值为 100，控制移动的值为 150，那么对象将移动到直线上的某个位置［该位置数值为150 -（100 -0）=50］。

Past Ends（越过终点选项）。选择该选项，Authorware 建立一条长度无限并假定了起点位置、终点位置和数值都是线上的简单参考点。

⑤ 在这里我们可以不设置移动图标属性面板的内容，只需将“红旗”拖动到“旗杆”的顶部就可以了，当然为了让“升旗”的过程平缓一点，可以将时间设置为 3 秒，最后，保存并观看效果，如图 7 -4 -9 所示。

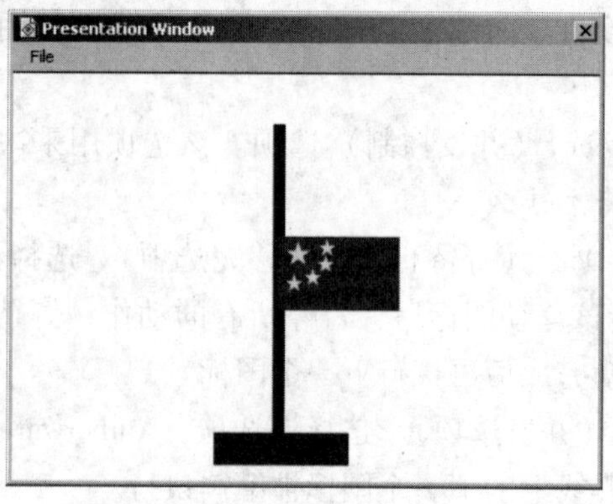

图 7 -4 -9　程序效果图

在前面的例子中，运动效果都是以直线的方式运行的，那么，在 Authorware 中，如何实现按固定的路线运动，并且，不一定要以直线的方式运动呢？接下来，我们就通过下面这个例子讲解。

实例 9　移动图标的设置——地球绕太阳转

本例要点：

◇ 沿任意路径到终点的移动。

◇ 循环往复运动的设置。

操作步骤：

① 首先在流程线上放入 2 个显示图标，分别命名为“地球”“太阳”，如图 7-4-10 所示。

② 分别打开 2 个显示图标，在其中分别画入一个圆形，播放程序，并将其调整到适当位置。

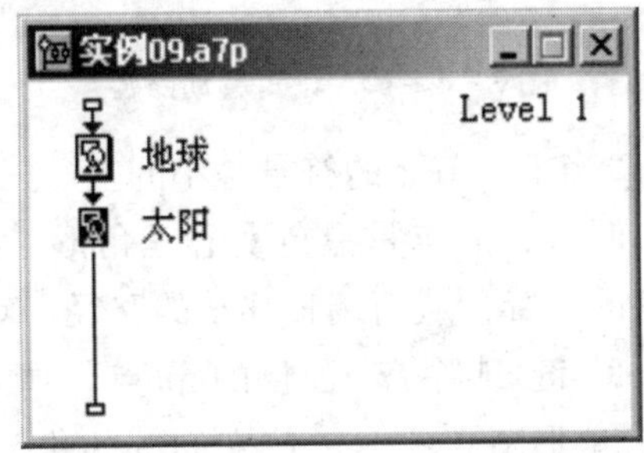

图 7-4-10　放入显示图标

③ 拖动一个移动图标到流程线，并命名为“环绕”，直接运行程序，系统弹出移动图标的属性面板，在这里我们将进行如图 7-4-11所示的设置。

Type 选项列表选择 Path to End，沿任意路径到终点的移动方式。

Timing 文本输入框时间设置为 3 秒。

Move When 输入 True，这里的作用是为了保证能循环运动。

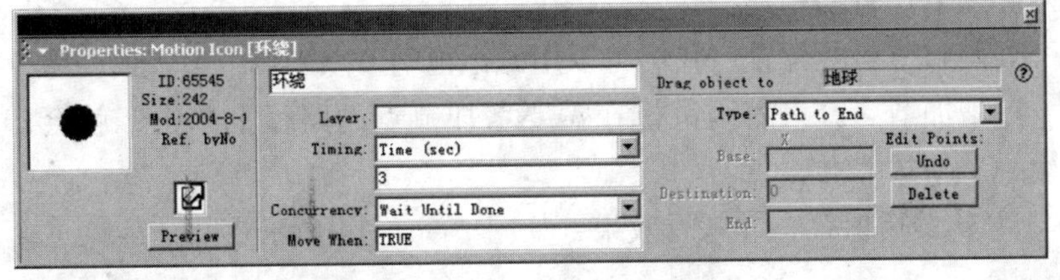

图 7-4-11　移动属性面板

④ 接下来绘制路径，产生路径的方法是用鼠标拖动要移位的对

使用 Path to End 作为对象的移动类型，将使对象从当前位置沿着一条设定的路径，移动到路径的终点。路径是由直线或曲线组成的。与 Direct to Point 类型不同，路径起点可以不是对象在演示窗口的起始位置，这样当开始移动时，对象可能会从初始位置突然跳到路径起点。对象移动结束之后，它总是停留在设定路径的终点。

象到合适的位置，释放鼠标后便产生一个节点。节点用三角形符号表示。继续用鼠标拖动对象到另一个位置，产生另一个节点，重复操作产生其他节点，连续产生的节点被节点间的直线连接起来，形成直线段的移动路径。这里为了接下来更好地变成一个圆形，特意将节点组成一个三角形，如图 7－4－12 所示。

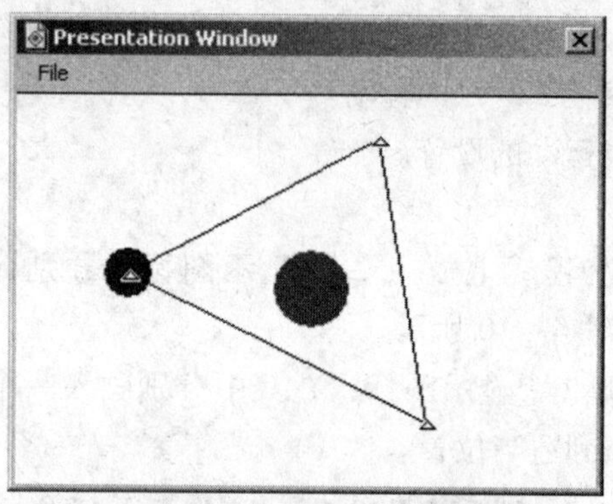

图 7－4－12　设置移动路径

在图 7－4－12 当中，节点的符号是小的空心三角形，当该节点处在被选中状态的时候，节点是黑色实心三角形，我们可以用鼠标拖动节点来改变它的位置，从而调整移动的路径。对路径进行修改，还可以使用 Delete 键删除路径上的节点。请读者逐个双击图 7－4－12中的三角形节点符号，使它们都转化为圆形符号节点，如图 7－4－13 所示。

从图 7－4－13 上，我们可以看到，原来的直线连接路径转化成为曲线过渡连接的路径，当然，读者也可以使用直线连接和曲线过渡连接相互结合的路径。

路径的编辑：Delete 键用来删除当前节点，当前节点是用黑色实心符号表示的，如果要删除某节点，只需将该节点设定为当前节点，即使其处在选中状态，然后按 Delete 键即可。删除节点后，该节点两侧的节点自动相连。

调整节点的位置：我们可以用鼠标拖动节点来调节节点的位置。

增加节点：只需用鼠标在需要增加节点的路径上单击，就会产生一个新的节点。

⑤ 最后保存，并观看效果，如图 7－4－14 所示。

如果节点是三角形的，那么表示此前的路径是直线的，如果节点是圆形的，那么表示此前的路径是一段圆弧。双击节点，可在三角形与圆形之间进行切换，并且路径的性质也将发生变化。

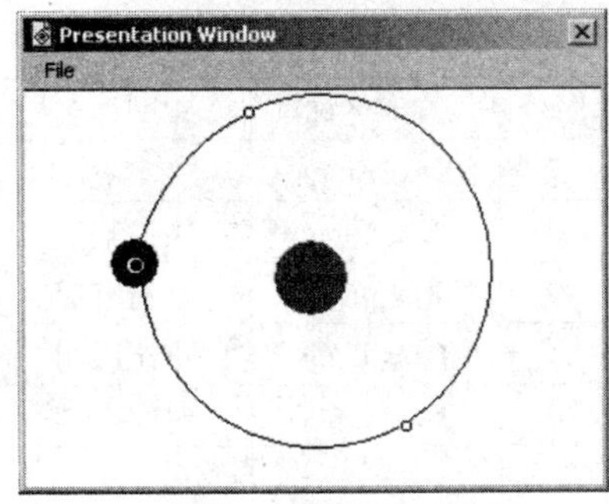

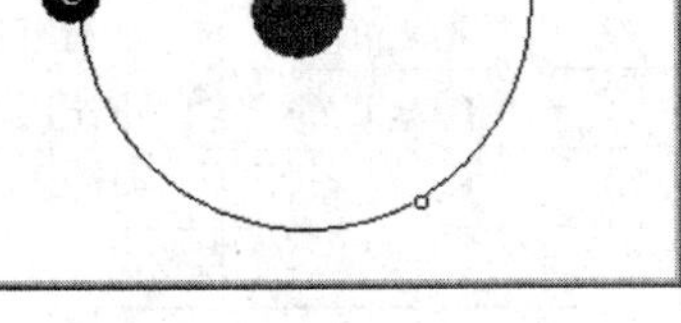

图 7－4－13　改变移动路径　　图 7－4－14　程序效果图

7.5　建立交互

通过前面的学习我们知道，Authorware 是一个功能强大的多媒体制作软件，它是以图标为基础，流程图为结构的编辑平台。它能够将图形、声音、图像和动画有机地组合起来，形成一套完善的多媒体系统。它的出现使不具备高水平编程能力的用户创作出高质量的多媒体应用软件成为可能。而交互作用的控制是 Authorware 强大功能的最集中的体现，也是多媒体创作的核心，是计算机区别于其他媒体的最显著的特征。在这一节中我们将详细讲解交互的应用。

7.5.1　了解交互的类型

在制作实例之前，我们先了解一下 Authorware 提供的 11 种交互方式，如图 7－5－1 所示。具体名称和中文翻译见表 7－5－1。

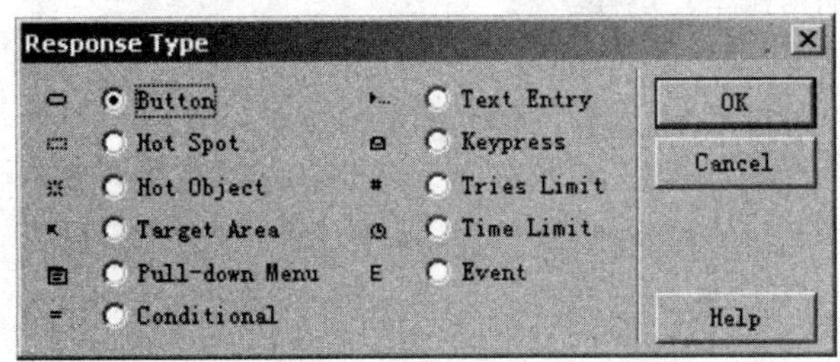

图 7－5－1　交互类型面板

简单地说，交互就是一种人与课件对话的机制。交互功能的出现，不仅使多媒体课件能够向用户演示信息，同时也允许用户向课件传递控制信息，并据此做出实时的反应。通过交互功能，人们不再被动地接受信息，而是可通过键盘、鼠标甚至时间间隔来控制多媒体课件的流程。为了实现交互功能，必须在课件内设置多个交互点，这些交互点提供了响应用户控制信息的功能。通过对控制信息的记录和比较，就可以决定课件下一步应该运行的内容。

当 Authorware 遇到交互图标时，就在屏幕上显示交互图标中所包含的文本和图像，然后 Authorware 就停下来等待用户的响应，用户做出响应后，Authorware 就将该响应沿着交互流程线发送出去，并判断是否与某个目标响应相匹配。如果找到一个匹配项，则程序流程转向该分支并执行。

表 7-5-1 Authorware 提供的交互

序号	响应名称	中文译名	序号	响应名称	中文译名
①	Button	按钮响应	⑦	Text Entry	文本响应
②	Hot Spot	热区响应	⑧	Condition	条件响应
③	Hot Object	热对象响应	⑨	Key press	键盘响应
④	Target Area	目标区域响应	⑩	Tries Limit	重试限制
⑤	Pull-down Menu	下拉菜单响应	⑪	Time Limit	时间限制
⑥	Event	事件响应			

Authorware 的交互性是通过交互图标来实现的，它不仅能够根据用户的响应选择正确的流程分支，而且具有显示交互界面的能力。交互图标与前面的图标最大的不同点就是它不能单独工作，它必须和附着在其上的一些处理交互结果的图标一起才能组成一个完整的交互式的结构。另外它还具有显示图标的一切功能，并在显示图标的基础上增加了一些扩展功能，如能够控制响应类型标识的位置和大小。

交互图标的结构可分为 3 层，按照从上到下的顺序分别是交互流程线、响应结果图标和返回路径。其中，响应类型标识符就出现在交互流程线上，不同的响应类型标识符对应着不同的响应类型。结果图标与响应类型标识符是一一对应的。当一个交互发生时，程序首先在交互流程线上反复查询等待，并判断是否有某一项类型与用户的操作匹配。如果存在这样的匹配项目，则进入响应图标中执行相应的动作，然后根据不同的返回路径把程序的控制返回给交互图标以便进入下一次的查询判断，或者直接返回到交互流程线上继续寻找下一个匹配的目标，或者退出交互过程。

在程序中加入交互功能，首先要创建交互图标。方法如下：

① 把交互图标放置到流程上预定的位置。

② 交互图标本身并不提供交互响应功能，为了实现交互功能还必须再拖动其他类型的图标（如显示图标、群组图标等）到交互图标的右边。

7.5.2 按钮响应

按钮响应是使用最广泛的交互响应类型，它的响应形式十分简单，主要是根据按钮的动作而产生响应，并执行该按钮对应的分支。这里的按钮可以是系统自带的样式（通过执行菜单 Window→Buttons

查看选择)，也可以是用户自定义的。下面我们就通过一个简单的实例来讲解按钮响应。

实例 10　按钮响应——习题测试

本例要点：

◇ 认识交互图标。

◇ 按钮响应的属性设置。

按钮响应是一种使用最频繁的交互方式。本程序的作用就是在屏幕上显示有 4 个习题让你选择，并且单击某个按钮弹出相对应的习题。

操作步骤：

① 首先在流程线上放入一个交互图标，命名为“习题”，如图 7－5－2 所示。

② 再拖动一个显示图标放到交互图标的旁边，系统弹出交互类型对话框，保持默认选项不变，单击 OK 按钮，如图 7－5－3 所示。

③ 保持默认的选项也就是选择了 Button，并且命名为“第一题”。在这里大家一定要命名详细，这个名称也就是按钮上的卷标，如图 7－5－4 所示。

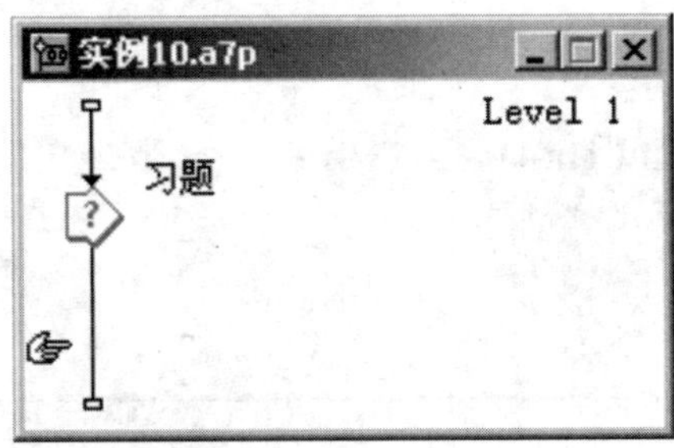

图 7－5－2　选择交互图标

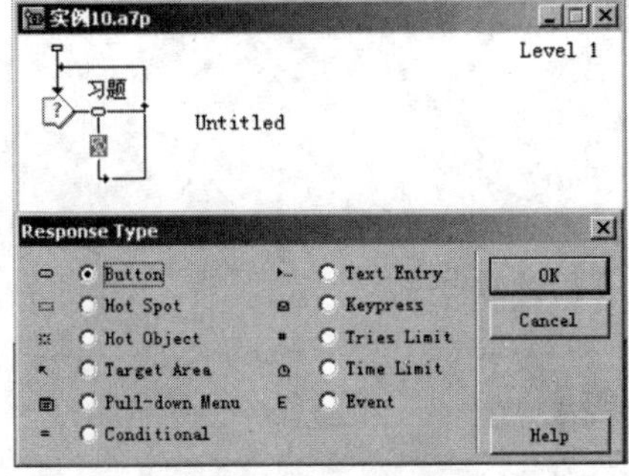

图 7－5－3　选择交互类型

一个具有交互功能的交互图标主要包含 4 部分内容：交互图标、响应类型标识符、结果路径和结果图标。交互图标是显示图标的扩展，它不仅可以显示按钮、菜单及文本框等一些元素，还允许用户进行响应。

交互图标的形状类似于一个指向右方的箭头。交互图标是由显示图标和决策图标组合而成的，决策图标能够根据用户的响应选择正确的流程，显示图标给出交互界面的外观。交互图标的显著特点就是必须连同处理交互结果的图标一起，才能在流程线上建立一个交互式结构，而不是独立完成某项操作。

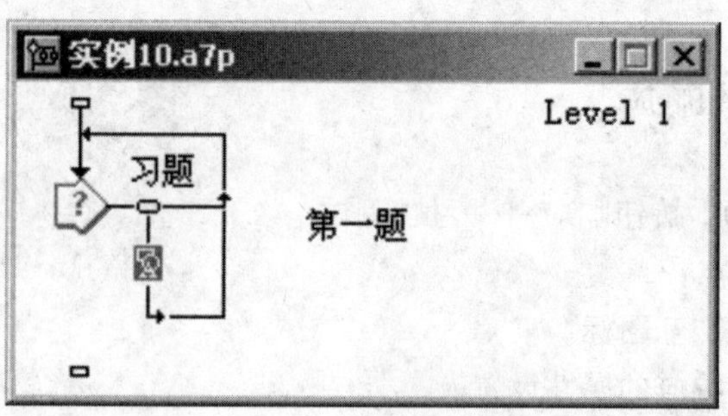

图7-5-4　设置按钮卷标

④ 双击打开显示图标，在其中输入相关的内容，如图7-5-5所示。

⑤ 打开播放控制面板运行程序，接下来暂停，对按钮的位置进行调节，使之置于合适的位置，如图7-5-6所示。在演示窗口中出现一个带标签的按钮用于设置按钮的形状。

选择该按钮之后，用户可以移动该按钮改变其位置，或者拖动其周围的白色小方块来改变其大小。对于显示窗口的按钮，用户不能对它进行剪切与复制，因此选择按钮之后，工具栏的“剪切”与“复制”按钮将处于禁用状态。改变按钮的大小时，标签的字号也将随着改变。

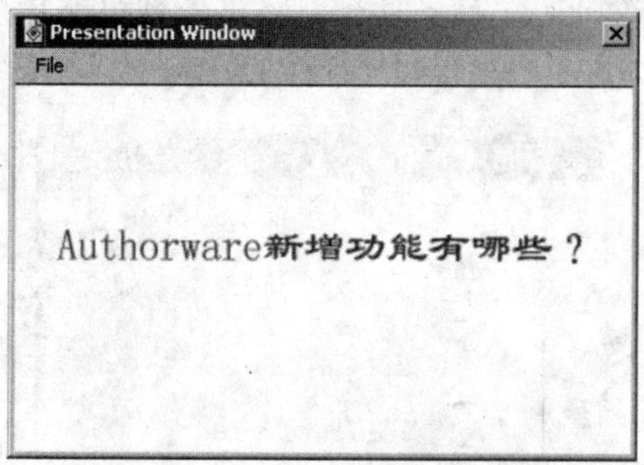

图7-5-5　设置显示图标

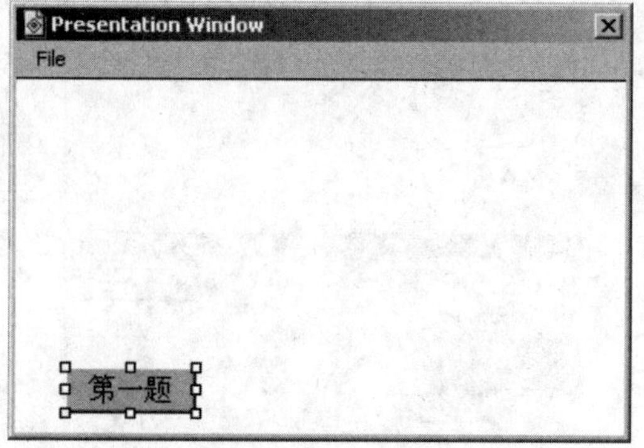

图7-5-6　按钮

⑥ 接下来，对按钮的属性进行设置，双击图 7－5－6 中的按钮，弹出按钮的属性面板，如图 7－5－7 所示。我们先来了解一下各个选项的含义。

• Size。该文本输入框用于输入按钮的长度和宽度。

• Location。如果确定了按钮在屏幕上的位置，可以直接在文本框中输入 X，Y 的坐标值。

> 要使用组合键时，可直接在 Key 文本框内输入组合键的名称。例如 CtrlA，表示 Ctrl + A 组合键将触发所选的按钮响应。在使用键盘快捷键或组合键时，应该注意避免与应用程序窗口的一些常用快捷键重复，Authorware 7.0 将优先执行内置的快捷键。

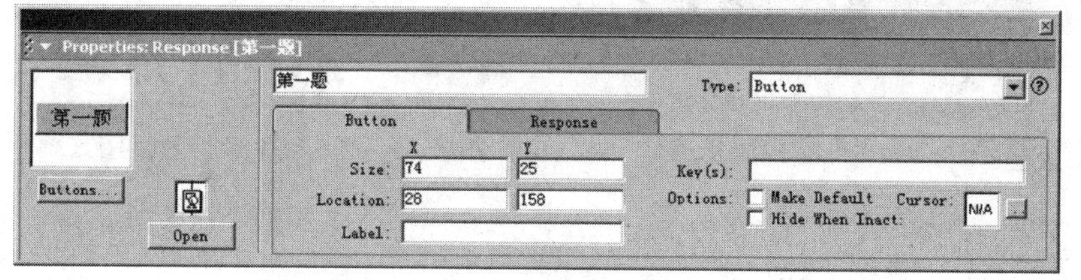

图 7－5－7　按钮属性设置面板

• Label。该文本输入框用于输入按钮的标签。

• Key。该文本输入框用于输入此按钮响应的快捷键，如 c，按下字母 c 键和单击该按钮的效果相同。

• Make Default。在按钮的周围将显示黑框，表示该按钮是默认按钮，此时按下 Enter 键同单击该按钮一样。

• Hide When Inactive。该按钮在不可用时被隐藏，在使用时自动显示。

• Cursor。设置鼠标移至按钮上方时的形状，单击旁边的按钮，弹出 Cursor 对话框，在鼠标列表框中可选择所需的鼠标形状，最后单击 OK 按钮，该鼠标形状就会出现在对话框的 Cursor 预览框中。程序运行时，当将鼠标移至该按钮上方时，鼠标指针就会变为刚才所设的样式。当然，你也可以单击 Add 按钮，在随后弹出的对话框中选择插入外部的鼠标样式。

⑦ 设置鼠标移至按钮上方时的形状，单击 Cursor 旁边的按钮，弹出 Cursor 对话框，在鼠标列表框中可选择所需的鼠标形式，在这里我们选择最后一个手形形状，如图 7－5－8 所示。

⑧ 这样，第一个按钮就全部设置完了。用同样的方法在流程线上再添加两个按钮，重复步骤②～⑦，最后效果如图 7－5－9 所示。

> 通常，所有的操作系统都会附带着数量不等的光标文件，它们位于安装目录的 Cursors 文件夹内。对于 Windows 2000 操作系统来说，Cursors 文件夹位于WINNT 文件夹内。对于自定义的光标文件，

Authorware 在打包时将自动把这些文件包含进来，并且可对它进行编辑或删除。对于 Authorware 内置的光标文件来说，Edit 按钮和 Delete 按钮将被禁用。

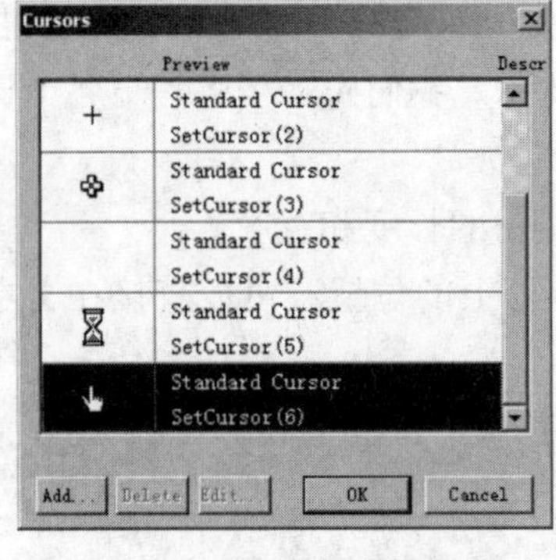

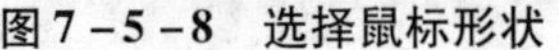

图 7-5-8　选择鼠标形状

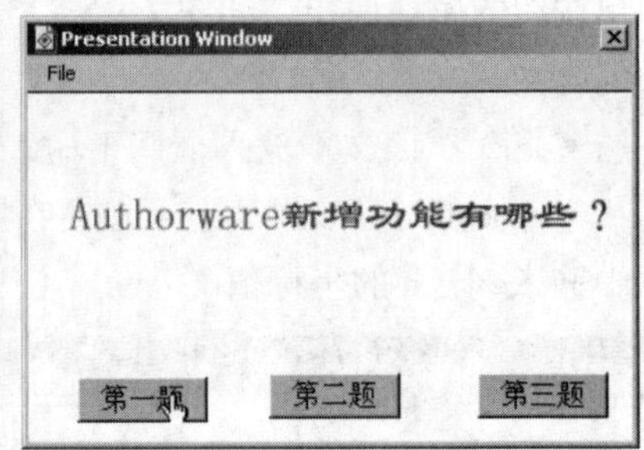

图 7-5-9　程序运行效果图

7.5.3　热区响应

热区响应也是使用频繁的交互响应类型之一，它通过对某个指定范围区域的动作而产生响应。热区响应最典型的应用就是实现文字提示功能。例如，我们将鼠标移至工具栏的按钮上方时，在鼠标的下方就会出现该工具的功能提示，这种文字提示功能非常方便，会使我们更快捷地得到帮助信息。下面我们就通过一个简单的实例来讲解热区响应。

实例 11　热区响应——国家简介

本例要点：

◇ 热区响应的 3 种类型。

◇ 热区响应的属性设置。

本例的效果就是在屏幕上有 3 面国旗，当鼠标移到某国国旗上时，屏幕上会显示是哪国国旗，并出现相应的国家简介。

操作步骤：

① 首先在流程线上放入一个显示图标，命名为“标题”，双击打开显示图标，在其中输入文字“知道分别是哪国的国旗吗?”，并适当调整相关的大小、颜色、字体等。

② 再拖动一个显示图标放到流程线上，命名为“国旗”，双击打开显示图标，在其中导入 3 张国旗图片，并适当调整相关的大小、位置等。这时，我们可以先播放程序看看效果如何，如果有不满意的地方再进行调整，如图 7-5-10 所示。

创建热区响应的方法与创建按钮响应的方法基本相同。用户只需按照下面的步骤，就可以创建一个默认设置的热区响应。需要创建更多的热区响应时，可以重复这些步骤，也可以通过复制或粘贴，得到相同的热区，然后再对热区的属性进行修改。

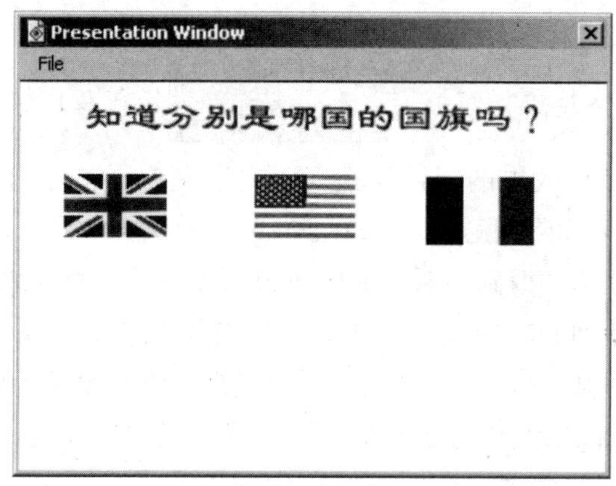

图 7－5－10　运行效果图

③ 再拖动一个交互图标到流程上，并且命名为“国家简介”。然后拖动一个显示图标放在交互图标的旁边，这时系统弹出交互类型选择框。在这里我们选择第二个交互类型 Hot Spot，如图 7－5－11 所示。

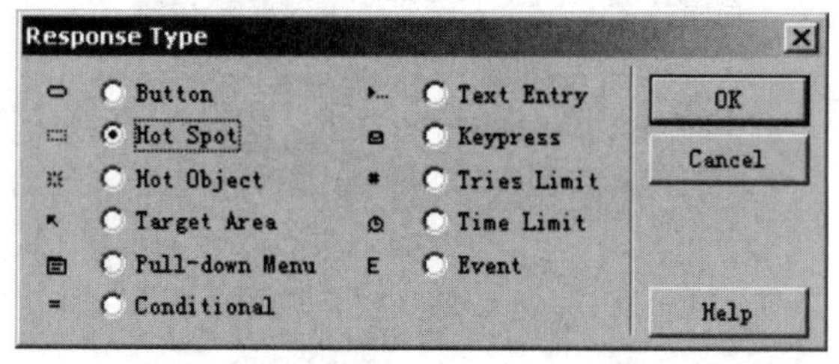

图 7－5－11　选择交互类型

④ 用同样的方法，再拖动 2 个显示图标，放在交互图标的旁边，且3 个显示图标分别命名为“法国简介”“美国简介”“英国简介”，如图7－5－12所示。

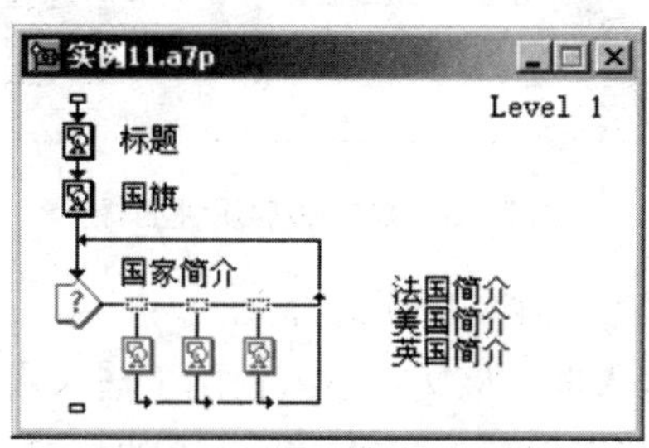

图 7－5－12　程序结构

⑤ 分别打开“法国简介”“美国简介”“英国简介”3 个显示图标，并在其中输入相关 3 个国家的简介内容，适当调整文字的大小、

在交互流程线上可以放置多达几百个响应类型标识符，但是只能同时看到 5 个。当用户拖动第 6 个图标到交互图标的右边时，会发现在交互图标的名字部分会出现一个滚动条，表示可以通过滚动来查看其他的响应类型标识符。同时在交互流程线上的相应一侧也会出现两个点的虚线，表示该侧还有一些响应类型标识符没有显示出来。

颜色、字体。

⑥ 打开播放控制面板 运行程序，此时在屏幕上是看不到任何效果的，暂停程序后，会发现屏幕上出现 3 个虚线框，这就是我们的热区区域，如图7－5－13所示。

我们拖动虚线框到相对应的国旗位置上，并调整虚线框热区的大小。注意，拖动的时候可以按住虚线框里面的文字来拖动改变位置，调整大小的时候，拖动虚线框边上的控制点来改变虚线框的大小。

⑦ 接下来，对按钮的属性进行设置，我们以设置“法国简介”为例，双击图“法国简介”虚线框中的文字，弹出热区响应的属性面板，如图 7－5－14 所示。

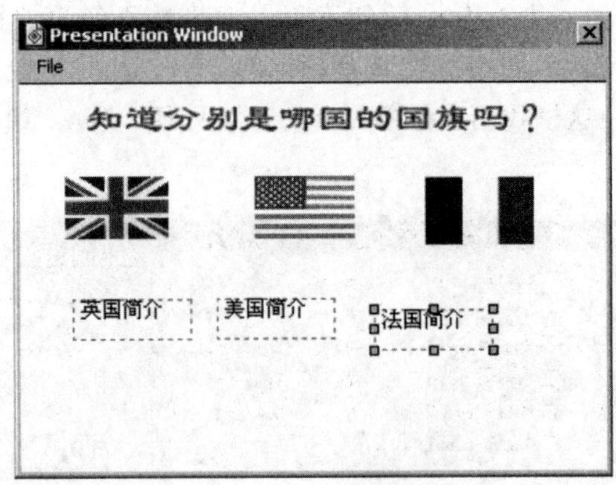

图 7－5－13　调整图文位置

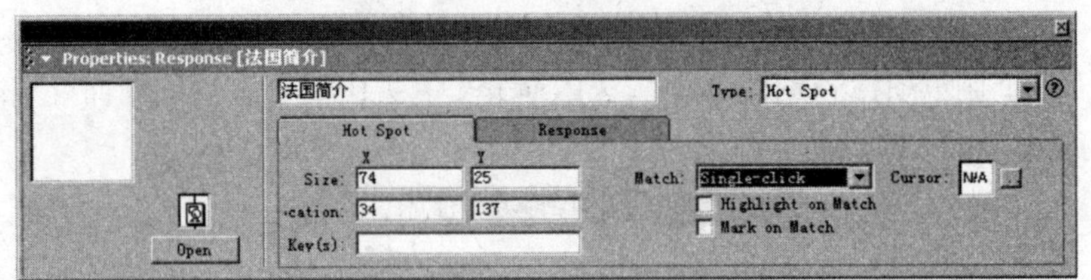

图 7－5－14　热键属性面板

选择 Cursor in Area 之后，Match 下方的 Highlight on Match 复选框将处于禁用状态，并且 Response 选项卡的 Branch 下拉列表框中的 Continue 选项也是禁用的。

我们先来了解一下各个选项的含义。

- Size 文本输入框。该文本输入框用于输入热区的长度和宽度。
- Location。如果确定了按钮在屏幕上的位置，可以直接在对话框的文本框中输入 X，Y 的坐标值。
- Key（s）文本输入框。该文本输入框用于输入与此热区响应对应的快捷键，可以输入 1，2，3，4 ……数字，也可以输入 a，b，

c 等字母。如果需要使用组合键来代表快捷键，如使用 Ctrl 或 Alt 组合键，可以在它们后面直接加上字母，如 Ctrl 8 代表 Ctrl + 8 快捷键。如果一个热区需要使用多个快捷键，那必须在字符中间插入运算符“ | ”，如“a | b”，即按下 a 或 b 都能激活该热区响应。此快捷键的功能与前面按钮响应的快捷键功能相同。

- Match。这是热区响应最重要的一项属性，其中选项可设置与热区响应匹配的鼠标动作。这些选项分别是：Single - click，在热区内单击鼠标时产生响应；Double - click，在热区内双击鼠标时产生响应；Cursor in Area，当鼠标移至热区上方时产生响应。在此例中，我们设置最后一种响应方式。
- Highlight on Match。选择后，热区会产生如下变化。程序运行时，用鼠标单击/双击热区时，热区会以高亮显示，松开鼠标后热区状态复原。
- Mark on Match。选择后，在演示窗口中的热区内会显示一个匹配标志，一般是一个白色小方块，当产生响应时，该匹配标志就被黑色填充，如果响应结束，黑色并不消失。在此例，这两项我们都不勾选。
- Cursor。设置鼠标移至按钮上方时的形状，单击旁边的按钮，弹出 Cursor 对话框，在鼠标列表框中可选择所需的鼠标形状，最后单击 OK 按钮，该鼠标形状就会出现在对话框的 Cursor 预览框中。在这里，跟前面的实例一样，我们选择最后一个手形形状。

⑧ 接下来，对另外两个热区也进行相同的设置，最后保存，观看效果。当鼠标移到国旗上时，会出现相对应的国家简介，如图 7 - 5 - 15 所示。

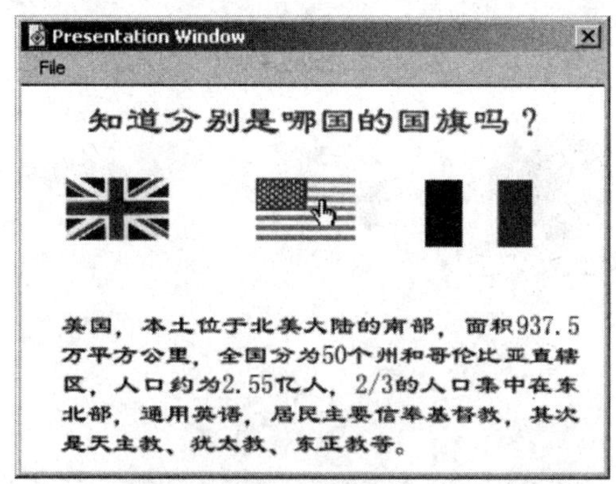

图 7 - 5 - 15　程序运行效果

热区响应程序中，所有的画面都可以放置在一个显示图标中，而在热对象响应的制作过程中却不可以这样。热对象响应中的每一个对象必须保证单独放置在一个显示图标中。

7.5.4 热对象响应

热对象响应是通过对程序设定的某个对象而产生响应类型。热对象响应和热区响应类似，它们的响应属性设置方式也几乎相同，唯一不同的就是热区产生响应的对象是一个规则矩形区域范围，而热对象则是一些实实在在的物体对象，这些对象可以是任意形状的，如圆形、不规则三角形等，这也是热对象响应比热区响应更加灵活方便的体现。

实例 12 热对象响应——动物介绍

本例要点：

◇ 热对象响应的特点。

◇ 热对象响应的属性设置。

本例的效果就是在程序运行时，屏幕上显示各种动物，当鼠标单击某个动物时，在该动物的旁边会出现动物的名称及简介。

操作步骤：

① 首先在流程线上放入一个显示图标，命名为“标题”，双击打开显示图标，在其中输入文字“动物介绍”，并适当调整相关的大小、颜色、字体等。

② 再拖动 3 个显示图标放到流程线上，分别命名为“大象”“老虎”“狮子”，双击打开显示图标，在其中导入 3 张相对应的动物图片，并适当调整相关的大小、位置等。这时，我们可以先播放程序看看效果如何，如果有不满意的地方再进行调整，如图 7－5－16 所示。

热对象处理的是一个显示对象，它可以是任意形状的，而热区处理的是一块矩形区域。因此在实现交互功能方面，热对象响应比热区响应的效率更高一些。如果建立响应的对象是一个不规则的物体，并且如果要求严格与对象相匹配的情况下，热对象响应的作用便显得非常突出。不管对象位于屏幕上的何处，它的形状如何，用户都可以通过热对象实现交互。

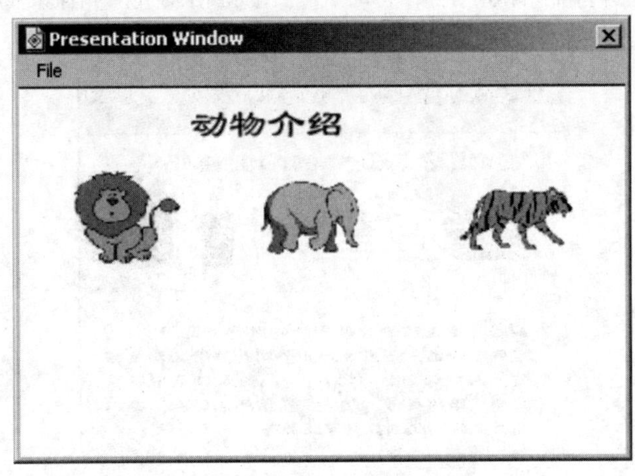

图 7－5－16　导入动物图片

③ 再拖动一个交互图标到流程线上，并且命名为“动物介绍”。然后拖动一个显示图标放在交互图标的旁边，这时系统弹出交互类型选择框。在这里我们选择第三个交互类型 Hot Object，如图 7－5－17所示。

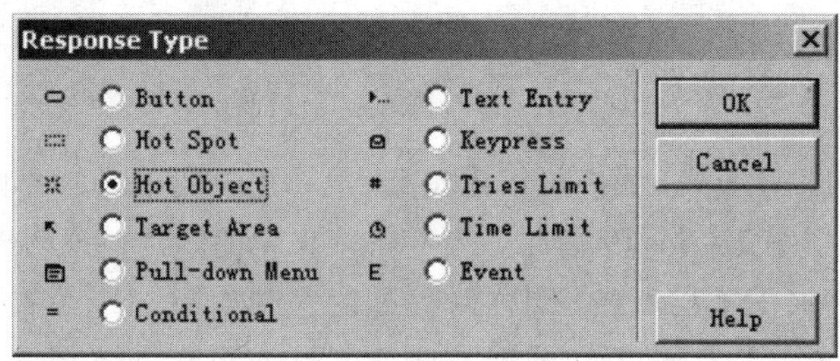

图 7－5－17　选择交互类型

④ 用同样的方法，再拖动 2 个显示图标，放在交互图标的旁边，且 3 个显示图标分别命名为“大象介绍”“老虎介绍”“狮子介绍”，如图7－5－18所示。

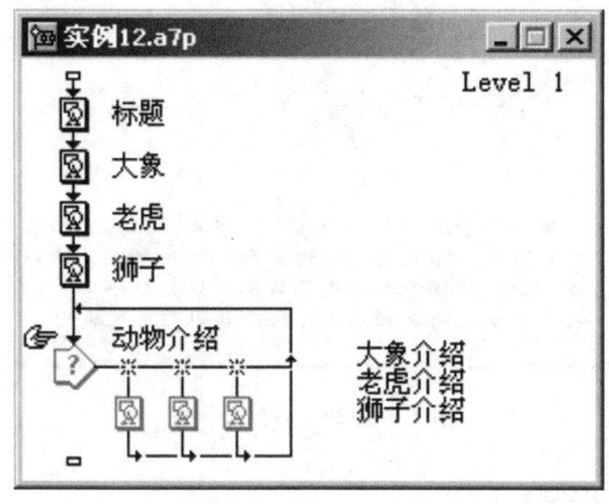

图 7－5－18　程序结构

⑤ 分别打开“大象介绍”“老虎介绍”“狮子介绍”3 个显示图标，并在其中输入相关 3 种动物的简介内容，适当调整文字的大小、颜色、字体。

⑥ 打开播放控制面板 Control Panel 运行程序，此时在屏幕上会弹出热对象响应的属性面板，在这里我们要做的就是单击一下所对应的动物，如图 7－5－19 所示。

从响应区域来说，一旦将对象设置为热对象后，无论将它移动到演示窗口的任何位置，都可以通过单击、双击或鼠标进入的方式触发显示图标。一旦将对象设置为热区之后，则只能是对屏幕上固定的矩形区域做响应，因此热对象响应是动态区域响应，热区响应是静态区域响应。

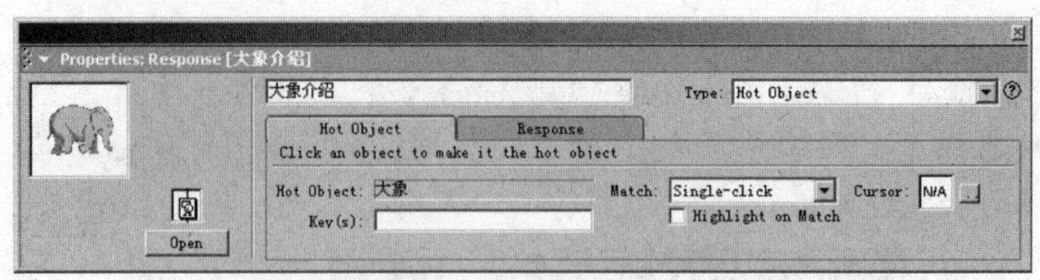

图 7－5－19　热对象属性面板

为了确保包含热对象的演示窗口和热对象的属性窗口同时出现在屏幕上，Authorware 提供了两种方法。第一种方法是直接运行程序，当 Authorware 检测到某个热对象响应的属性还没有进行设置时，会自动停止程序的运行，并打开该热对象响应的属性面板。第二种方法是首先打开热对象所在的演示窗口，然后切换到程序设计窗口中，双击热对象响应标识符打开属性面板。

是否设置有效，我们可以看图 7－5－19 中最左边是否有动物图片验证，如图 7－5－19 所示，就有一个大象的图片，说明选择了大象这张图片作为热对象。同样对另外两个热对象响应设置热对象。由于热对象的属性面板和前面热区的属性面板有许多相同的地方，因此，不再详细介绍，只需要将鼠标改变为手形就可以了。

⑦ 最后，程序完成，保存并观看效果，如图 7－5－20 所示。

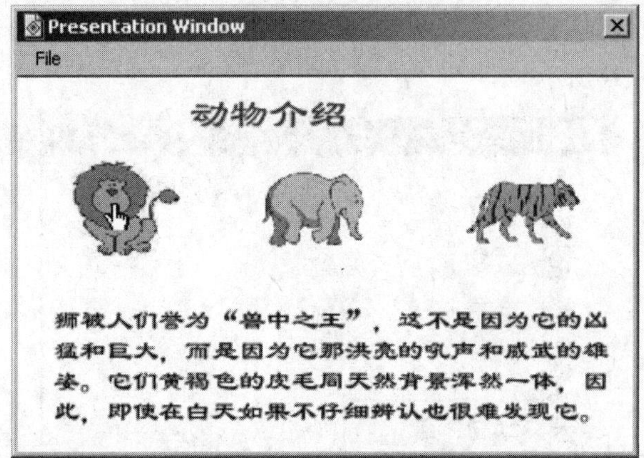

图 7－5－20　程序效果图

7.5.5　目标区域响应

目标区域响应是通过用户操作移动对象至目标锁定区域内而产生的响应类型。目标区域响应包括正确响应和错误响应，具体通过目标区域响应属性面板实现。对于目标区域响应的讲解，我们通过一个拼图游戏来实现。

实例 13　目标区域响应——拼图游戏

本例要点：

◇ 目标区域的正确与错误区域设置。

◇ 目标区域响应的属性设置。

对于拼图游戏，相信各位读者再熟悉不过了，当拖动的小图片到正确位置后，图片会停在此位置，如果拖动的位置不对，图片将会回到原来的位置。因为篇幅有限，拼图游戏所需要的 9 张小图片，在这里就不讲解如何分割了。

目标区域响应允许用户把一个对象拖动到另一个目标区域，在诸如填字游戏、成语接龙、实验器材放置及排列地图等方面具有广泛的应用前景，它可以通过对高难度、高危险的环境的模拟，完成既定的教学及训练功能。

操作步骤：

① 首先在流程线上放入一个显示图标，命名为“标题”，双击打开显示图标，在其中输入文字“拼图游戏”，并适当调整相关的大小、颜色、字体等。

② 再拖动一个显示图标放到流程线上，命名为“参考图”，在其中导入一张拼图的底图，以做参考，并适当调整位置。在这里，我们对底图进行了处理，使之为灰色，如图7－5－21所示。

图 7－5－21　图片的导入

参考图图片的大小要严格控制，因为在这个图的周围还需要留下空余的空间以放置 9 张小图片。

③ 再拖动一个显示图标到流程上，并且命名为“参考线”，“参考线”的作用是为了使稍后的小图片能放置到精确的位置上。对于参考线的绘制这里要介绍一点技巧：先导入一张小图片，再通过绘图工具箱中的矩形工具，依照小图片的大小绘制一个小矩形。完成后，可将小图片删除，然后通过复制、粘贴的方式完成 9 个大小一样的矩形框，最后效果如图7－5－22所示 。

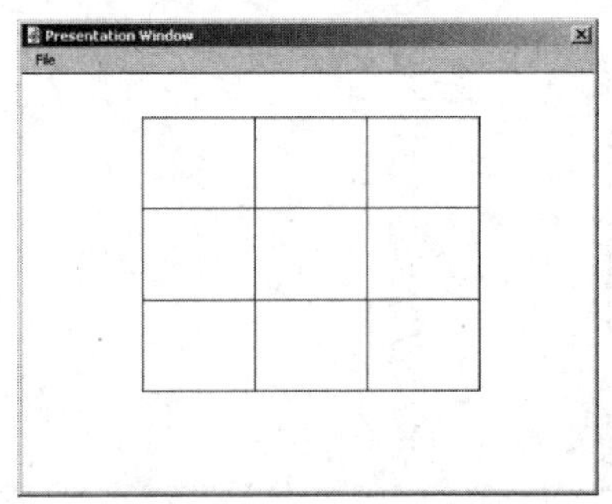

图 7－5－22　绘制方格

“参考线”的排列要注意拖动的时候切不可拖动到控制点，把图形的大小改变了，最好是通过小键盘上的方向键来移动“参考线”，使其排列成一个九格图。

④ 接下来，将拼图游戏所需的9张小图片导入到流程线上。但由于流程线长度有限，在这里我们通过群组图标来解决此问题，群组图标能将一系列图标进行归组包含于其内，从而大大节省了设计窗口的空间。另外，Authorware还能够将包含于群组图标中的图标释放出来，实现图标解组。拖到一个群组图标到流程线上，并命名为“小图片”，打开群组图标出现一个新的流程线，在这些流程线上导入9张小图片，如图7-5-23所示。

因为前面8个小分图会叠在一起，所以设置运动的时候，可以直接播放，再逐个来设置，前8个Motion移动图标要求设置同步播放，应该在设置好了各个分图的位置后再设置同步。

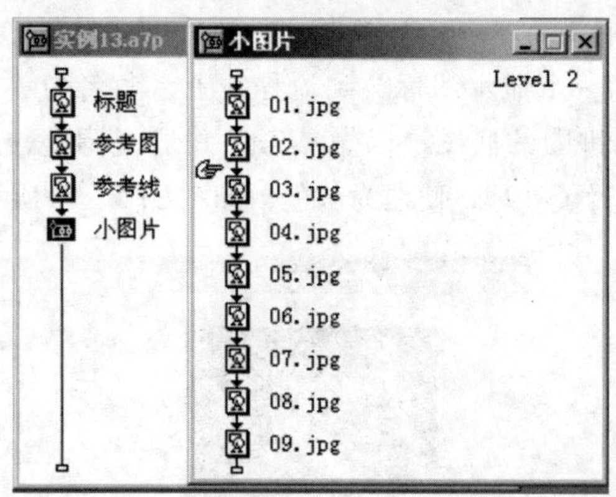

图7-5-23 导入小图片

⑤ 这时可以播放程序，发现导入的9张小图片都重叠在一起，我们可以把小图片一张张拖开，但为了让程序播放起来更生动，可以通过移动图标让9张小图片产生动画效果，使程序更加完美。拖动一群组图标到流程线上命名为“动画效果”，在新的流程线上拖入9个移动图标，分别为9张小图片设置运动效果，如图7-5-24所示。

图7-5-24 设置移动效果

9 个移动图标的设置有所不同，前 8 个移动图标要求设置同步播放，而最后一个移动图标要求设置不同步。

⑥ 拖动一个交互图标到流程上，并且命名为“拼图游戏”。再拖动一个群组图标放在交互图标的旁边，这时系统弹出交互类型选择框。在这里我们选择第四个交互类型 Target Area，如图 7－5－25 所示。

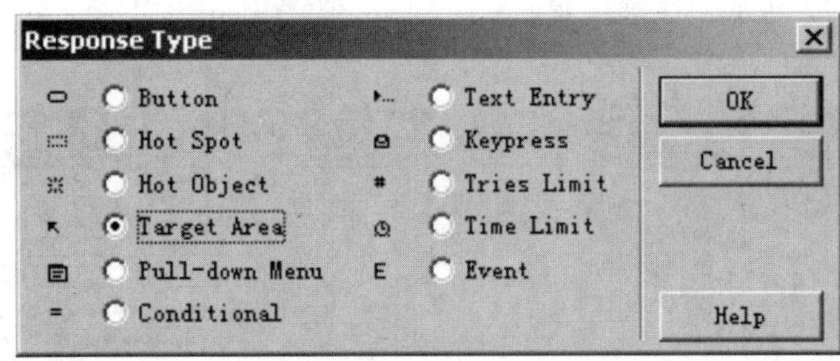

图 7－5－25　选择交互类型

⑦ 单击 OK 按钮，并命名为“01”，单击工具栏上的运行按钮，系统会弹出响应属性对话框，进行如图 7－5－26 所示的设置。同时，在窗口中会出现一个矩形区域，这个矩形的大小和位置就是我们所讲的目标区域。首先我们找到第一张图片，并把它拖到和“底”图对应的位置。

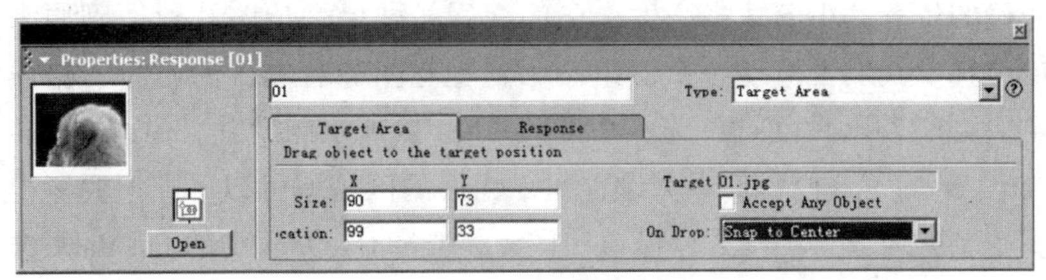

图 7－5－26　设置交互属性

- On Drop 列表框。该列表框有 3 个选项，程序运行时，在将对象拖动释放后，对象在窗口中的位置就由它们来控制。

Leave at Destination 选项。在程序运行时，当用户将对象拖到正确目标区域附近处释放时，对象将停留在当前位置，但此位置并不一定是目标区域的中央。

Snap to Center 选项。在程序运行时，当用户最终将对象拖到正确目标区域释放后，Authorware 将自动把该对象放置在目标区域的中央。此选项常常是用来设置对象移动正确的选项。

对于每一个连接到交互图标上的目标区域响应标识符，Authorware 都会在屏幕上显示一个以虚线框表示的目标区域。可以把对象拖动到屏幕上的正确位置，这样该对象就会与这个目标区域连接起来，此时 Authorware 会自动把代表目标区域的虚线框移动到对象现在所在的位置。

Put Back 选项。在程序运行时，当用户拖放对象的位置不正确，对象将返回原处。这个选项通常在错误响应中设置为 Try Again 分支，这是由于当你将对象移错位置时，该分支还会让你重试。

- Accept Any Object 选项。设定的目标区域将会接收任何对象，而不管对象的移动是否正确。

⑧ 在目标区域响应属性面板中，还有一项 Response 选项，如图 7-5-27 所示，在这里我们只将 Status 选为 Correct Response，也就是正确的响应。

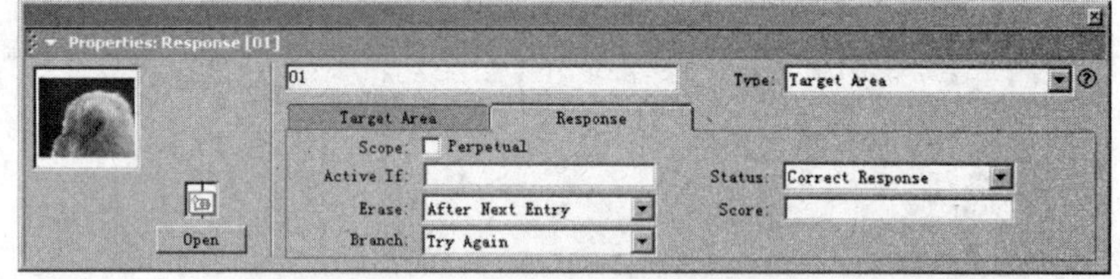

图 7-5-27　设置交互属性

⑨ 用同样的方法，重复步骤⑧和步骤⑨，分别设置另外 8 张小图片的正确响应区域。

⑩ 前面我们设置了 9 张小图片的正确响应区域。这样当拖动小图片到正确的区域后，小图片将会停在正确的区域中央。接下来，我们开始设置错误的响应区域，也就是说，当拖动小图片没有放到正确的位置，小图片将产生错误的交互，结果是让图片返回到原来的位置。我们再拖动一个群组图标到交互图标右侧，命名为“错误响应”。打开属性面板，进行如图 7-5-28 所示的设置。勾选 Accept Any Object，这样我们只需设置一个错误的区域就可以了，但要记得把这个区域放大到与程序窗口一样大。选择 On Drop 中的 Put Back 选项，也就是让图片返回到原来的位置。另外将 Response 面板中的 Status 选为 Wrong Response，也就是错误的响应。

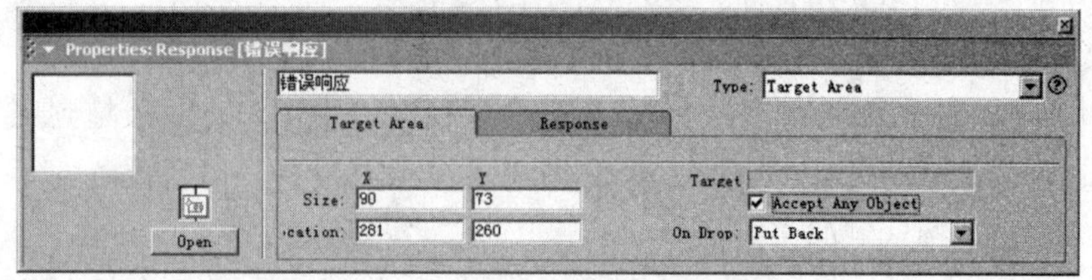

图 7-5-28　设置交互属性

⑪ 最后程序完成，保存并观看效果。

为了实现可移动对象的演示窗口和目标区域响应的属性面板同时出现在屏幕上，通常有两种方法，第一种方法就是运行程序，让 Authorware 检测到某个区域响应的属性窗口；第二种方法就是首先打开可移动对象所在的演示窗口，然后切换到程序设计窗口中，双击目标区域响应标识符打开属性窗口。

使用文本输入响应可以用来接受用户从键盘输入的文字、数字及符号等，如果输入的文字与响应的名称相吻合，就会触发响应动作。由于输入的文字是千差万别的，因此精确地预测输入的各种情况

7.5.6　交互的综合运用

前面我们学习了按钮响应、热区响应、热对象响应、目标区域响应。这是我们制作多媒体时使用最多的几种交互方式。在接下来的实例中我们将讲解文本输入响应、时间限制响应及次数限制响应的综合运用。

实例 14　交互的综合运用——密码程序

本例要点：

◇ 文本输入响应。

◇ 次数限制响应。

本例的效果就是在程序运行时，在屏幕上显示请输入密码，当在文本输入框中输入正确的密码后程序提示密码正确，否则会提示密码错误，重新输入。当连续 3 次输入错误后，程序会自动退出。

操作步骤：

① 首先在流程线上放入一个显示图标，命名为“标题”，双击打开显示图标，在其中输入文字“请输入密码”，并适当调整相关的大小、颜色、字体等。

② 再拖动一个交互图标到流程上，并且命名为“密码程序”。然后拖动一个群组图标放在交互图标的旁边，这时系统弹出交互类型选择框。在这里我们选择右边第一个交互类型 Text Entry，如图 7－5－29所示。

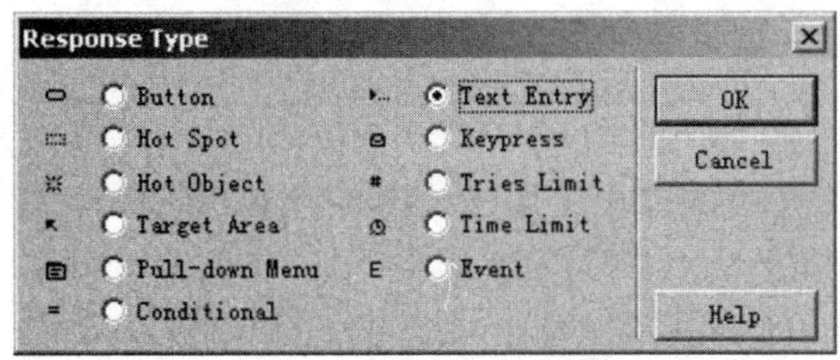

图 7－5－29　选择交互类型

③ 单击 OK 按钮后，为群组图标命名为“pass”，文本输入响应有一点要注意，图标的名称就是正确的响应方式，也就是说“pass”就是我们正确的密码。打开播放控制面板 

运行程序，在窗口的中央会出现一个黑色三角，当程序运行时，该三

是不可能实现的，为此 Authorware 提供了使用通配符进行匹配的功能。使用通配符可以使课件文件接受用户的任何输入，而且还能够忽略大小写的区别，取消多余的分隔符，设置不同的安全级别及对词语进行排序等。

文本输入响应与其他交互响应相比，它的工作方式是完全不同的。对于按钮响应来说，角符号后面将出现闪烁的光标，就可以在后面输入各种文字了。暂停程序，选中文本框，如图7－5－30所示。

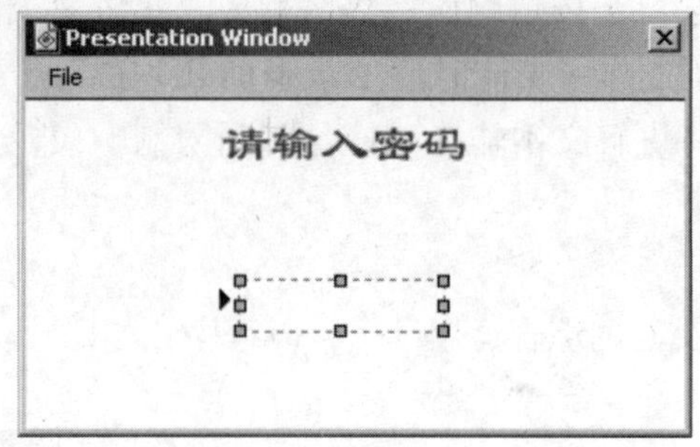

图7－5－30　输入文本

④ 双击文本框中的任意位置，弹出文本输入框的属性面板，如图7－5－31所示。

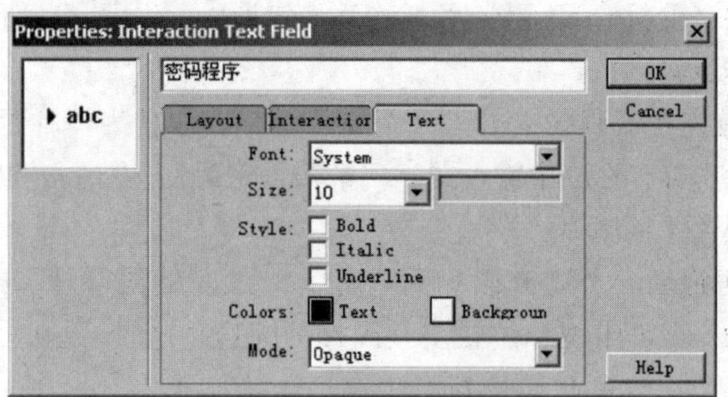

图7－5－31　设置文本输入框

在这个属性面板中有Layout、Interaction、Text 3个页签，我们重点了解一下Text页签的设置，但在这里我们所有的选项都保持默认的设置不变。Text页签中可用来设置输入文字的字体、字号、字形、颜色及字体模式。

- Font下拉列表框。Font下拉列表框内可设置输入字符的字体。
- Size下拉列表框。Size下拉列表框中可选择输入字符的字号。
- Style复选框组。各选项的复选框可以设置字符的字形。
- Text颜色按钮或Background颜色按钮。单击它们将弹出Color调色板，单击颜色方块可设置字符颜色或字符背景颜色。
- Mode下拉列表框。Mode下拉列表框中可以选择输入文本对象的重叠模式。

⑤ 打开文本输入响应的属性面板，发现此面板跟前面的按钮响

如果在交互图标内添加5个按钮响应，那么在演示窗口内将出现5个按钮。对于文本输入响应，无论用户在交互图标内添加多少个响应，只会增加匹配响应的可能，并且演示窗口内只显示一个文本输入框，输入的内容将显示在演示窗口内，自动保存在系统变量Entry Text中。

应、热区响应属性面板有很大的不同，如图 7－5－32 所示。在这里我们也保持默认的设置不变。但还是有必要了解一下各选项的含义。

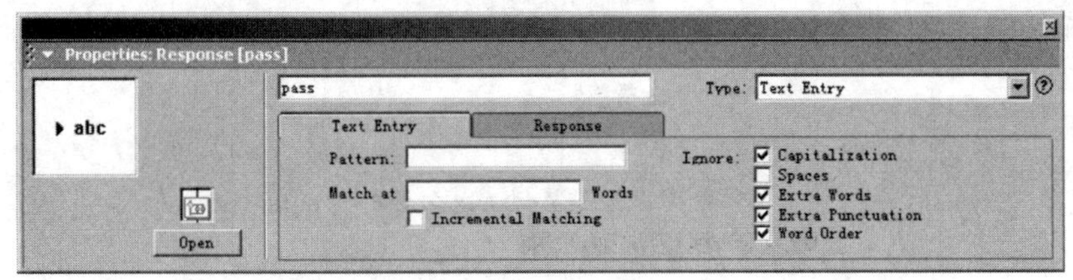

图 7－5－32　设置文本交互属性

- Pattern 文本框。文本框内的字符与该响应的分支标题相同，这样交互图标就会根据用户输入的字符来判断是否产生响应。例如，在 Pattern 文本框内输入“My God”，当程序运行时，在文本输入区内输入此词组程序就会得到响应。如果想使用多组字符来匹配此响应，那么要在这些字符之间加上“ | ”。
- Match at least 文本框。文本框内输入的数字决定输入字符与分支标题至少应匹配的字符数目。例如，在此处输入数字“2”，如果分支标题是“One”，那么只要输入“On”即可产生响应。
- Incremental Matching。该选项可以达到如下效果：如果分支标题为“My God”，可以先输入“My”，然后按确认键，随后再接着输入“God”，再按下确认键后也能产生响应。
- Capitalization。Authorware 在判断文本是否匹配时将忽略大小写。
- Spaces。Authorware 将忽略空格。
- Extra Words。Authorware 将忽略输入的多余单词。
- Extra Punctuation。Authorware 将忽略标点符号。
- Word Order。Authorware 会忽略单词的输入顺序。

⑥ 打开“pass”群组图标，在其流程线上拖入一个显示图标，命名为“密码正确”，打开显示图标，在其中输入文字“合法用户，程序自动导入中”。再拖入一个显示图标命名为“进度条”，打开显示图标，在其中用绘图工具箱中的矩形工具绘制成导入条，并使用向右的过渡效果，使其产生一个进度条的效果。这样，当输入正确密码后，程序出现如图 7－5－33 所示的字幕提示，并有一个进度条的效果。

接受到用户在文本框中的输入内容之后，系统将按照交互图标中从左到右的顺序，依次进行比较与判断，这样把需要精确匹配的文本输入响应

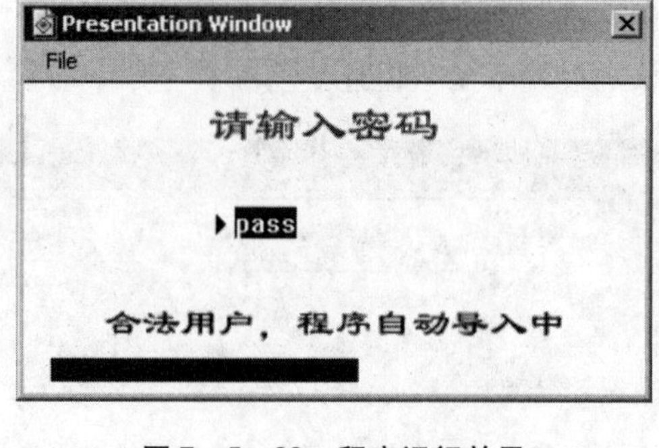

图7-5-33　程序运行效果

考虑到输入的不确定性，为了尽可能地匹配响应，使用通配符是一种非常有效的方法。针对不同的输入类型，Authorware 7.0 制作了一整套的响应规则。了解这些规则，是应用通配符的前提与基础。在使用文本输入响应时应该注意以下几点。

希望与通配符“*”或“?”进行匹配时，必须在它的前面加上斜杠“\”。

希望与斜杠“\”进行匹配时，必须在它的前面加上斜杠“\”。

希望文本输入与多项内容进行匹配时，可在匹配内容之间使用“|”进行区分。例如，需要输入内容与Big、Short和Weight进行匹配时，可使用“Big|Short|Weight”。

利用“#”控制第 N 次的尝试成立。例如，将匹配条件设置为#3c时，表明在第3次输入c时，课件才开始响应。利用两个连续的“-”可在匹配文本中添加注释信息。Authorware 7.0 将自动忽略两个连续的“-”后面的内容。常见的通配符及其响应见表7-5-2。

表7-5-2　常见通配符

通配符的类型	匹配的响应
*	任何包含一个单词或字符的文本串
* *	任何包含两个单词的文本串
fl*y	以fl开头、以y结束的任何单词
fly*	以fly开头的任何单词
fly	包含fly的任何单词
??	任何两个字符

放在交互流程线的前面，把使用了通配符的文本输入响应放在交互流程线的后面是非常必要的。如果有多个使用通配符的文本输入响应，则必须按照通配符表示的范围，按照从小到大的顺序进行排列，否则将引起精确匹配及小范围匹配的条件失效。

在安装操作系统及应用程序时，系统都会要求用户输入密码，这是保护软件使用权的一种常用手段。通常，如果输入的密码正确，那么将继续后续的安装，如果输入的密码不正确，

续表

通配符的类型	匹配的响应
*?	任何一个字符或单词
? *	任何一个字符或单词
fl? y	以 fl 开头、以 y 结束的任何 4 个字母的单词
\ *	通配符 * 本身
\ ?	通配符? 本身

⑦ 接下来我们做一个错误的响应，也就是，当我们输入错误的密码后，程序又出现提示“密码错误，请重新输入!”。再拖动一个显示图标到流程上，并且命名为“ * ”。“ * ”是一个通配符，也就是输入任何字符都可以产生响应。当然“pass”也可以产生响应，但在这之前，有一个“pass”的交互先响应，这样，产生的效果是，当输入除“pass”外的任何字符都会提示“密码错误，请重新输入!”。

⑧ 设置次数限制响应。程序运行的结果是当连续输入三次错误密码后，程序提示为非法用户。再拖动一个群组图标到交互图标的旁边，并且命名为“次数限制”。更改交互类型为 Tries Limit，将次数限制属性面板中的 Maximum 次数改为 3，如图 7－5－34 所示。

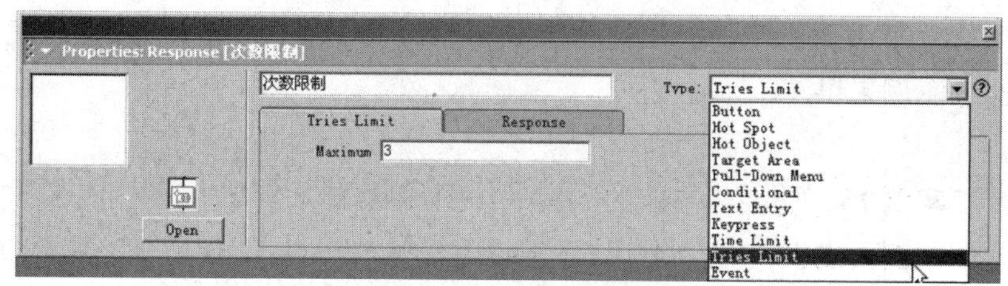

图 7－5－34　设置次数限制

Tries Limit 选项卡除了用于设置交互类型的 Type 下拉列表框外，只有一个 Maximum 文本框，它用于设置限制交互的次数，用户可在文本框内输入数值、变量或表达式。例如，在 Maximum 文本框内输入 4，那么在第 4 次尝试失败之后，将与一个返回路径为 Exit Interaction 的目标响应相匹配。通常，限制响应只能匹配一次用户响应。如果在规定的次数之外再次进行尝试时，Authorware 7.0 将不再匹配该限制响应。此时，可使用条件响应，在 Maximum 文本框内输入 Tries > n，其中 Tries 是系统变量，每尝试一次，该值都会自动加一，*n* 是规定的次数。

那么将要求用户重新输入，无限次的尝试是绝对不允许的。因此，我们可以通过次数限制响应来限制输入的次数。

通常，应用限制响应可采取两种方法：一是把限制响应放置在需要限制交互响应次数的标识符的后面，它只对前面相邻的结果图标有效。二是将限制响应放置在交互流程线的最前面，它将对后面所有的结果图标有效。

⑨ 打开群组图标“次数限制”，拖动一个显示图标到新流程上，并且命名为“非法用语”。打开显示图标，在其中输入“非法用户，程序将自动退出”。

⑩ 最后程序完成，保存并观看效果。当输入密码正确后，程序提示“合法用户，程序自动导入”并伴有进度条。如果输入错误密码，程序提示“密码错误，请重新输入”。当连续3次输入的密码都不对时，程序提示“非法用户，程序将自动退出”。

7.6 控制流程

在应用时，导航图标、框架图标相互配合、缺一不可。框架图标其实是一套可以轻松制作导航系统的图标组合。

通过前面的学习，我们知道 Authorware 具有强大的交互功能，接下来，我们结合前面学习的交互进一步深入，学习程序的流程控制，在这里面主要涉及导航图标框架图标及超文本的制作。我们将通过下面两个方面讲解。

7.6.1 加入框架与导航

导航是指程序执行和对象生成、查找、排序。导航可以是直接的（完全预先定义的），这时候用户需要知道顺序来进行导航操作。也可以是自由方式的，即由用户决定下一个动作，在这种方式下，用户基于上一步导航操作的结果确定下一步导航动作。下面我们就通过实例来讲解。

实例15 框架与导航的应用——图片欣赏

本例要点：

◇ 导航图标。

◇ 框架图标。

本例效果是在屏幕上有3类图片供选择，当单击某个按钮后出现相应类型的图片，我们可以单击上一页、下一页逐个浏览。

操作步骤：

① 首先在流程线上放入一个显示图标，命名为“标题”，双击打开显示图标，在其中输入文字“图片欣赏”，并适当调整相关的大小、颜色、字体等。

② 再拖动一个交互图标到流程上，并且命名为“图片欣赏”。再拖动3个群组图标放在交互图标的旁边，这时系统弹出交互类型选择框。在这里我们选择第一个交互类型 Button 按钮响应，并分别命

名为“自然风光”“城市风光”“军事风光”，如图 7－6－1所示。

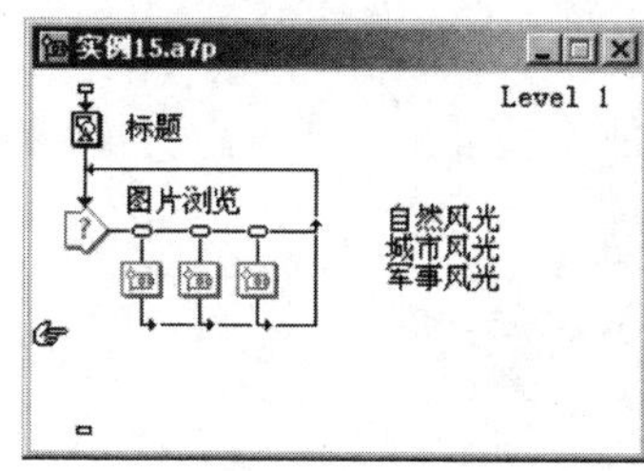

图 7－6－1　构建程序结构

图 7－6－2　导入框架图标

③ 分别修改 3 个按钮图标的按钮的相关属性，在这里，我们只将鼠标形状改为手形，其他的设置保持默认选项，不做修改。

④ 打开群组图标“自然风光”，出现一个新的流程线，拖动一个框架图标到新流程线上，并命名为“自然风光内容”，如图 7－6－2所示。

⑤ 双击框架图标“自然风光内容”，出现一组复杂的图标，如图7－6－3 所示。在进行下一步之前，我们先了解一下导航图标及框架图标的相关内容。

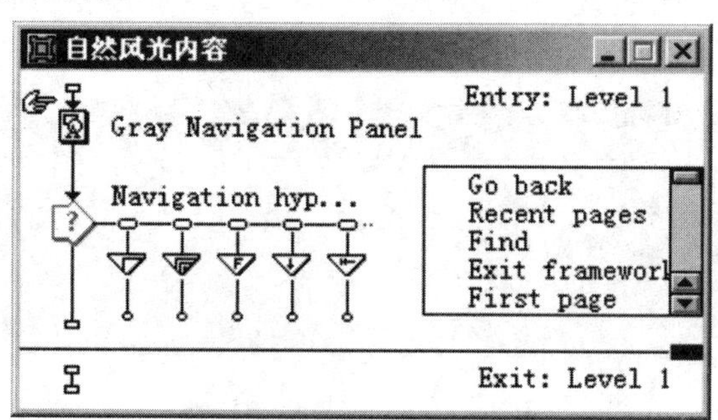

图 7－6－3　设置框架图标

在框架图标的流程线中有一个显示图标默认名称为 Gray Navigation Panel，在它里面有一个面板，如图 7－6－4 所示，这个面板用来放置交互图标中的 8 个导航按钮，它的作用仅仅是装饰。

图 7－6－4　灰色导航面板

浏览图标用于实现框架图标内部的页与页之间的跳转，它与交互图标一起构成了框架图标的主要内容。创建一个框架图标之后，其中已经内置了 8 个浏览图标，用于进行顺序式的结点页管理。例如，向前一页，向后一页，或者是直接跳转到框架的第一页或最后一页等。

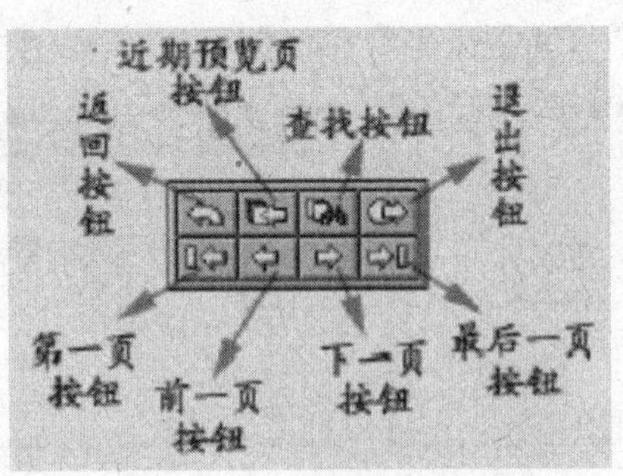

图 7－6－5　框架图标按钮

在交互图标的右面共有 8 条交互分支，响应标题分别是 Go Back（返回）、Recent Pages（近期预览页）、Find（查找）、Exit framework（退出框架）、First page（第一页）、Previous page（上一页）、Next page（下一页）、Last page（最后一页）。它们是用按钮响应的方式来实现交互操作的。运行程序后，屏幕上会出现如图 7－6－5 所示的交互面板。

下面我们再来看如何设置导航图标的属性。单击图 7－6－3 中的任意一个程序流程线上的导航图标，弹出如图 7－6－6 所示的导航按钮对话框。

图 7－6－6　设置框架属性

导航图标可以放至流程线上的任意位置，但其转至的地方必须为某一框架图标下的某一页，当 Authorware 跳转至导航图标指定的页分支，并执行完其内容后可以迅速返回到跳转前的地方，继续执行后面的内容。

一个导航图标主要是设置该导航图标的流向。

在 Authorware 中导航图标对程序流向的影响有 5 种形式，下面我们逐一学习这 5 种程序流向的方式。

- Recent 选项。可以在程序和用户使用过的页之间建立导航链接，从而可以让最终用户非常容易地返回以前使用过的页中重新使用该页中的内容。

选择了该选项，当程序执行到该导航控制按钮后，程序流向会返回到最终用户使用过的页中。返回的方式有以下两种：

选择 Page 中的 Go Back 命令回到前一页。

选择 List Recent Pages 将最终用户使用过的页标题以列表的形式显示在屏幕上，最终用户可以用鼠标双击标题名来跳转执行该页的内容。选择该选项使最终用户返回到已使用过的相应内容变得非常方便与快捷。

- Nearby 选项。可以建立框架结构内部页之间的链接或者退出框架结构。选择该选项，弹出如图 7－6－7 所示的对话框。在 Page 选项中有 5 个单选项，其各自含义如下：

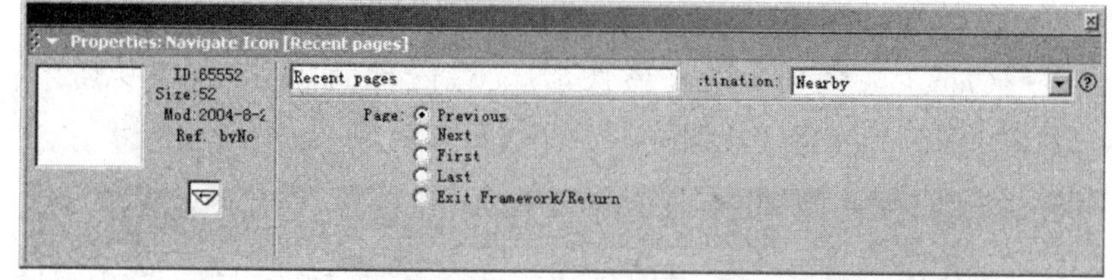

图 7－6－7　设置框架属性

Previous 选项。选择该选项，程序跳转到当前页的上一页。

Next 选项。选择该选项，程序跳转到当前页的下一页。

First 选项。选择该选项，程序跳转到框架结构中的第一页。

Last 选项。选择该选项，程序跳转到框架结构中的最后一页。

Exit Framework/Return 选项。选择该选项，程序退出框架结构。

- Anywhere 选项。可以建立与框架结构中任何一页的链接关系。使用导航图标中的该选项可以跳转到程序中的任意一个框架结构中的任意一页。选择该选项，对话框变成如图 7－6－8 所示的内容。在该对话框中我们可以设定链接的范围，是链接到某一框架结构内部的页，还是链接到整个程序的所有框架结构所有页中的某一页。我们还可以设定链接的返回方式。具体内容将在下面逐步学习。

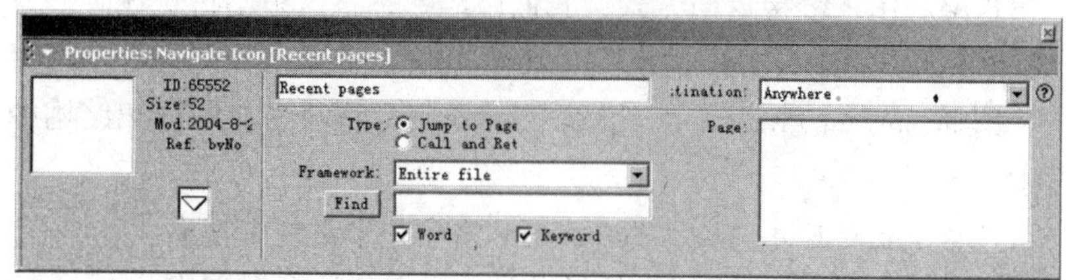

图 7－6－8　设置框架属性

Type 单选框。用于设定链接的类型，包含两个选项：

Jump to Page 单向链接，直接跳转到所链接的页中。

Call and Return 返回式链接，当执行完所链接页中的内容之后，程序还要返回到跳转时的起始点，继续执行程序的内容。

Page 选项。它是作品中所使用的所有框架结构标题的列表。选择任意框架结构的标题，在对话框的 Page 下方的页列表中便显示出

> Authorware 可以列出所选框架图标的所有结点页。另外，前面已经提到，如果读者并不能确定需要的链接目标结点页位于哪个框架图标，则可以选择 Entire File 选项，然后再在所列出的所有结点页中查找所需的目标结点页，这需要人为查找，速度较慢。

选择的该框架结构中的所有页标题。

Find，搜索导航链接。搜索导航链接是一种非常重要的导航链接，它允许最终用户输入单词或某一图标的关键词来查阅作品中的所有页。例如，当最终用户输入“物理”，则在作品中所有含有“物理”这个正文对象的所有页的标题都会以列表的形式显示到展示窗口，读者可以双击列表中页的标题查阅该页中的内容。

- Calculate 选项。选择该选项后，对话框如图 7－6－9 所示，可以通过函数、变量实现跳转。

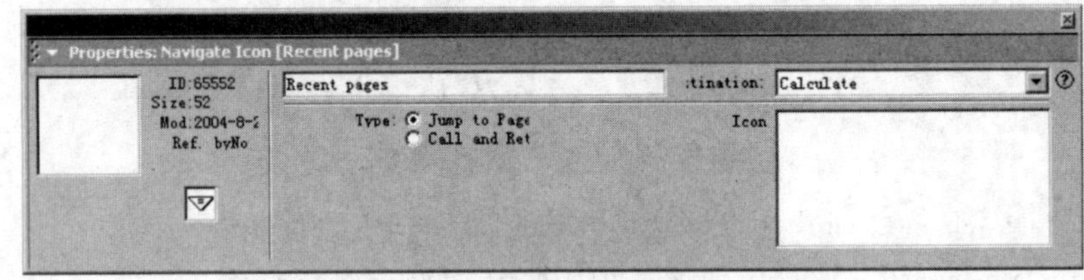

图 7－6－9　框架属性

- Search 选项。该选项可搜索定向链接，如图 7－7－10 所示。

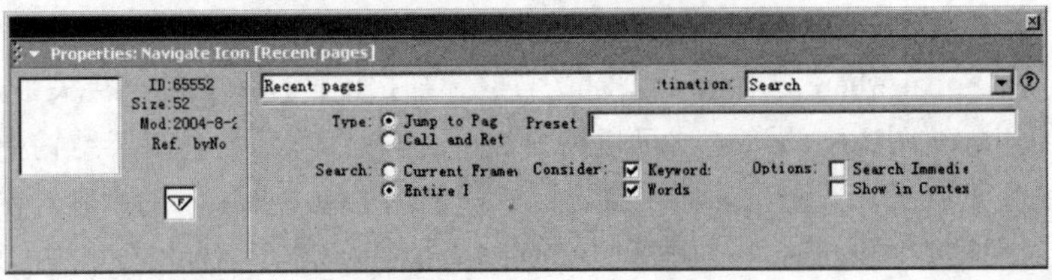

图 7－6－10　框架属性

Search 选项允许用户对一个单词进行搜索，并跳转到该单词出现的任意结点页处。Search 链接的典型用法是用于 Find（查询）按钮。

Type。用来链接返回方式，我们已经熟悉，这里不再赘述。

Search。用来设置搜索范围。其包含两个选项：

选择 Current Framework 选项，Authorware 将在当前的框架结构中搜索。

选择 Entire File 选项，Authorware 将在整个文件中搜索。

Consider。用来设置搜索的方式。其包含两种搜索方式：

Keywords 按照关键词搜索。

Words 按照正文对象搜索。

两个选项可以同时选中，表示既按照关键词又按照正文对象进行搜索。

Preset Text。正文输入对话框中输入要预搜索的字符。

Option。搜索特性设置。

当选择 Search Immediately 选项时，一旦最终用户双击定向分支，Authorware 会直接进行搜索，不需要弹出 Find 对话框。

当选择 Show in Context 选项时，显示匹配正文对象的上下文。使用该选项搜索耗费的时间较长。同时，该选项只适用于对正文对象的搜索，不适用于对关键词的搜索。

⑥ 接下来设置框架图标的属性。由于默认的按钮不是很美观，同时我们也不需要这么多的按钮交互，在本实例中，仅做3 个按钮交互，即“上一页”“下一页”“退出”。我们先将图 7 -6 -3中的显示图标及按钮交互全都删除，再导入显示图标及 3 个交互按钮，如图 7 -6 -11 所示。

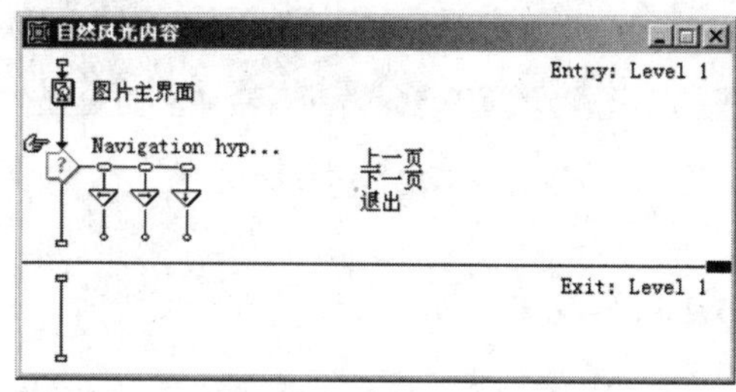

图 7 -6 -11　修改框架内交互

在显示图标“图片主界面”中导入一张图片，作为主界面。对 3 个导航图标分别设置为“上一页”“下一页”及“退出”。对于如何设置，可参考步骤⑤中的 Nearby 选项。

⑦ 回到框架图标，在框架图标的右边拖入 4 个显示图标，并分别在 4 个显示图标内各导入一张自然风光的图片，如图7 -6 -12 所示。

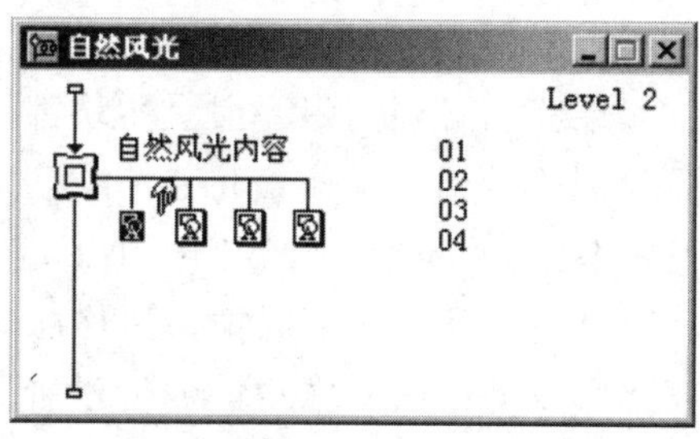

图 7 -6 -12　导入图片

⑧ 播放程序，调整图片的位置及大小。参照前面的步骤，将“城市风光”“军事风光”的内容一并做完。播放效果如图 7 -6 -13 所示，在屏幕上将出现相关的按钮提示。

图 7-6-13　运行效果图

7.6.2　制作超文本交互

互联网的出现，使相关文本之间的自动连接成为可能，并产生了“超文本”这种崭新的阅读格式。用户无须记忆包含有交叉引用信息的文本标题，只需简单地单击链接文本，就可以在屏幕上打开相关的章节内容，这样在保持原有内容的同时，还能够实现链接信息的查阅。Authorware 同样具有超级链接功能，通过前面的学习，我们知道，Authorware 的超级链接都是通过交互图标实现的，其实 Authorware 还提供了另外一种交互方式，即超文本的应用。在这一节中，我们就来学习如何在 Authorware 中制作超文本。

在学习超文本的制作之前，我们先学习一下文本风格的设置。在制作多媒体时，如果我们必须为每一段文本块都人为设置文字的大小、字体、色彩等属性的话，工作量将是非常巨大和烦琐的，为了进一步提高开发效率，Authorware 为我们提供了定义一种风格的能力，一旦定义了一种风格，我们就可以把该风格应用到作品中的文本块上，如果需要改变该类特性文本块的属性设置，则不需要对每一个文本块一一重新设定，只需修改所定义的该类风格，该类风格所应用的文本块将自动更改其显示特性，从而大大减少了工作量，提高了软件的开发效率。

超文本是一种非连续性的文本信息存储方式，网络结点上的信息是通过链接串联起来的。单击超链接之后，就可以按某种预定的方式行动，随着链接指引的方向，打开预定的目标内容。为了将超链接文本与普通文本相区别，一般在超链接文本的下方添加一条下划线，并且鼠标移动到链接文本时，将使其形状切换为手形。

实例 16 文本风格的定义

本例要点：

◇ 文本风格的定义。

操作步骤：

① 执行 Authorware 菜单项中的 Define Styles 命令（快捷键为 Ctrl + Shift + Y），打开定义风格面板，如图 7 - 6 - 14 所示。

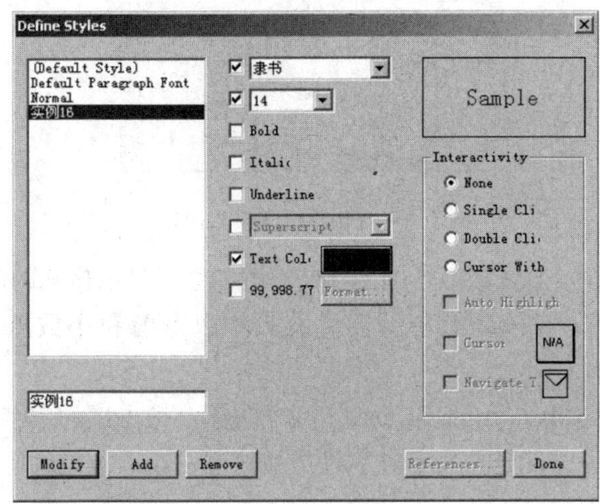

图 7 - 6 - 14 定义风格面板

我们先了解此面板的相关含义。

在定义风格面板的左侧是风格列表，列表上包含了已被定义的所有风格的名称以及未命名的风格的列表。例如，列表中的“实例 16”这样的已命名风格，是每次人工设置字体、字号、风格和颜色时，Authorware 都会自动建立的。

要想查看列表中的某个风格的属性，只需用鼠标单击风格列表中的风格名即可。一旦选择了某种风格，这种风格的属性会在风格定义面板的中间部位显示出来。

在风格列表的下方，是风格列表文本框。Add 按钮的作用是新建新的风格，Remove 按钮是删除已有的文本风格，Modify 按钮是编辑已有的文本风格。文本风格的设置，如字体、大小、颜色等都在面板的中部进行。

- Text Color 文本颜色。使用该选项，我们可以设定展示窗口中文本字体的颜色。

- 数字格式。在文本块中的数字，也包含了其相关属性，如有关显示在小数点前和后的十进制数字等。单击 Format 按钮，系统会弹出如图7 - 6 - 15所示的 Number Format 面板，下面让我们来学习该面板的设置。

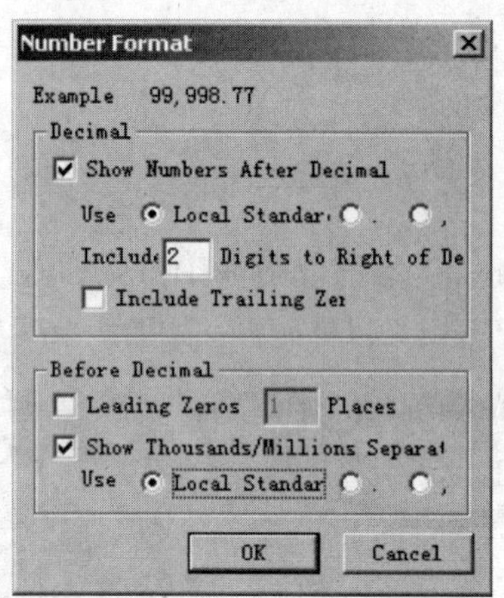

图 7-6-15　数字格式面板

Example。该区域显示的是当前设置的数字显示格式的例子。

Decimal。在该区域中我们可设定小数点前和小数点后的数字格式。

Show Numbers After Decimal。用于显示小数点后的数字。

Use。可以设定在显示数字时是如何显示小数点的，其包含 3 个选项：

Local Standard。显示小数点时，使用国别控制面板中所设定的特定的显示特性。

Period。在显示数字时，可以使用“.”作为小数点分隔符。

Comma。选择该选项，在显示数字时，使用“,”作为小数点分隔符。

Include_Digits To Right of Decimal。在该输入框中输入的是读者需要在小数点后显示的数字的个数。

Include Trailing Zero。当数字结束时，在数字末尾补零。比如，我们显示数字 9，小数点后显示 3 位，在显示时 Authorware 显示的是“9.000”。

Before Decimal。该选择区域是用来设置小数点前的数字显示的。

Leading Zeros to - Places。选择该选项，在该输入框中输入的是在显示小数点前数字时前置零的个数。

Show Thousands/Millions Separate。包含以下选项：

Use。设定在显示数字时，如何显示千或百万之间使用的分隔符，其包含 3 个选项：

Local Standard。显示分隔符时，使用国别控制面板中所设定的特

超文本具有的特性是：当用鼠标单击、双击或将鼠标移动到超文本对象上时，Authorware 会自动进入该超文本所链接的页中，执行该页中的信息。通常称这种超文本与页面系统中的某一页之间的链接为超文本链接。利用超文本链接可以制作出像交互式电子图书这样具有复杂页面系统的多媒体作品。

定的显示特性。

Period。在显示分隔符时，使用“.”。

Comma。在显示分隔符时，使用“,”。

② 我们单击 Add 按钮，添加新的文本风格“实例 17”，我们将文本的字体设为“隶书”，大小为“14”，颜色为“蓝色”。其他的选项保持默认不变。

③ 打开 Authorware，新建一个文件，在流程线上放入一个显示图标，命名为“文字体”，我们先输入并选中文字，执行 Authorware 菜单项中的 Apply 命令，文字马上变成我们刚刚设置过的“实例 17”中的文本风格。

实例 17　超文本的制作——热字应用

本例要点：

◇ 文本风格的定义。

◇ 热字的定义。

前面我们学习了文本风格的定义，我们可以在这个基础上完成超文本的制作，利用超文本对象建立的定向链接有如下特性，当我们用鼠标单击、双击或将鼠标移到具有超级链接功能的正文对象时，Authorware 会自动进入与该正文对象所链接的页中，执行该页中的信息。这样的正文对象我们称为超文本，这样的链接我们称为超文本链接或超级链接。

操作步骤：

① 执行 Authorware 中 Text 菜单项中的 Define Styles 命令（快捷键为 Ctrl + Shift + Y），打开定义风格面板，如图 7 – 6 – 16所示。

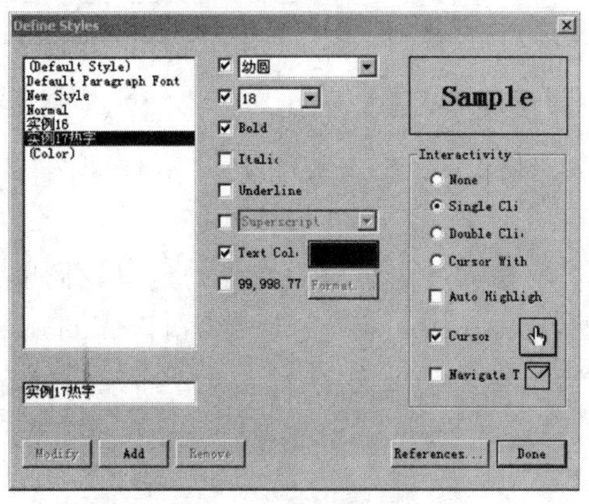

图 7 – 6 – 16　文本风格面板

当我们创建一种普通文本风格后，再将该风格应用到文本对象，就完成了对普通文本的风格定义。这种方法避免了逐一对每个文本对象进行风格设置的烦琐工作，从而提高了开发效率，缩短了作品开发周期。

我们先了解最右边 Interactivity 中选项的含义。

• 触发超文本链接的方式，交互方法有 Single Click（鼠标单击）、Double Click（鼠标双击）或只是将鼠标移动到包含超文本风格的文本上。

如果我们选择 None（没有）选项时，即没有超文本链接，则其他的交互选项都会失效。

• Auto Highlight。当最终用户触发了超文本链接后，在这个链接区域就显示出反色，以提醒用户，该超文本链接已经被触发，计算机正在处理用户的输入。

• 当光标经过包含超链接的文本对象时，可以通过鼠标变形来提醒用户该对象可以执行某种操作，选择 Cursor 项就可以实现鼠标变形功能。

• 如果把超文本链接作为文本风格的一部分，我们可以选择 Navigate To 选项。

② 参考图 7－6－16，增加“实例 17 热字”的文本风格。注意，这里为了使“实例 17 热字”具有超链接功能，需要选择 Interactivity 选项中的 Single Click。

③ 打开 Authorware，新建一个文件，在流程线上放入一个框架图标，命名为“页面”，拖入 4 个显示图标作为框架图标的页面，如图7－6－17所示，分别在显示图标中导入一段文字。

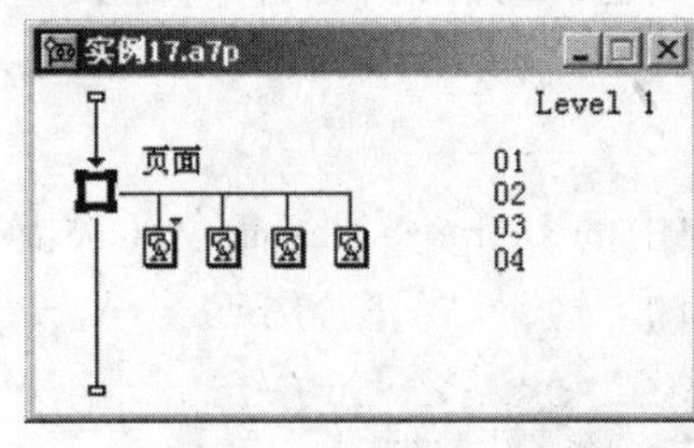

图 7－6－17　文本导入

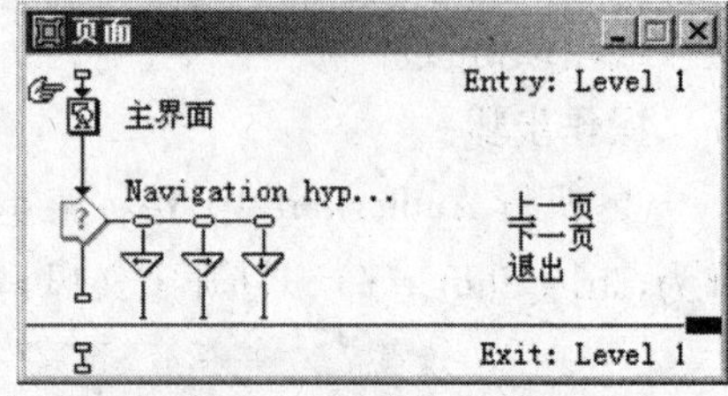

图 7－6－18　修改框架的内部交互

④ 打开框架图标，参考“实例 15”对框架图标进行设置，如图 7－6－18 所示。

⑤ 运行程序，在第一个页面后暂停，这里我们以“杨过”这两个文字作为超链接，选中这两个文字，再执行 Authorware 菜单项中的 Define Styles 命令，系统弹出如图 7－6－19 所示的对话框。

在显示图标的右上角有一个黑色的三角形符号，它表示该图标内包含链接源，链接源一般是由文本或图形组成的。单击链接源时，将跳转到框架内的结点页处。因此，结点页之间的链接大致有两种形式：一种是由导航图标控制的结点页之间的切换；另一种是由 Navigate To 设置的链接源与结点页之间的链接。前者是由框架图标内部的导航图标实现的，进行顺序式的结点页管理。后者是超文本方式的链接，是一种非顺序式的管理。

图 7-6-19　应用热字

⑥ 我们选择“实例 17 热字”后，程序将会弹出一个面板，如图 7-6-20 所示，大家仔细看这个面板，发现这就是我们前面学习过的导航图标的属性面板。这里就不再详细讲解了。在这里只需要选择 Page 中的“03”就可以了，当我们运行程序后，单击“杨过”将会自动跳到 03 页面。这样，整个程序就完成了。

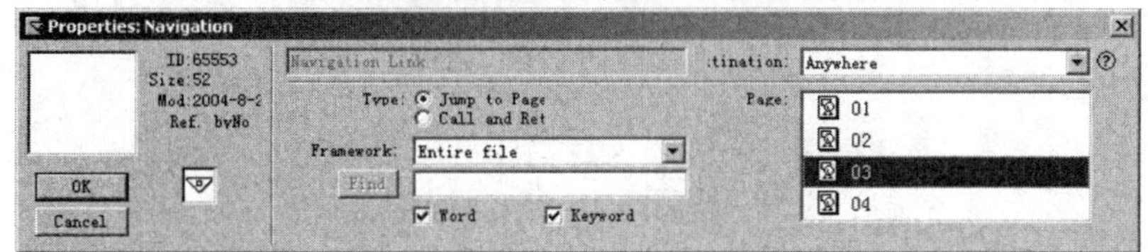

图 7-6-20　设置热字跳转

7.7　设置分支程序

通过前面的学习我们知道 Authorware，具有强大的交互功能，交互图标、框架图标、超文本的制作都可以产生交互。接下来我们学习最后一个具有交互功能的图标——决策图标。它与其他的交互方式不同，最终用户不能与判定分支结构进行交互操作，分支结构的路径的选择是由决策结构自行决定的，而不是由最终用户决定的，而且，程序开发者可以设定获取路径的参数。我们将通过以下 3 个方面来详细讲解决策图标的应用。

7.7.1　顺序选择分支

顺序选择分支结构的工作方式是：当 Authorware 每次经过判定分支结构时，首先执行第一分支路径；当再次经过判定分支结构的时候，执行第二分支路径；当第三次经过判定分支结构的时候，执行第三分支路径。依此类推，按照顺序执行判定分支结构中的分支。

实例 18　顺序选择分支——红黄绿灯

本例要点：

◇ 顺序选择分支属性。

◇ 顺序选择分支设置。

这个程序的效果是使交通灯的红黄绿灯闪烁。

操作步骤：

① 首先在流程线上放入一个显示图标，并命名为“灯框”。再拖入一决策图标，命名为“交通灯”，之后，拖 3 个群组图标置于决策图标的右侧，分别命名为“绿灯”“黄灯”“红灯”，如图 7－7－1 所示。

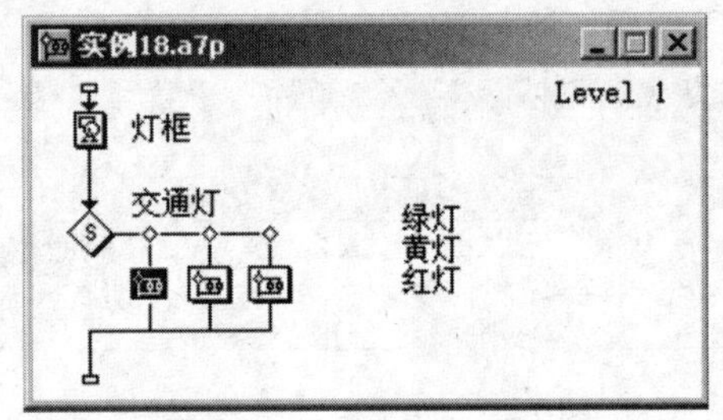

图 7－7－1　程序结构

② 双击打开群组图标“绿灯”，在新的流程线上拖入一个显示图标，在其中绘制一个绿色的圆。再拖动一个等待图标置于显示图标的下面，设置等待 4 秒，其他的选项都不勾选，如图 7－7－2 所示。

图 7－7－2　群组“绿灯”内的程序结构

③ 前面我们讲过，Authorware 图标是可以直接复制的，在这里我们就复制图 7－7－2 中的两个图标到群组图标“黄灯”及“红灯”中。当然显示图标“绿”的名称要分别改为“黄”“红”，里面的色

在这里，大家可能会提出一个问题，为什么要复制，而不重新绘制呢？那是因为复制后的 3 个灯会处在同一位置，我们只要往上移动就可以了，以便于调整灯的位置。

Repeat 下拉列表框用于确定 Authorware 将在决策图标中重复执行的次数。选择 Fixed Number of Times 时，下拉列表框下方的文本框将被允许使用，用户可在其中输入数值、变量或表达式，Authorware 将根据该项的设置决定重复执行的次数。特殊情况是，如果输入的数值小于1，那么彩也相应地重新填充，等待的时间也可以略微调整，在这里我们将黄灯的时间改为 2 秒，红灯的等待时间不变。

④ 接下来我们开始设置决策图标的属性，双击决策图标，系统弹出属性面板，设置如图 7－7－3 所示。我们先了解相关的属性设置。

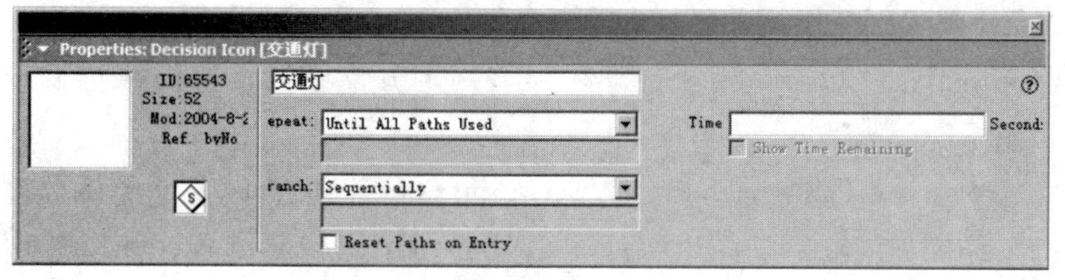

图 7－7－3　决策图标属性设置

● Repeat。用于设置 Authorware 在执行完多少路径或在什么条件下才能够跳出该判定分支结构，有 5 个选项：

Fixed Number of Times。给定循环次数，当次数一到就自动退出判定分支结构。

Until All Path Used。当 Authorware 执行完所有分支路径后才会退出判定分支结构。在本实例中我们选择该选项。

Until Click/Keypress。当最终用户用鼠标单击 Continue 按钮以外的任意位置或按下任意键时，Authorware 就会自动退出判定分支结构。

Until True。可以在文本输入框中输入变量或表达式，当变量或表达式的值为“True”时，Authorware 会自动跳出判定分支结构。

Don't Repeat。只执行分支图标一次，就自动跳出判定分支结构。

● Branch 分支下拉列表框。在列表框中有 4 个选项，这就是判断图标具有的 4 种分支路径，下面我们分别进行介绍。

Sequentially。Authorware 在执行判断图标时，将按顺序分别执行每一个分支，即按分支号从左至右开始执行。要使用此功能，必须将 Reset Paths on Entry 选项关闭。

Randomly to Any Path。在程序执行时，Authorware 随机选择任意分支来执行，其缺点是有可能会将同一分支执行多次而有些分支从未执行过。

Randomly to Unused Path。Authorware 会在从未执行的分支中选择一条来执行，这样就会保证 Authorware 在重复执行同一分支之前，将

Authorware 将不会执行任何分支，而是直接退出决策结构，执行决策图标后面的图标。

启动 Reset Paths on Entry 复选框之后，系统将会重新设置那些与 Authorware 已经执行过路径相关的值，相当于对分支路径进行初始化。如果在 Branch 文本框中选择了 Sequentially 或 Randomly to Unused Path 选项，则重新设置路径值将会对它们产生影响，因为此时 Authorware 会跟踪记录已经执行过的路径，如果重新设置了路径值，则 Authorware 将会消除所有已经执行过的路径的相关信息。

所有分支执行完毕。

To Calculated Path。可以在下面的文本框中输入变量或表达式，由变量或表达式的值决定判断图标将执行哪一条分支。

- Times 选项。可以设定 Authorware 在跳出判定分支结构之前执行分支路径的数目。例如，我们在该选项的文本输入框中输入数字“2”，则程序在执行并显示完第二条路径后，单击展示窗口中的 Continue 按钮，Authorware 便自动跳出该判定分支结构，从而执行下一个图标。
- Reset Paths on Entry 选项。Authorware 将重新设置已经执行过的路径。如果在一个应用程序中多处要使用该判断结构，而且每次还要重新设置分支路径的变量的值，选择此选项将非常有用。

⑤ 程序完成，播放程序，如果发现有灯偏离了位置，可以暂停并做调整。

7.7.2 随机选择分支

随机选择分支结构的工作方式是：当 Authorware 每次经过判定分支结构时随机来选择分支路径。

实例 19 随机选择分支——猜拳游戏

本例要点：

◇ 随机选择分支属性。

◇ 随机选择分支设置。

随机选择分支的特点是，当 Authorware 进入判定分支结构时，要执行哪一条分支路径是不可预测的，即随机决定的。假如在实例 18 中，我们将决策图标的分支类型设置为随机分支类型，则在程序执行时，当 Authorware 进入判定分支结构后，要执行的分支路径是不确定的，它可能出现红黄绿灯中的任何一个灯。相信大家都玩过石头、剪子、布的游戏，接下来我们通过决策图标来实现这个游戏。

操作步骤：

① 首先在流程线上放入一个显示图标，并命名为“标题”，在其中输入文字“你赢了吗?”。再拖入一个决策图标，命名为“游戏”，最后拖 3 个群组图标置于决策图标的右侧，分别命名为“石头”“剪子”“布”，如图 7－7－4 所示。

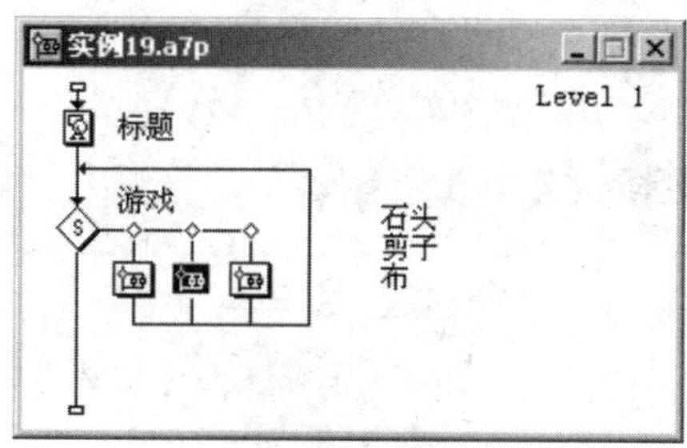

图 7-7-4　构建程序结构

② 双击打开群组图标“石头”，再向新流程线上拖入一个显示图标，在其中导入一张石头的图片。然后，拖动一个等待图标置于显示图标的下面，我们不设置等待的具体时间，并勾选 Show Button 按钮，这样在屏幕上会出现一个 Continue 按钮，当我们单击该按钮就可继续玩猜拳游戏了，群组“石头”内的程序结构如图 7-7-5 所示。

图 7-7-5　群组“石头”内的程序结构

③ 用同样的方法对群组“剪子”“布”进行操作，分别导入相关图片。

④ 接下来我们开始设置决策图标的属性，双击决策图标，系统弹出属性面板，设置如图 7-7-6 所示。

图 7-7-6　决策属性设置

• Fixed Number of Times。给定次数的循环，当次数一到就自动退出决策图标，在这里我们设置 10 次为一局。

• Randomly to Any Path。在程序执行时，Authorware 随机选择任

意一分支来执行。

⑤ 程序完成后，可以播放、调试，效果如图 7-7-7 所示。

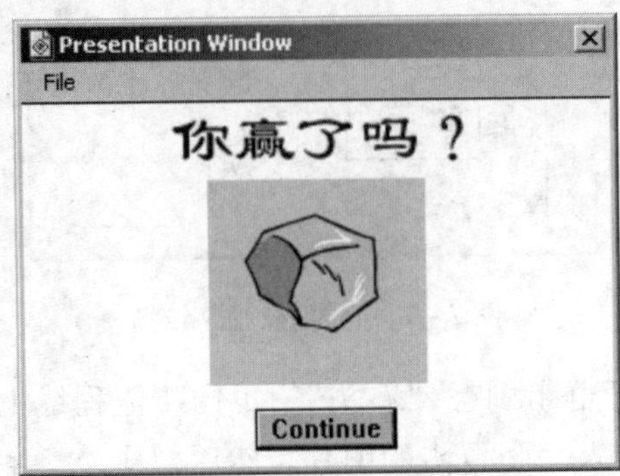

图 7-7-7　程序运行效果

7.7.3　运算选择分支

除以上两种方式外，我们最后要介绍的是决策图标的运算分支路径，这种分支路径实际上提供了一种条件响应的方式，它可以根据在 Branch 文本框中的变量的值来决定决策图标要执行哪一条路径。

实例 20　运算选择分支——李白诗欣赏

本例要点：

◇ 运算选择分支的属性。

◇ 运算选择分支的设置。

这里我们将以选择李白的诗作为实例来讲解，程序运行效果是屏幕上出现李白 4 首诗的标题，当在文本框内输入 1 时，欣赏第 1 首诗，输入 3 时，欣赏第 3 首诗。

操作步骤：

① 首先在流程线上放入一个显示图标，并命名为“标题”，在其中输入相关的内容，如图 7-7-8 所示。

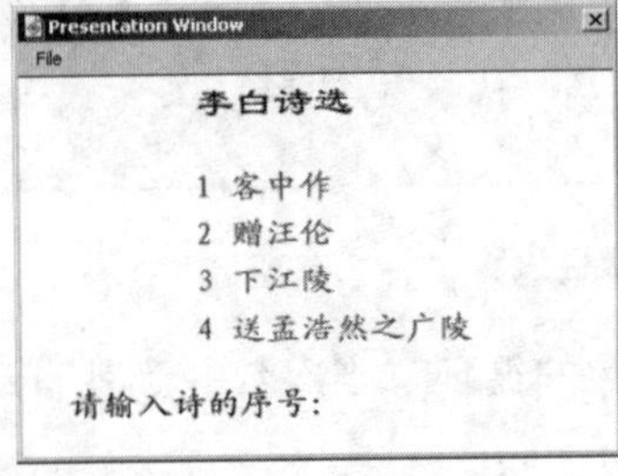

图 7-7-8　文本输入

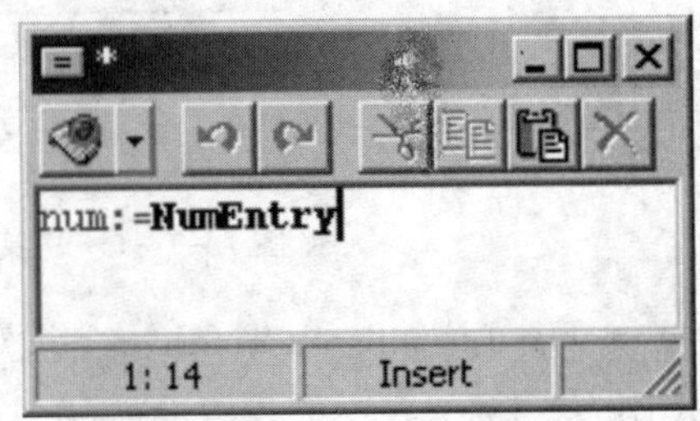

图 7-7-9　设置计算图标

② 向流程线上放入一个交互图标，并命名为“文本交互”。再拖入一个计算图标，设置其交互类型为 Text Entry。双击打开计算图标，在其中输入如图 7-7-9 所示的内容。其中：

“num” 为我们自定义的变量。

“Numentry” 系统函数，作用是记录下我们输入的数字。

③ 向流程线上拖入一个决策图标，命名为“诗词欣赏”，再拖 4 个群组图标置于决策图标的右侧，分别命名为“客中作”“赠汪伦”“下江陵”“送孟浩然之广陵”，如图 7-7-10 所示。

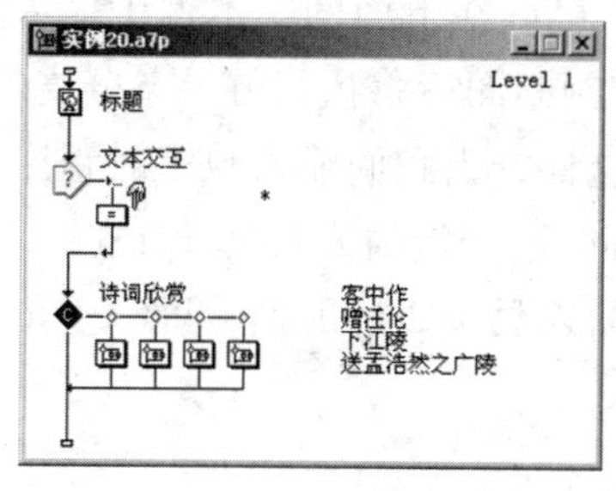

图 7-7-10　程序结构构建

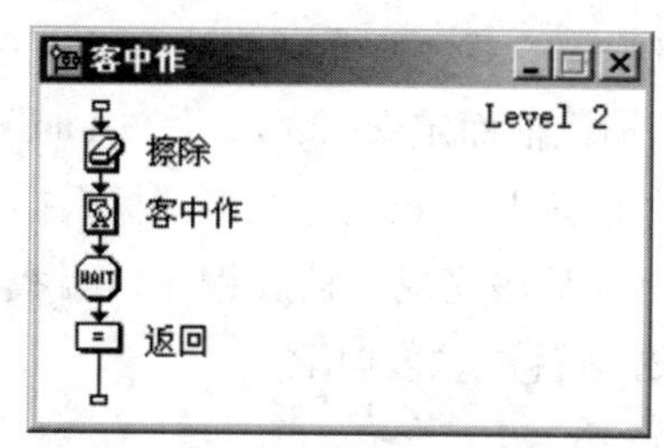

图 7-7-11　群组“客中作”内的程序结构

④ 打开群组图标“客中作”，出现一个新的流程线，再拖一个擦除图标置于新流程线中，擦除前面的所有内容。在显示图标“客中作”输入《客中作》的诗句，等待图标设置为 4 秒，群组“客中作”内的程序结构如图 7-7-11 所示。

⑤ 拖动一个计算图标至流程线最下面，如图 7-7-11 所示，双击打开计算图标，在其中输入如图 7-7-12 所示的内容。作用是程序过 4 秒后自动跳转到名为“标题”的显示图标处。重复前面的步骤，设置好另外 3 个群组图标，分别输入 3 首不同的诗。

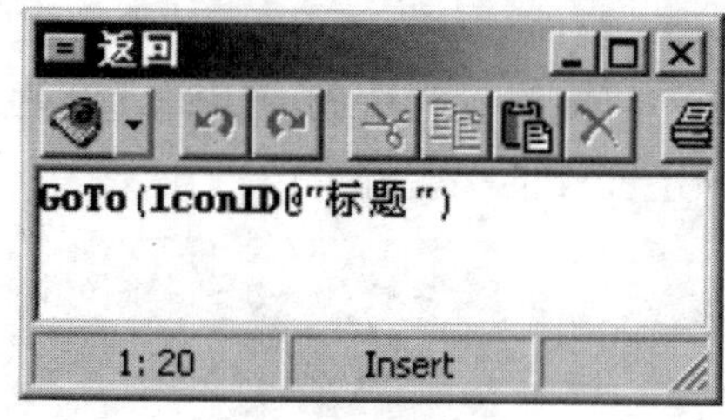

图 7-7-12　设置函数

⑥ 接下来我们开始设置决策图标的属性，双击决策图标，系统弹出属性面板，设置如图 7-7-13 所示。

选择 Don't Repeat 选项时，Authorware 将根据 Branch 下拉列表框的选项选择执行其中的一个分支流程，然后退出决策结构。Don't Repeat 是 Authorware 的默认选项，此时 Repeat 下方的文本框处于禁用状态。选择 To Calculated Path 时，Branch 下方的文本框将处于有效状态，用户可在此输入一个变量或表达式。当 Authorware 遇到决策图标时，将根据输入的变量或表达式来决定执行的分支路径。变量或表达式的数值就是分支的序列号。

图 7-7-13 决策属性设置

- Don't Repeat 设置为不循环。

- To Calculated Path 设置为选项，可以在下面的文本框中输入变量或表达式，变量或表达式的值决定判断图标将执行哪一条分支。我们输入前面定义过的变量"num"。这样，当我们输入数字时程序会赋予变量"num"，决策图标根据"num"变量的值来执行分支。

⑦ 程序完成，播放程序，当我们输入数字 2 的时候，屏幕上出现第二首诗《赠汪伦》。

7.8 打包与发行

通过前面的学习，我们对 Authorware 应该有所掌握了，但所有的实例文件都是源程序，不能脱离 Authorware 单独运行。将我们的源程序文件生成可脱离 Authorware 单独运行的可执行文件的过程也就是打包的过程。本节将详细介绍如何进行打包。我们将从以下两方面来讲解打包的过程。

Authorware 提供了文件打包的功能，将文件打包后，就可以生成一个可执行的文件，该文件将脱离 Authorware 应用程序，在大多数的操作系统下正常运行。同时，它也成功地解决了软件的保密问题，从这种文件中不可能看到程序的源代码，也就无法进行仿制和利用，这样便加强了文件的保密性能。

打包后的文件可以在任意一台普通电脑上运行，Authorware 打包后的可执行文件都是在 Windows 操作系统下运行的，对于其他的操作系统都不支持。

实例 21 程序打包发行

本例要点：

◇ 程序打包。

◇ 程序打包属性设置。

在本例中，我们将以"实例 15"作为打包的对象。

操作步骤：

① 打开我们前面制作的 Authorware 源程序"实例 15"。运行

程序，查看是否有错误或者是否还需要进行修改。如果确定没有，可以为程序打包，运行 File 菜单 Publish 中的 Package 命令，如图 7－8－1所示。

② 运行命令后，系统弹出打包属性对话框，如图 7－8－2 所示。我们先了解一下相关的属性含义。

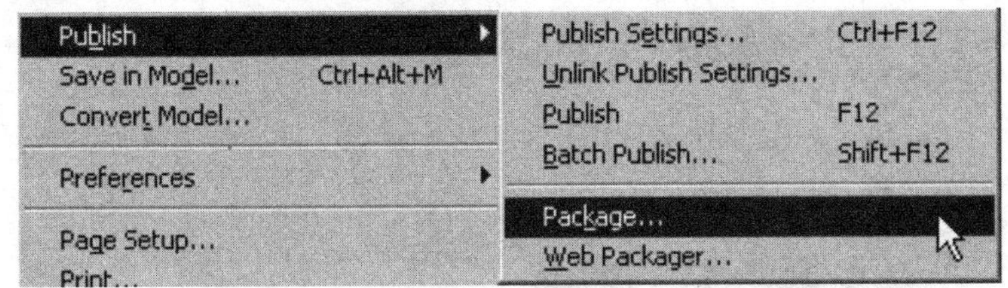

图 7－8－1　打包命令

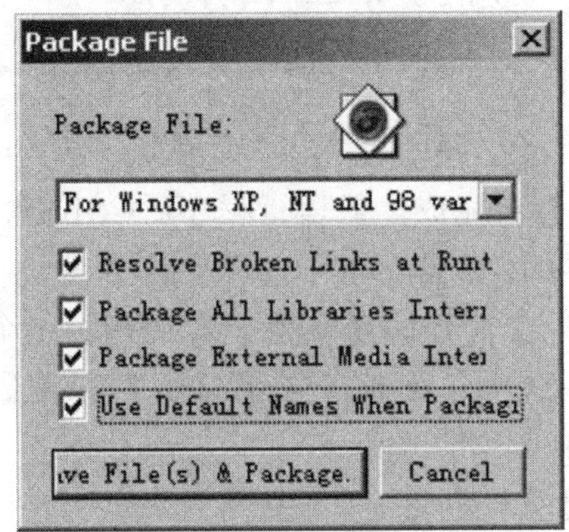

图 7－8－2　打包属性设置

For Windows XP,NT and 98 variant 选项表示 Authorware 会把 RunA7W 文件内置在打包后的文件中，这样的文件就是可执行文件，它可独立运行于 Windows 98 或 NT 或者 XP 系统下。通常情况下我们都选择这个选项，在这里也一样。

在打包属性对话框中各选项的含义如下：

- Resolve Broken Links Runtime。当我们编写 Authorware 程序时，每放一个新图标到流程线上，系统都会自动记录图标的所有数据，并且 Authorware 内部以链接方式将数据串联起来，一旦程序做了修改，Authorware 里的链接会重新调整，某些串会形成断链，为了不让程序在运行过程中出现问题，最好选择此项，可以让 Authorware 自动处理断链。
- Package All Libraries Internally。使 Authorware 将所有与作品链接的库文件打包到主程序中，但并不是所有的链接文件都能如此，只能采取插入方式的数字电影文件就不会转化为内部插入方式。
- Package External Media Internally。使 Authorware 将作品调用的所有媒体文件压缩。

• Use Default Names When Packaging。使打包出来的作品以当前文件名来命名。如我们所使用的源程序文件名为“实例 15. a7p”，那么打包之后的可执行文件名为“实例 15. exe”

③ 单击 Save File（s）& Package 按钮，程序开始打包，出现如图 7－8－3 所示的进度条。

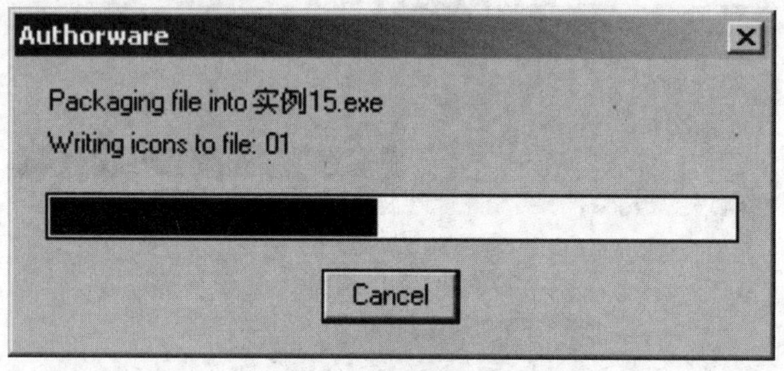

图 7－8－3　打包进度

④ 最后程序打包完成。但运行程序后会出错，这是因为还少一个文件夹。在文件打包发布时，还要将 Authorware 的库函数一并交于用户，否则多媒体程序不能正常运行。这个库函数包含在软件下的 Xtras 目录中，我们将整个 Xtras 目录复制到可执行文件同一路径下，如图7－8－4所示。

至此，程序才算打包完成。

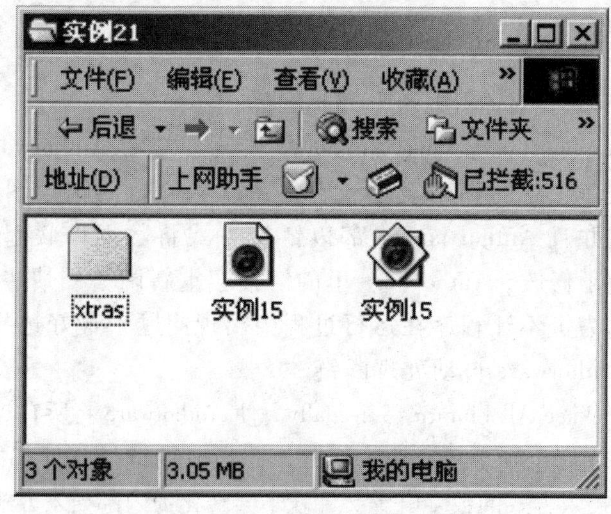

图 7－8－4　打包后文件

Authorware 源文件发行时，除了 Xtras 文件夹中的内容，如果在你的程序当中还使用了 ActiveX 控件，那么还需要同时发布用于控制 ActiveX 控件的 Xtra 文件；如果程序中使用了 BMP 格式的文件，那么在库函数中必须有 bmpview. x16 或 bmpview. x32 文件。

实例 22　打包到网上运行

本例要点：

◇ 打包到网络运行。

在本例当中，我们同样以“实例 15”作为打包的对象。

操作步骤：

① 打开我们前面制作的 Authorware 源程序“实例 15”。运行程序，查看是否有错误或还需要进行修改的地方。如果确定没有，可以为程序打包，运行 File 菜单 Publish 中的 Publish Settings 命令，如图7－8－5 所示。

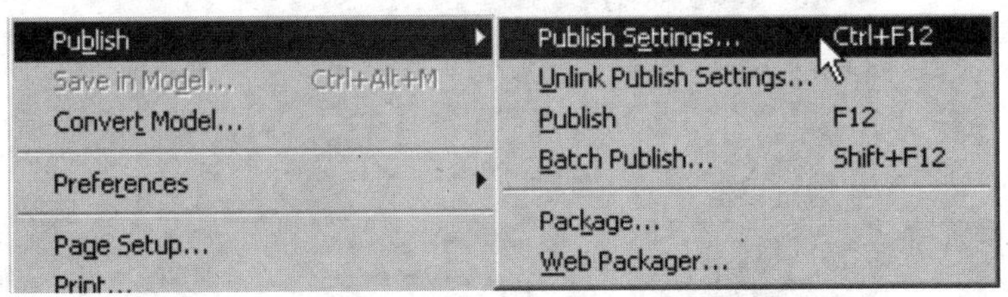

图 7－8－5　网上打包命令

② 运行命令后，系统弹出属性对话框，如图 7－8－6 所示。我们先了解相关的属性含义。在这个面板中我们也可以完成前面实例中的打包方法，在这里我们重点讲解 Web 打包的相关选项。

- Package As。文件打包的路径，这里我们保持默认不变。
- For Web Player。Authorware 会将网络播放器也一并打包进来，Copy Supporting Files 一定要选上，否则打包之后没有播放器，也看不到播放效果。
- Web Page。网络打包的路径，这里也保持不变。

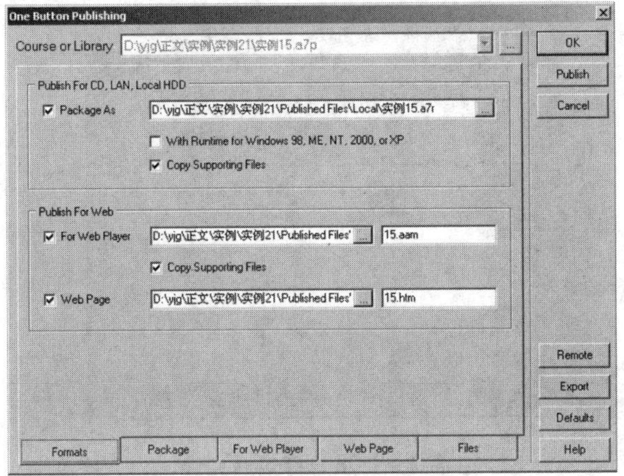

图 7－8－6　打包设置

Authorware 的流技术即网上流式传输技术，其核心是将程序打包成许多片段。当程序在网上运行时，可边下载边播放，使数量较大的多媒体程序分散下载，而不是等待下载完毕后再播放。

如果要生成在 Windows 9*x* 和 NT 系统下能运行的可执行文件，刚选中 With Runtime for Windows 9*x* and NT varuabts 选项，但是默认的设置中该选项不选。

③ 单击 Web Page 按钮，切换到网页文件的设置属性面板，如图7－8－7所示。

• HTML Template。选择不同的模板，这里我们保持默认不变，为 Default。

• Page Title。在这里可以输入网页文档的标题，我们在这里输入标题为“多媒体教学”。

网页 Web Page 选项，主要是用来设置网络发布时生成的网页选项，Authorware 提供了几种网页的模板，我们可以在 HTML Template 列表中选择，下面的模板描述中有选择的模板的简单描述。

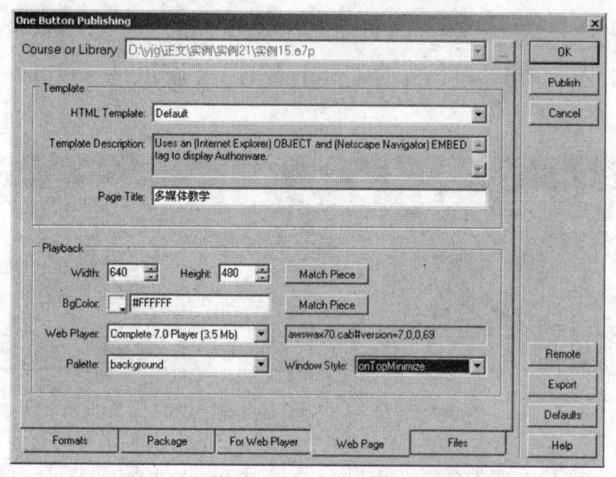

图7－8－7　网页文件属性设置

• Width、Height。可设置我们打包后播放程序窗口的大小，这里设置宽为640，高为480。

• BgColor。可设置课件生成网页后的背景色，在这里也保持不变。其他选项同样保持不变。

④ 单击 Publish 按钮，发布程序。在源程序的目录下，就会出现该程序的网页的格式，如图7－8－8所示。

图7－8－8　打包后文件

思考与练习

一、填空题

1. Authorware 总共提供了（　　）种交互方式。

A. 9　　B. 10　　C. 11　　D. 12

2. 在 Authorware 中，可用 Ctrl +（　　）键来暂停播放课件。

A. T　　B. N　　C. R　　D. P

3. Authorware 中，选择图片或文字的过渡效果快捷键为 Ctrl +（　　）。

A. T　　B. F　　C. H　　D. K

4. 在 Authorware 的按钮交互中，按钮可由（　　）种不同的状态的小图片来实现。

A. 2　　B. 3　　C. 4　　D. 5

5. 在 Authorware 中，使用 Ctrl +（　　）键可以使很多图标群组在一起。

A. F　　B. Y　　C. P　　D. G

6. 应用带有链接功能的热字，对应的菜单命令是（　　）。

A. Text-Style　　B. Text-Anti-Aliased

C. Text-Define Styles　　D. Text-Apply Styles

7. 单击图中第（　　）个工具可调出 Authorware 播放控制面板。

A. 1　　B. 2　　C. 3　　D. 4

8. Authorware 的文本交互中，系统接受的通配符是（　　）。

A. !　　B. ?　　C. &　　D. *

9. 在 Authorware 绘图工具箱面板中，（　　）个工具可在显示图标选中对象。

A. +　　B. ／　　C. □　　D.

第 8 章　多媒体作品典型实例制作与分析

学习目标

通过本章的学习，能综合掌握 Authorware 7.0 各项基本操作，制作一些实例。

本章要点

- 掌握多媒体作品开发的一般步骤。
- 综合运用 Authorware 图标。

8.1　多媒体作品典型实例 1

本例中使用的所有素材都可在深圳广播电视大学远程教学平台上找到。

通过前面的学习我们掌握了 Authorware 的基本应用，下面就通过一个综合实例来详细讲解多媒体作品开发的整体过程，程序的功能是综合媒体的应用，可以欣赏图片、欣赏影视、欣赏音乐等，为了讲解得更清楚、更透彻，我们将分成几个实例来讲解。

8.1.1　程序的主结构搭建

制作多媒体程序就好比盖房子，要有地基，要有楼架。做一个好的多媒体作品，程序的主框架是一个非常重要的部分，在下面的例子中，我们将详细来讲解一下程序的主框架的搭建。

实例 23　典型实例 1 应用第一步——搭建程序的主结构

本例要点：

◇ 交互图标的使用。

◇ 热区响应的使用。

操作步骤：

① 首先在流程线上放入一个显示图标，并命名为“主界面”。打开显示图标，导入一张图片作为主界面，如图 8－1－1、图 8－1－2所示。由于篇幅所限，关于主界面这张图片的详细处理方法，在这里就不详细讲解了。

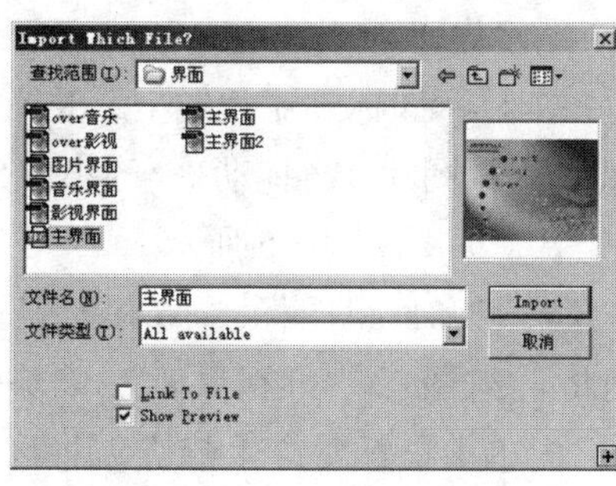

图 8-1-1　导入图片

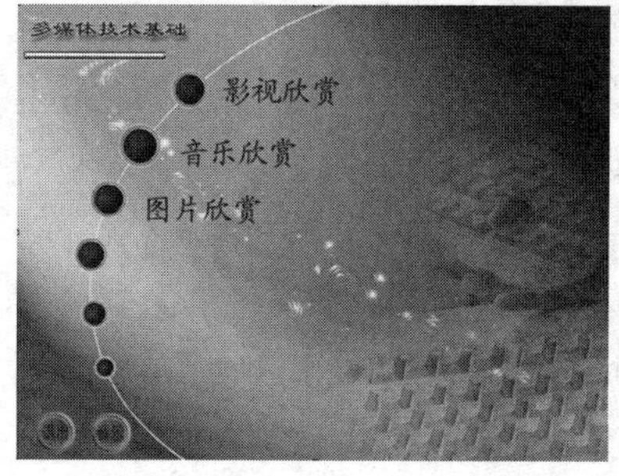

图 8-1-2　导入图片效果

② 从图标工具栏中拖动一声音图标到流程线上，并命名为“背景音乐”，双击打开声音图标，在其中导入一段音乐作为背景音乐，如图 8-1-3所示。在这里有一个需要注意的地方，就是把音乐属性中 Timing 选项卡的 Concurrency：选项设置为 Concurrent（同步播放），否则，程序将会等到这段音乐播放完成后才会往下运行。

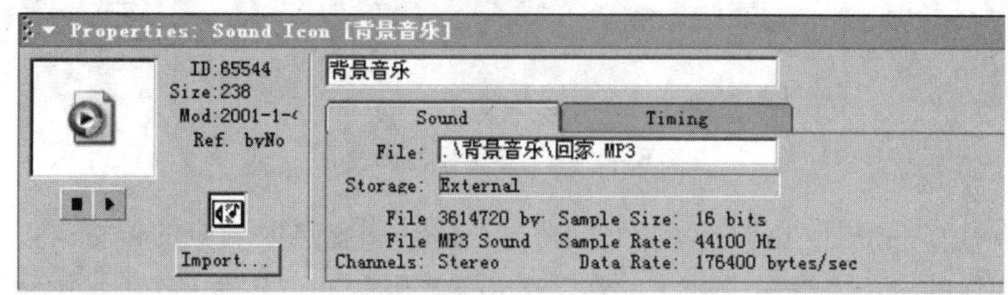

图 8-1-3　声音图标属性设置

③ 从图标工具栏中拖动一个交互图标到流程线上，并命名为“主内容”。再拖动一群组图标放到交互图标的右侧，程序弹出交互对话框，在这里我们选择 Hot spot（热区响应），并将此群组图标命名为“影视欣赏”，在这里面我们将导入影视欣赏的所有内容，关于这步操作，后面再详细讲解。以同样的方法，再拖动一群组图标放到交互图标的右侧，在这里程序会默认选择 Hot spot 类型，我们将此群组图标命名为“over 影视”，程序结构图如图 8-1-4 所示。

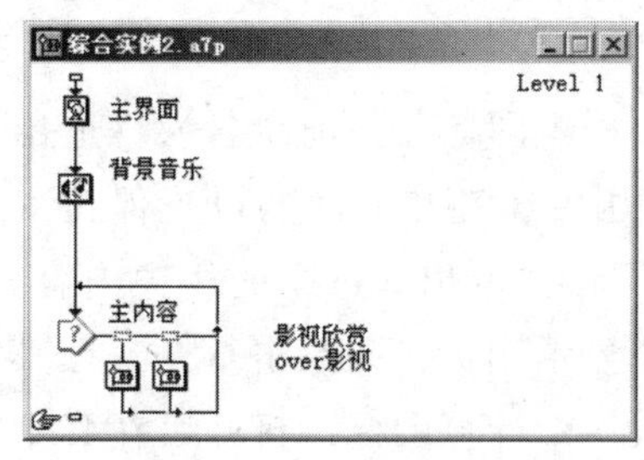

图 8-1-4　程序结构图

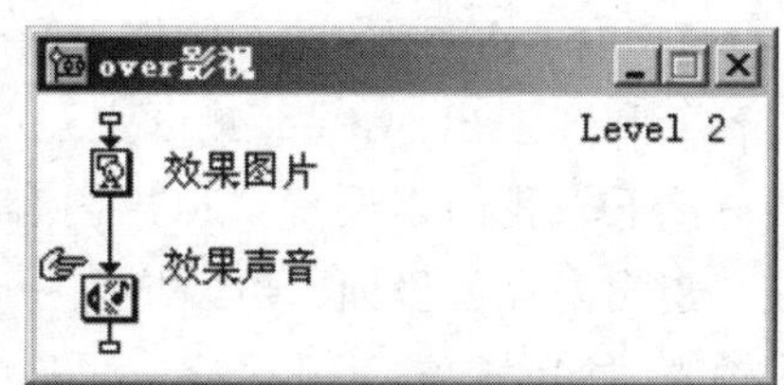

图 8-1-5　导入图片及声音

④ 对于群组图标“影视欣赏”，我们先不导入内容，双击打开“over 影视”，再从图标工具栏中拖动一个显示图标到流程线上，并命名为“效果图片”，在其中导入一张小的效果图片。再拖动一声音图标放到流程线上，在其中导入一个效果声音，如图 8－1－5 所示。

Match 这是热区响应最重要的一项属性，其中选项可设置与热区响应匹配的鼠标动作。这些选项分别是：Single-click 在热区内单击鼠标时产生响应；Double-click 在热区内双击鼠标时产生响应；Cursor in Area 当鼠标移至热区上方时产生响应。

⑤ 接下来设置群组图标“影视欣赏”和群组图标“over 影视”热区响应的相关属性，在这里我们将群组图标“影视欣赏”响应类型设置为 Single － click，即在热区内单击鼠标时产生响应，将群组图标“over 影视”响应类型设置为 Cursor in Area，也就是当鼠标移至热区上方时产生响应，并将两者的 Cursor 选项都设置为手形形状，如图8－1－6所示。

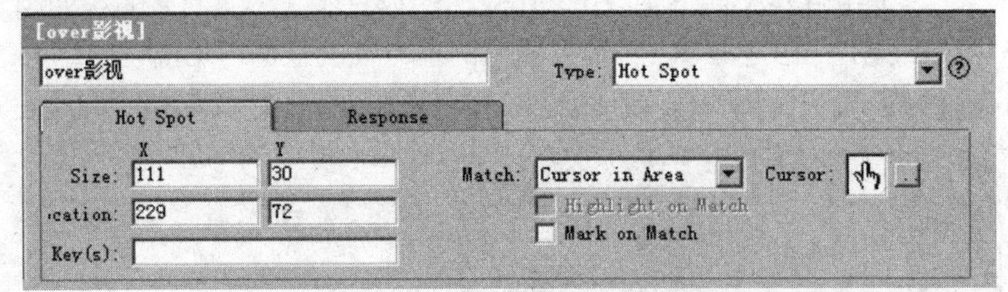

图 8－1－6 热区属性设置

⑥ 完成上述操作后，可以播放程序，调整热区响应的位置。以同样的方法来设置“音乐欣赏”“over 音乐”和“图片欣赏”，主程序结构如图 8－1－7 所示。

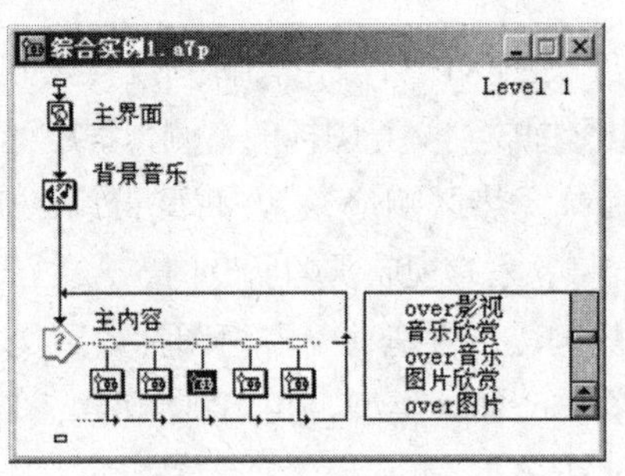

图 8－1－7 主程序结构

⑦ 再向交互图标的右侧拖入两个群组图标，分别命名为“退出内容”和“退出 over”，热区交互的相关属性和前面的设置保持一致。接下来我们来设置“退出内容”和“退出 over”的相关内容。在“退出内容”里面，可以拖入一个显示图标，并双击打开，在其中输入“谢谢欣赏”几个字，再拖入一个计算图标，打开后在其中输入" quit( )" 即可。在“over 退出”中，拖入一个显示图标，并

导入一张效果图片即可。

这样典型实例的第一部分就完成了。

8.1.2　影视欣赏部分

通过前面的学习我们将本实例中的程序框架构建起来了，但这仅仅是框架，其中的影视欣赏、音乐欣赏、图片欣赏中都没有内容，接下来，我们要先完善影视欣赏中的内容。

实例 24　典型实例 1 应用第二步——完善影视欣赏部分

本例要点：

◇ 数字电影图标的使用。

◇ 计算图标的使用。

操作步骤：

① 双击流程线上的群组图标“影视欣赏内容”，出现一个新的流程线，在此流程线上拖入一个显示图标，并命名为“影视界面”。打开显示图标，导入一张图片作为主界面，如图 8－1－8、图 8－1－9 所示。由于篇幅所限，关于主界面这张图片的处理方法，在这里我们就不详细讲解了。

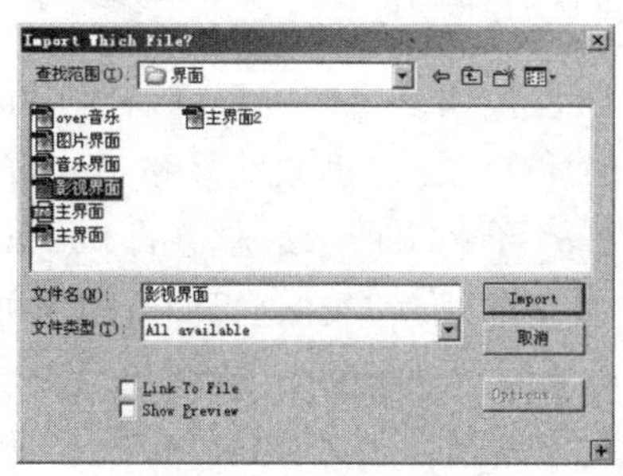

图 8－1－8　导入图片

图 8－1－9　图片效果

② 从图标工具栏中拖动一个数字电影图标到流程线上，并命名为“泰坦尼克号”，双击打开数字电影图标，在其中导入一段电影《泰坦尼克号》中的片段。在这里我们对数字电影图标的属性不做任何修改。这时候可以播放程序，单击影视欣赏按钮，程序会自动播放电影片段，为了让电影处在一个适当的位置，暂停程序的运行，拖动视频窗口到一个适当的位置，如图 8－1－10 所示。

数字电影图标的属性面板中，Option 内部选项并非对所有的文件都适用，当我们引入不同格式的数字化电影文件时，该区域的选项列表中只有和引入的文件格式相关的选项可用，其他的选项处在不可选的状态。当我们引入了一个 Windows 标准格式 AVI 后，该区域只有 4 个选项可用。其他 2 个选项变成不可用。

图 8-1-10　程序效果

③ 从图标工具栏中拖动一个交互图标到流程线上，并命名为“影视控制”。再拖动一个计算图标放到交互图标的右侧，程序弹出对交互话框，在这里我们选择 Button（按钮响应），并将此计算图标命名为“播放”。打开按钮交互的属性面板将 Cursor 中的鼠标形状改换成手形，如图 8-1-11 所示。

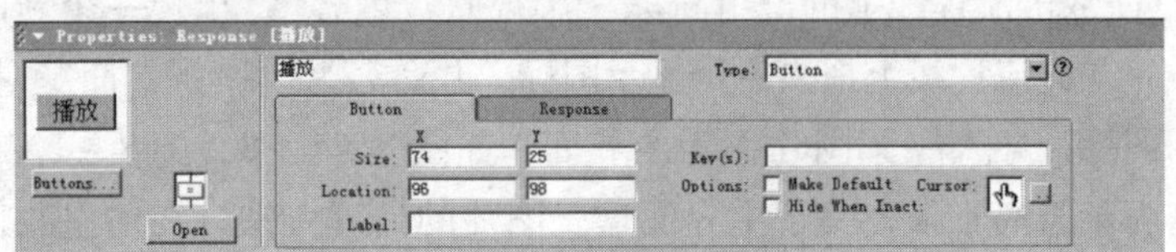

图 8-1-11　按钮交互属性面板

Cursor 设置鼠标移至按钮上方时的形状，单击旁边的按钮，系统弹出 Cursor 对话框，在鼠标列表框中可选择所需的鼠标形式，最后单击 OK 按钮，该鼠标形式就会出现在对话框的 Cursor 预览框中。程序运行时，当将鼠标移至该按钮上方，鼠标指针会变为刚才所设的样式。

④“播放”按钮是系统默认的灰色按钮，我们可不可以用其他漂亮的按钮来替代呢？答案是肯定的。在这之前我们先了解 Authorware 中的按钮是什么组成的。单击图 8-1-11 所示最左边的 Buttons 按钮，弹出系统按钮面板，如图 8-1-12 所示。在这里面有多种可供选择的系统按钮。如果我们要导入自己做的按钮，则单击 Add 按钮，单击 Add 按钮后，系统会弹出按钮编辑面板，如图8-1-13 所示。在这里我们可以发现，一个按钮其实是由 4 张不同的图片组成的。选中 Up，单击 raphic 后面的 Import 按钮，导入小图片。

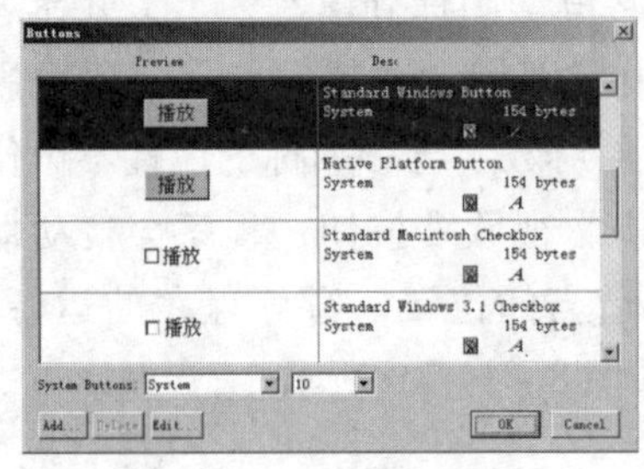

图 8-1-12　按钮面板

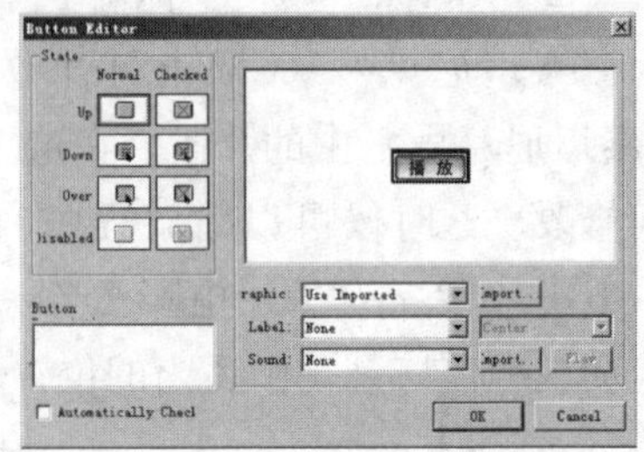

图 8-1-13　按钮编辑面板

用同样的方法，分别导入按钮中的 Down、Over、Disabled 中的小图片。如果还要导入声音可以单击 Sound 后面的 Import 导入按钮的音效。这样一个自定义的按钮就制作完成了。

⑤ 从图标工具栏中拖动 4 个计算图标到流程线交互图标的右侧，并分别命名为“暂停”“快进”“后退”“返回”。用步骤④中的方法分别导入自定义的按钮，最后程序结构如图 8 – 1 – 14 所示。

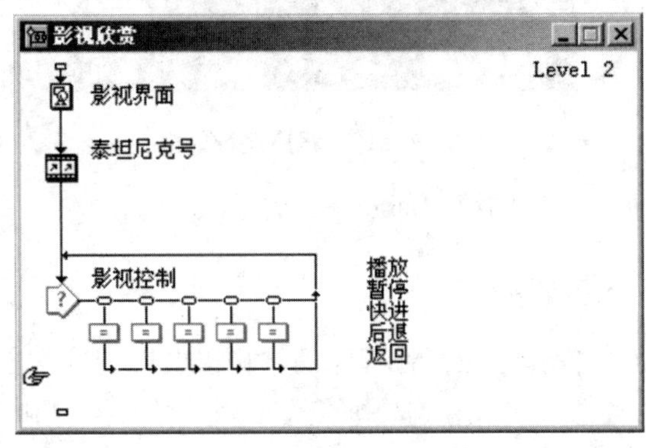

图 8 – 1 – 14　程序结构

⑥ 完成上述操作后，开始设置控制部分。打开各个计算图标，分别在其中输入如下的函数内容。

“播放”计算图标：MediaPause（IconID@"泰坦尼克号", FALSE）

“暂停”计算图标：MediaPause（IconID@"泰坦尼克号", TRUE）

“快进”计算图标：now：= MediaPosition@"泰坦尼克号"
MediaSeek（IconID@"泰坦尼克号", now +30）

“后退”计算图标：now：= MediaPosition@"泰坦尼克号"
MediaSeek（IconID@"泰坦尼克号", now –30）

“返回”计算图标：GoTo（IconID@" 主界面"）

⑦ 对程序进行调试，并适当调整按钮的位置。最后程序画面如图8 – 1 – 15 所示。

MediaPaus 与 MediaSeek 为系统函数，now 为自定义变量。

图 8-1-15　程序运行效果

这样，典型实例的第二部分就完成了。

8.1.3　音乐欣赏部分

通过前面的操作，我们将程序的结构以及影视欣赏部分完成了，接下来，我们将完善音乐欣赏中的内容。影视的控制和音乐的控制有很多相同的地方，有了前面的基础，这节的操作就简单多了。

实例 25　典型实例 1 应用第三步——完善音乐欣赏部分

本例要点：

◇ 声音图标的使用。

◇ 对声音的控制。

操作步骤：

① 双击流程线上的群组图标“音乐欣赏内容”，出现一个新流程线，在此流程线上拖入一个显示图标，并命名为“音乐界面”，导入一张图片作为主界面。在流程线上再拖入一个显示图标，并命名为“歌词”，在其中输入歌曲的歌词。最后效果如图 8-1-16、图 8-1-17 所示。

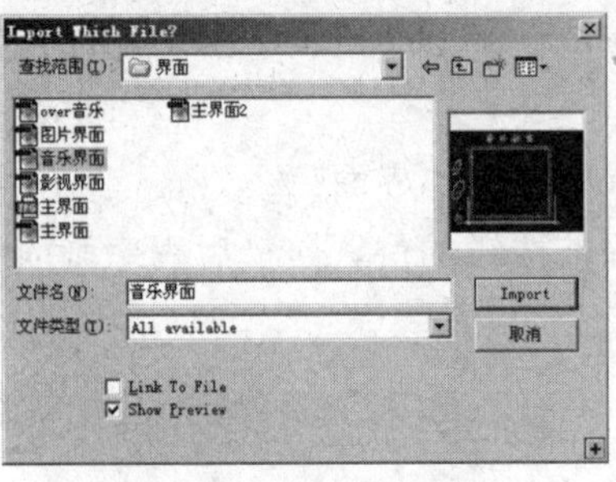

图 8-1-16　导入图片

图 8-1-17　图片效果

② 从图标工具栏中拖动一个声音图标到流程线上，并命名为“千千阙歌”，双击打开声音图标，在其中导入《千千阙歌》的 MP3 格式音乐，如图8－1－18 所示。在这里有一个需要注意的地方，就是把音乐属性中的 Concurrency 选项设置为 Concurrent，否则，程序将会等到这段音乐播放完成后才会往下运行。

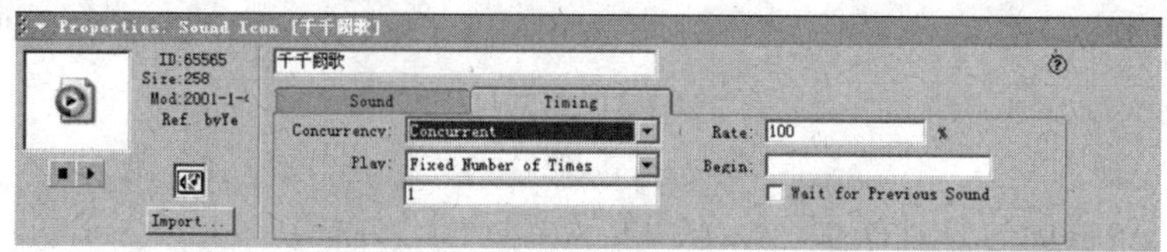

图 8－1－18　声音属性设置

③ 为了节省时间与精力，我们有一个更为简单的办法来设置音乐的控制，将影视控制中的交互图标及所有的计算图标复制过来，当然一些图标的名称是需要改变的，另外，对于计算图标中的内容也要做适当的修改。复制后的效果如图 8－1－19 所示。

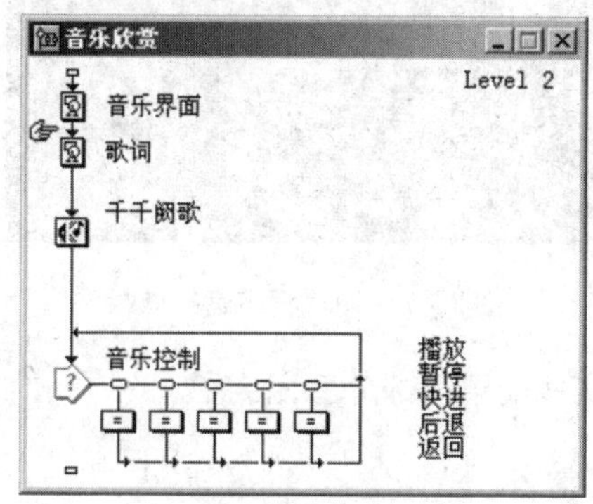

图 8－1－19　程序结构

这样，我们就跳过了设置按钮的过程，节省了大量的时间。

④ 打开各个计算图标，分别在其中输入相关的函数内容。

“播放”计算图标：MediaPause（IconID@"千千阙歌"，FALSE）

“暂停”计算图标：MediaPause（IconID@"千千阙歌"，TRUE）

“快进”计算图标：now：=MediaPosition@"千千阙歌"

long：=MediaLength@"千千阙歌"

if now < long－10000 then

MediaSeek（IconID@"千千阙歌"，now＋10000）

end if"

MediaPaus 与 MediaSeek 不仅可以控制影视，同样可以控制声音文件。

"后退"计算图标：now：= MediaPosition@"千千阙歌" if now > 10000 then
MediaSeek（IconID@" 千千阙歌", now - 10000）
else
MediaPause（IconID@" 千千阙歌", FALSE）
end if"

"返回"计算图标：GoTo（IconID@"主界面"）

⑤ 对程序进行调试，并适当调整按钮的位置。最后的程序画面如图8－1－20 所示。

图 8－1－20　程序运行效果

这样，典型实例的第三部分就完成了。

8.1.4　图片欣赏部分

通过前面的学习，我们完成了本实例中的大部分程序内容，最后只剩下图片欣赏的内容了，接下来，我们将完善图片欣赏中的内容。

实例 26　典型实例 1 应用第四步——完善图片欣赏部分

本例要点：

◇ 框架图标的使用。

◇ 显示图标的使用。

操作步骤：

① 双击流程线上的群组图标"图片欣赏内容"，出现一个新的流程线，在此流程线上拖入一个显示图标，并命名为"图片界面"。打开显示图标，导入一张图片作为主界面，如图 8－1－21、

图 8－1－22所示。

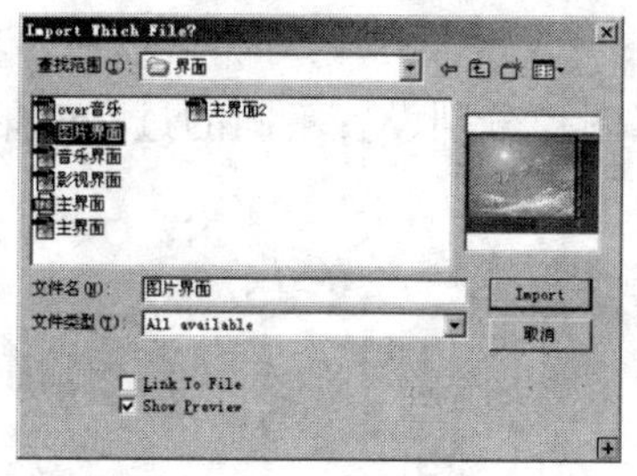

图 8－1－21　导入图片

图 8－1－22　图片导入后效果

② 从图标工具栏中拖动一个框架图标到流程线上，并命名为“图片内容”，双击打开框架图标，会出现 8 个系统默认的按钮交互，在此，我们只保留 3 个，分别命名为“上一页”“下一页”“返回”，如图 8－1－23 所示。

创建一个框架图标之后，其中已经内置了 8 个浏览图标，用于进行顺序式的结点页管理，如向前一页、向后一页，或者是直接跳转到框架的第一页或最后一页等。

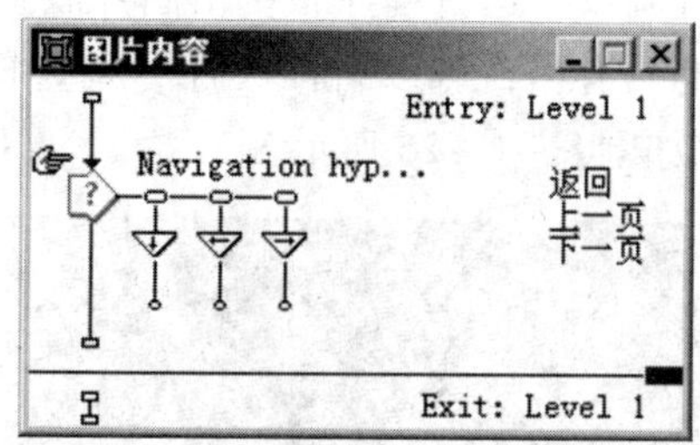

图 8－1－23　框架图标内交互

③ 参照前面刚刚学过的内容，对按钮交互的属性进行设置。将 Cursor 中的鼠标形状改换成手形。导入自己制作的按钮图片。由于这部分内容在前面已详细讲解过，这里就不再详细讲解了。

④ 关闭框架图标，拖动一个显示图标到流程线上，并命名为“图片 1”，双击打开显示图标，在其中导入一张图片，并适当调整图片的大小。同时，为了使图片播放起来更生动一点，可以为图片增加过渡效果，可按快捷组合键 Ctrl＋T，使系统弹出如图 8－1－24所示的过渡效果面板，选择喜欢的过渡效果就可以了。

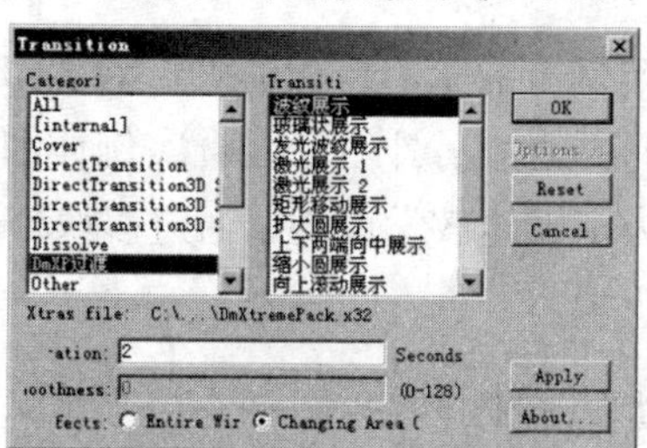

图 8－1－24　选择过渡效果

⑤ 用同样的方法，分别再拖动 4 个显示图标到框架图标上，并分别命名为“图片 2”“图片 3”“图片 4”“图片 5”。再参照步骤④，分别导入一张图片，并为这 4 张图片分别设置不同的过渡效果。最后程序结构如图 8 - 1 - 25 所示。

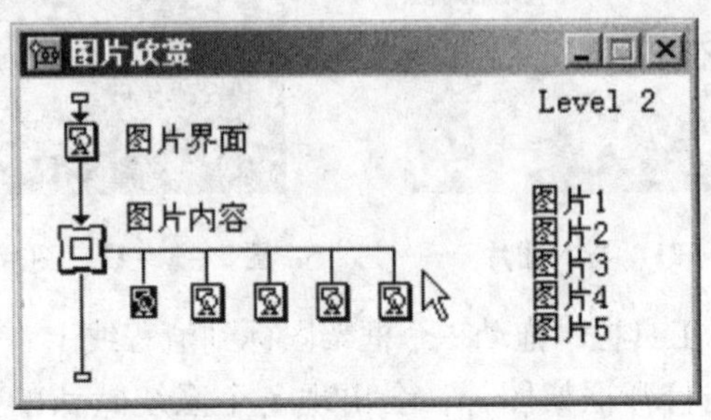

图 8 - 1 - 25　图片欣赏结构图

⑥ 对程序进行调试，运行程序，单击图片欣赏，观看图片，如果有发现图片位置不适当，可以暂停程序，调整图片大小、位置。最后程序运行效果如图 8 - 1 - 26 所示。

图 8 - 1 - 26　运行效果

这样，典型实例 1 的整个程序就完成了。

8.2　多媒体作品典型实例 2

通过前面典型实例 1 的学习，相信大家对 Authorware 有了更进一步的了解，下面我们再通过另外一个综合实例详细讲解多媒体开发的整体过程。本程序为多媒体教学课件，通过多媒体的方式讲解“计算机组装与维护—主板编”。

8.2.1　简单片头的制作

我们都知道，制作多媒体程序的关键是内容。但除了这些，通常我们为了让多媒体程序展示起来更完美，可为其加上一个简单的片头。当然在这里我们也不太可能用3ds Max、Maya等超强动画软件来制作片头，但没有关系，只用Auhtorware也能做出一个简单、实用、漂亮的片头。

实例27　典型实例2第一步——简单片头的制作

本例要点：

◇ 显示图标的使用。

◇ 过渡特效的应用。

操作步骤：

① 在流程线上放入一个群组图标，并命名为“片头”。双击打开群组图标，出现一个新的流程线，在新的流程线上放入一个显示图标，并命名为“黑背景”，如图8－2－1所示。双击打开此显示图标，绘制一个全屏幕大小的纯黑色的矩形。再在流程线上放入一个声音图标，并命名为“片头音乐”，导入音乐文件。效果如图8－2－2所示。

可能很多读者不明白为什么要绘制一个黑色的矩形，这样做的目的是为了获得更好的视觉效果。这样，当播放程序的时候，屏幕上只有文字，背景全是黑色的，看上去更生动、直观！

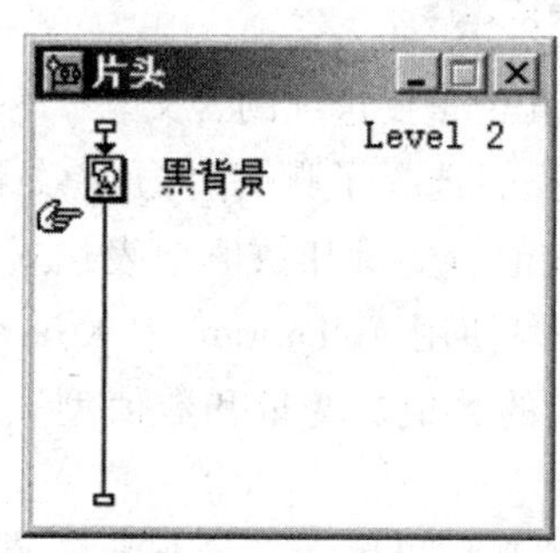

图8－2－1　导入图片

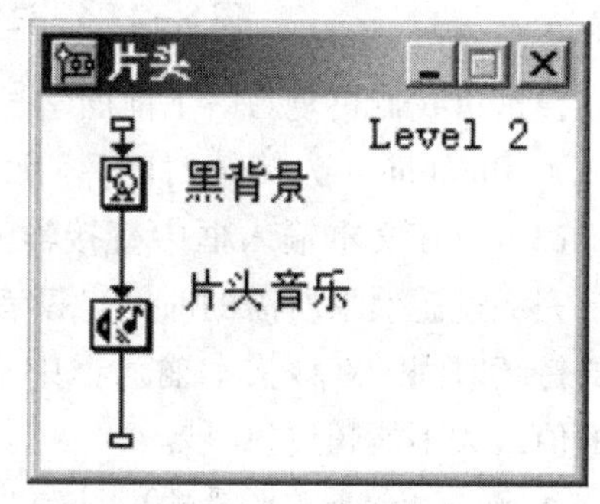

图8－2－2　导入音乐

② 从图标工具栏中拖动一个显示图标到流程线上，并命名为“字幕”，双击打开显示图标，在其中输入一行文字“计算机组装与维护—主板编”。为了使运行后的效果更加好看，我们可以做出立体效果，对刚刚输入的文字使用“复制”→“粘贴”命令，屏幕上将有两行文字，将原来的文字色彩改变为灰色，再将两行文字叠加在一起，简单的立体效果就出现了，如图8－2－3所示。

在这里有一个需要注意的地方，就是把音乐属性中的Concurrency选项设置为Concurrent，否则，程序将会等到这段音乐播放完成后才会往下运行。

计算机组装与维护--主板篇

图8－2－3　文字效果

过渡效果列表 Transition。在该列表中选择合适的过渡效果，并将该过渡效果应用到所选的图标上。

③ 接下设置文字的动画效果，这里我们不是通过移动图标来实现动画效果的，因为移动只是将文字在一个平面内移动，视觉效果比较呆板。而是通过设置文字的特效实现的，在显示图标“字幕”上单击右键，选择 Transition 命令或者按下 Ctrl + T 快捷键，程序弹出过渡特效对话框，在这里我们选择“激光展示 2”的特效，如图 8 – 2 – 4所示。

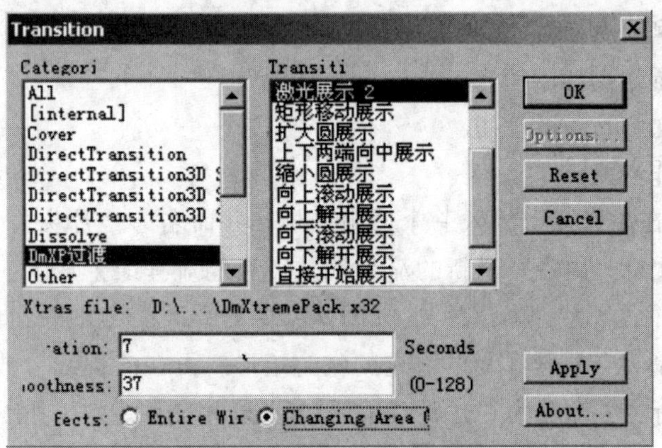

图 8 – 2 – 4　过渡特效选择

在这里我们再复习一下前面学过的几个重要选项的含义。

- Duration（为持续时间）。无论我们选择了哪一种过渡效果，用户都可以在文本输入框中直接输入数值、变量和数值型表达式来设定完成过渡效果所需的时间。读者可以使用 Authorware 中 Xtras 默认的持续时间。在该文本输入框中输入的数值、变量和数值型表达式的值最大不能超过 30 秒。
- Smoothness（平滑度）。该文本输入框设置的是过渡效果的平滑度，请读者注意，0 表示最平滑的过渡，数字越大，表示过渡效果越粗糙。过渡效果被视为较平稳的原因是在单位时间内，屏幕的一小部分发生了变化。例如，用户为一个显示对象选择了淡入的效果，并且设置了平滑度的值，在持续时间的基础上，该对象将在持续的时间内逐步显示像素。

④ 拖动一个等待图标放置于流程线上，并命名为“等待”，双击并对等待图标做如图 8 – 2 – 5 所示设置。我们选择 Mouse Click 和 Key Press，其作用是当最终用户按下鼠标或任意键，Authorware 结束等待，继续执行流程线上的下一个图标。

图 8-2-5　等待图标属性设置

⑤ 最后到流程线上放入一擦除图标，并命名为“擦除字幕”。擦除图标的设置相对来说较简单，这里就不再重复讲解了。最后，片头部分的制作就完成了，程序结构如图 8-2-6 所示。

Show Conunt-down 表示在等待的过程中是否要出现倒计时。Show Button 表示在等待的过程中是否要出现 Continue 按钮。

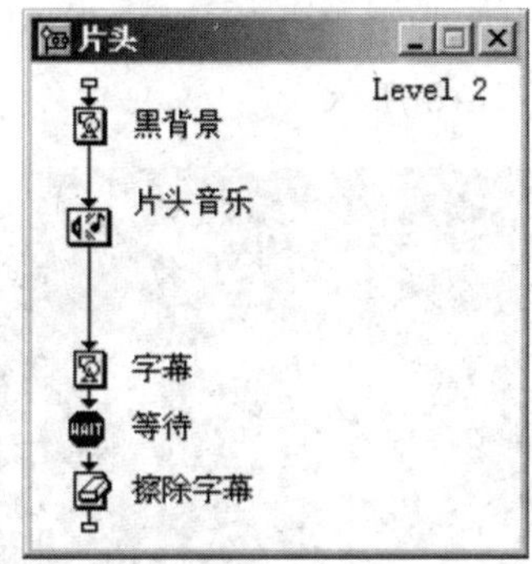

图 8-2-6　片头部分程序结构

完成后可以播放测试一下，是不是发现这个片头也很精彩呢。

8.2.2　程序的导航结构的搭建

实例 28　典型实例 2 应用第二步——程序导航结构搭建

本例要点：

◇ 交互图标的使用。

◇ 热区响应的使用。

操作步骤：

① 在流程线上放入一个群组图标，并命名为“主交互界面”，本程序中第一层交互都在这里面实现。双击打开“主交互界面”，出现一个新的流程线，在新的流程线上拖入一个计算图标，并命名为“选择背景音乐”，双击打开计算图标，在其中输入如图8-2-7所示内容，在这里我们用的是 MIDI 音乐作背景音乐，由于 MIDI 音乐不可以直接导入到 Authorware 当中，所以我们通过外置函数来调用 MI-DI 音乐。

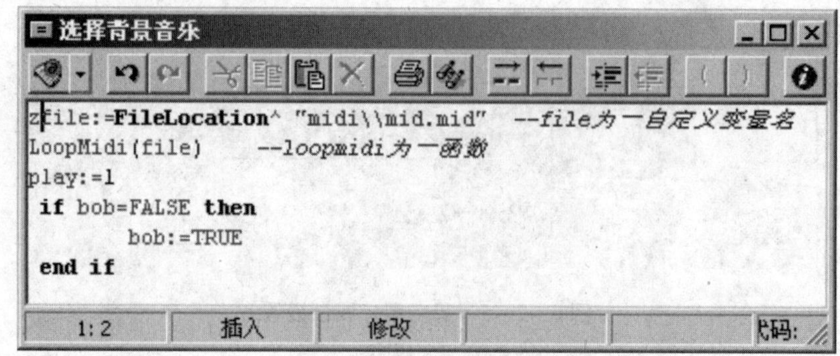

图8-2-7 调用音乐

② 向流程线上拖入显示图标，为了跟其他的主界面区分开了，我们把这个图标命名为“大主界面”，再打开该图标，导入一张图片作为主界面，如图8-2-8所示。

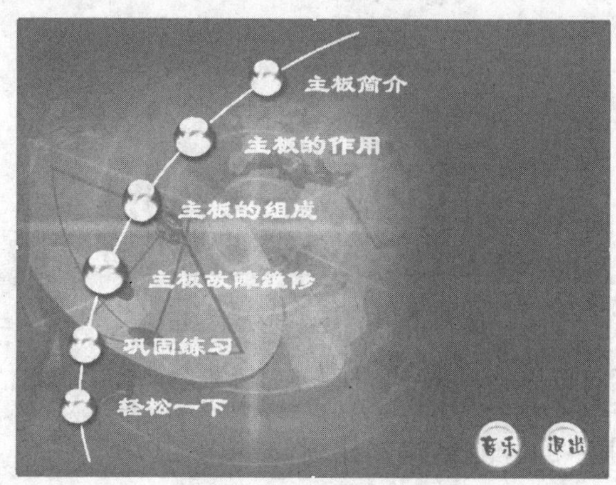

图8-2-8 导入图片

③ 从图标工具栏中拖动一交互图标到流程线上，并命名为“主交互”。再拖动一群组图标放到交互图标的右侧，程序弹出交互对话框，在这里我们选择Hot spot（热区响应），并将此群组图标命名为“简介over”，在这里面我们导入的是当鼠标移到主板简介文字上方的时候的显示效果图片。以同样的方法，再拖动一个计算图标放到交互图标的右侧，在这里程序会默认选择Hot spot类型，我们将此计算图标命名为“简介go”，程序结构图如图8-2-9所示。

Authorware支持的声音格式有MP3、SWA、PCM、AIFF和WAVE。虽然MIDI格式音乐经常作为多媒体课件的背景音乐，但Authorware当中不可以直接导入MIDI音乐格式。

热区响应匹配的鼠标动作有以下几种：Single-click，在热区内单击鼠标时产生响应；Double-click，在热区内双击鼠标时产生响应；Cursor in Area，当鼠标移至热区上方时产生响应。在此例中，我们设置最后一种响应方式。

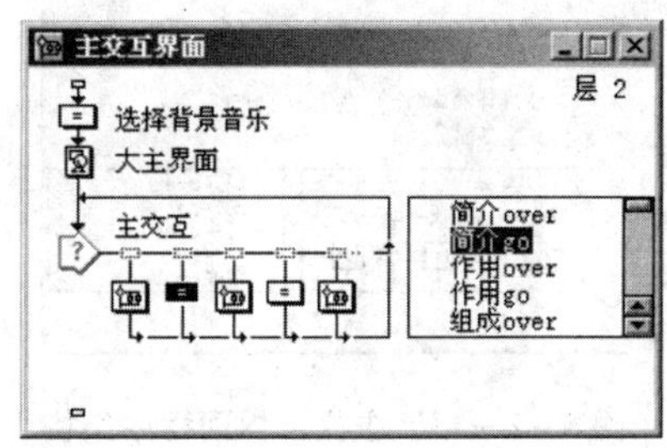

图 8－2－9　主交互界面程序结构

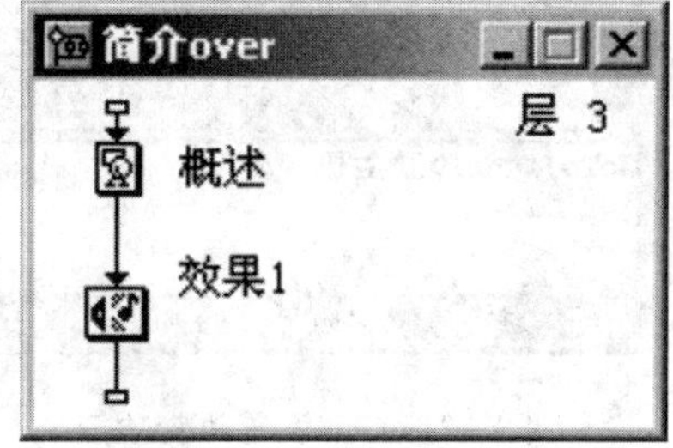

图 8－2－10　导入音效

④ 对于计算图标“简介 go”我们先不导入内容，双击打开群组图标“简介 over”，再从图标工具栏中拖动一个显示图标到流程线上，并命名为“概述”，在其中导入一张小的效果图片。再拖动一声音图标放到流程线上，在其中导入一个效果声音，如图 8－2－10 所示。

⑤ 接下来设置计算图标“简介 go”和群组图标“简介 over”热区响应的相关属性，在这里我们将计算图标“简介 go”响应类型设置为 Single－click，即在热区内单击鼠标时产生响应，将群组图标“简介 over”响应类型设置为 Cursor in Area，也就是当鼠标移至热区上方时产生响应，并将两者的 Cursor 选项都设置为手形形状，如图 8－2－11所示。

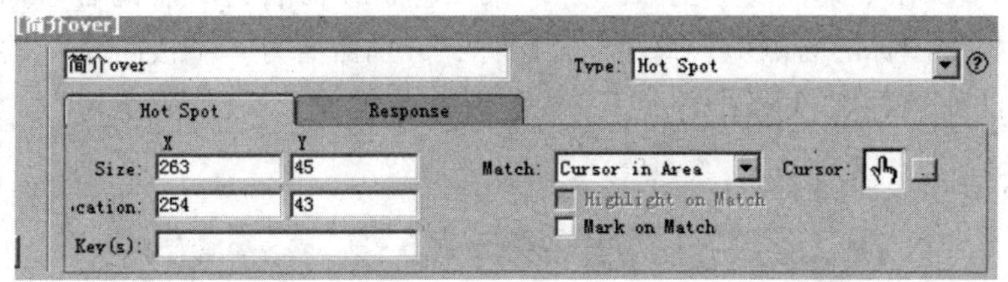

图 8－2－11　热区响应属性设置

⑥ 双击打开计算图标“简介 go”，在其中输入如图 8－2－12 所示的内容，作用是单击之后可以跳转到相关的内容页面，当然对不同的计算图标中输入的内容只需把引号中的内容修改一下就可以了。完成上述操作后，可以播放程序，调整热区响应的位置。以同样的方法来设置后面所有的分支结构，如图 8－2－13 所示。在这里，也许大家已经发现了一个问题，那就是在我们主交互界面这个群组图标里，没有实质性的内容，只是做了一些导航功能，具体的内容在其他图标中。

Cursor 设置鼠标移至按钮上方时的形状，单击旁边的按钮，系统弹出 Cursor 对话框，在鼠标列表框中可选择所需的鼠标形式，最后单击 OK 按钮，该鼠标形式就会出现在对话框的 Cursor 预览框中。在这里，跟前面的实例一样，我们选择最后一个手形形状。

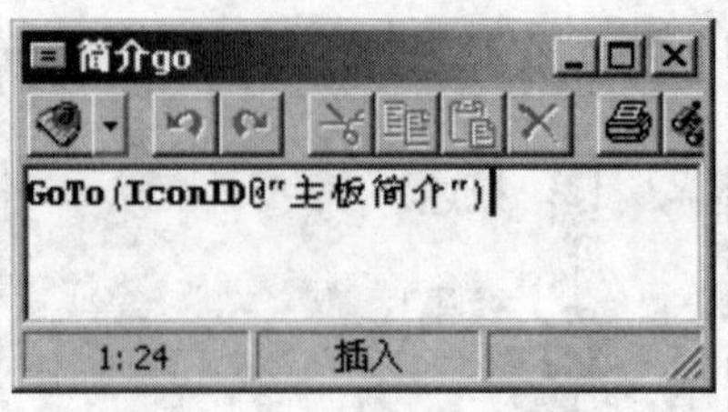

图 8－2－12　设置跳转功能

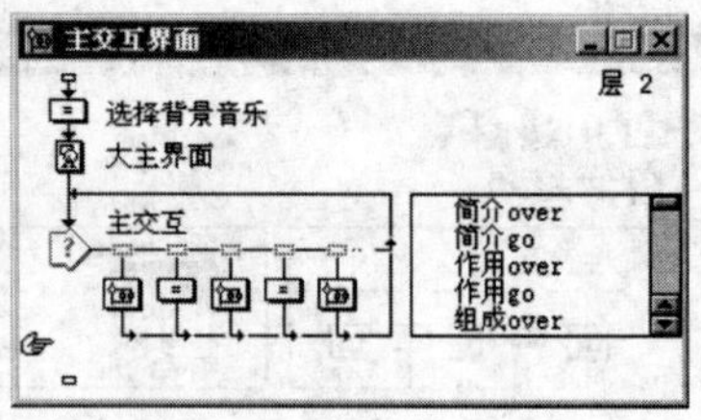

图 8－2－13　主交互界面程序结构

8.2.3　程序主体内容的完善

通过前面的学习，我们将本典型实例中的主体导航结构构建起来了，但仅仅是外部的导航作用，其中的实质性的内容都没有完善，接下来，我们将完善程序中的内容。

实例 29　典型实例 2 应用第三步——程序主体内容的完善

本例要点：

◇ 框架图标的使用。

◇ 计算图标的使用。

操作步骤：

① 在主流程线上拖入一个框架图标，并命名为“主内容”。再向框架图标的右侧拖入 5 个框架图标，分别命名为“主板简介”“主板的作用”“主板的组成”“主板故障维修”“巩固练习”，如图 8－2－14 所示。

由于 Authorware 不支持 MIDI 格式的音乐，在此我们通过外部函数来调用并控制 MIDI 格式音乐。

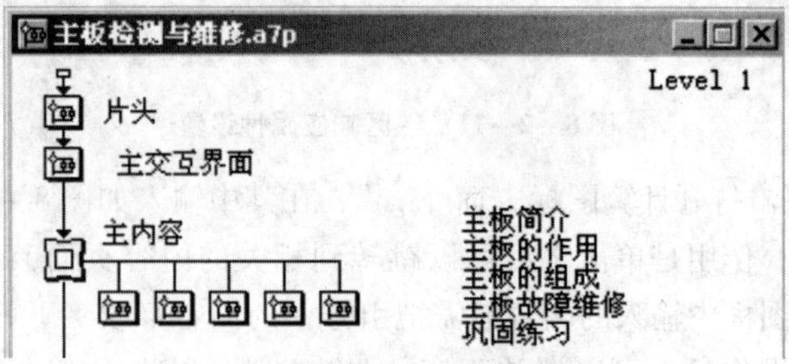

图 8－2－14　程序主结构

② 双击打开框架图标，到框架图标的流程中，导入如图 8－2－15所示的图标。计算图标“选择背景音乐文件 2”中输入如图 8－2－16 所示内容，其作用是选择背景音乐。

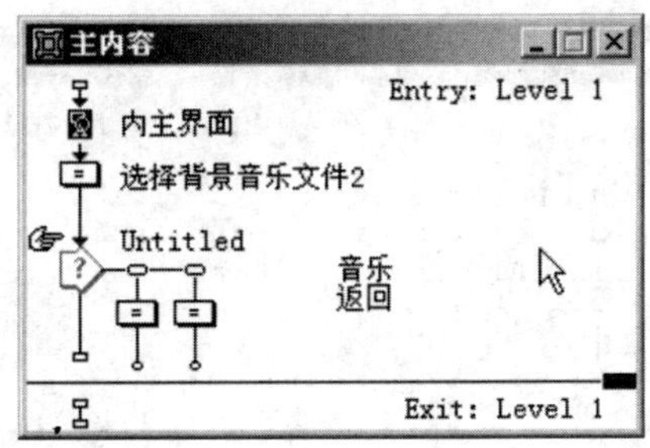

图 8-2-15　导入图标

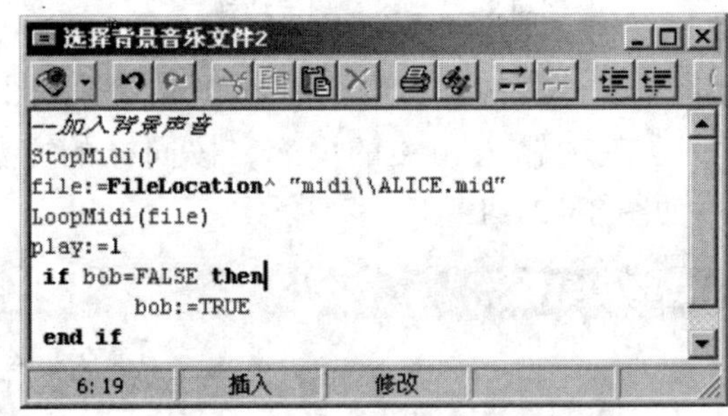

图 8-2-16　选择背景音乐

在计算图标“音乐”中输入如图 8-2-17 所示的内容，其作用是控制背景音乐的播放与停止。

图 8-2-17　控制音乐

③ 接下来开始完善框架图标右侧 5 个群组图标当中的内容，因为这里的步骤大同小异，所以只以群组图标“主板故障维修”为例进行说明。双击打开群组图标“主板故障维修”，在其流程线上拖入一框架图标并命名为“主板故障维修内容”，双击打开此框架图标，修改其中的内容，只保留“上一页”“下一页”两个导航交互，如图 8-2-18 所示。

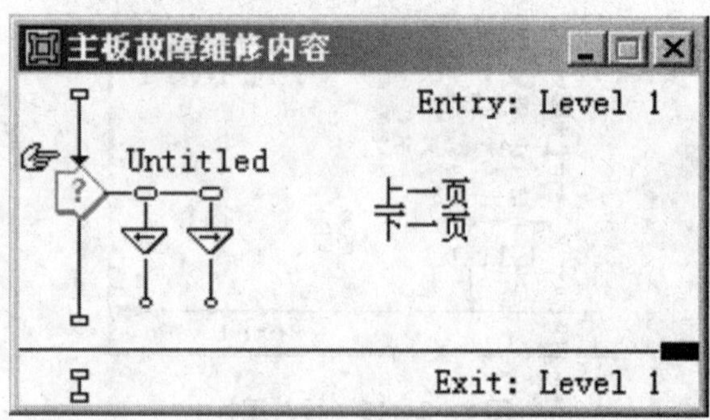

图 8－2－18　翻页按钮

④ 在框架图标“主板故障维修”右侧放入一显示图标，并命名为“故障 01”，在其中输入相关的内容，按同样的方法分别完善“故障02”……如图 8－2－19 所示。

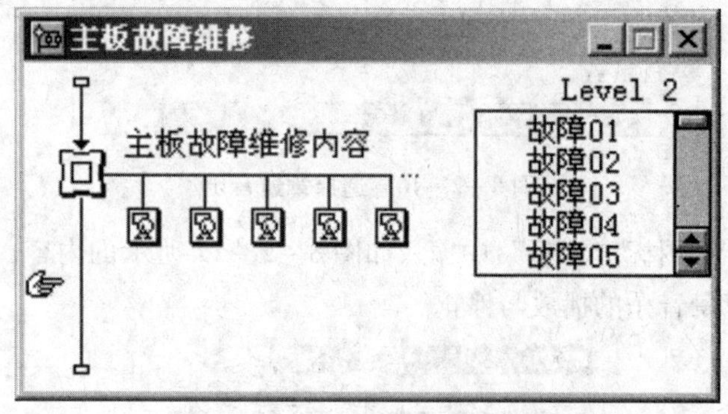

图 8－2－19　导入相关页面

导航图标用于实现框架图标内部的页与页之间的跳转，它与交互图标一起构成了框架图标的主要内容。创建一个框架图标之后，其中已经内置了 8 个浏览图标，用于进行顺序式的结点页管理，如向前一页、向后一页，或者是直接跳转到框架的第一页或最后一页等。

完成“主板故障维修”后，以同样的方法分别完成框架图标“主内容”右侧 4 个群组图标“主板简介”“主板的作用”“主板的组成”“巩固练习”中的内容，如图 8－2－20 所示。

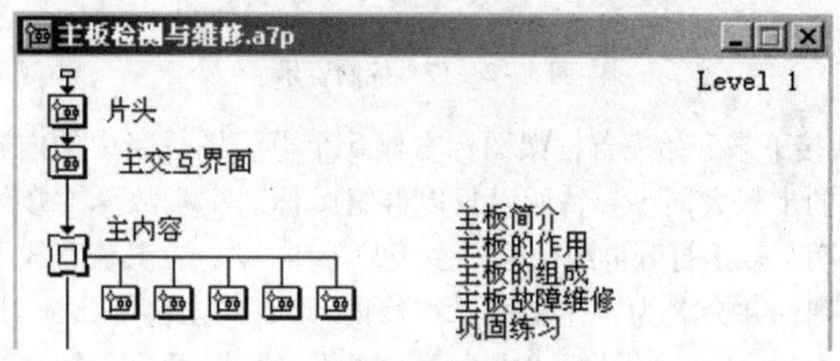

8－2－20　主内容程序结构

⑤ 由于“主板的组成”是本课件的主体内容且内容也比较多，因此，把它单独放到另外一个框架图标上。具体操作步骤与前面大

同小异，所以在这里就不再详细讲解。最后程序的总体结构如图 8 –2 –21所示。

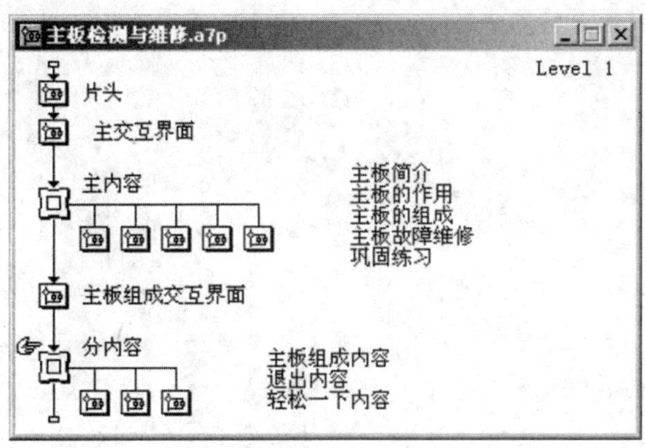

图 8 –2 –21　程序总体结构

对程序进行调试，运行程序，单击相关内容，如果有发现个别需要修改的地方则可以暂停程序，重新调整、完善，最后程序运行的画面如图 8 –2 –22 所示。

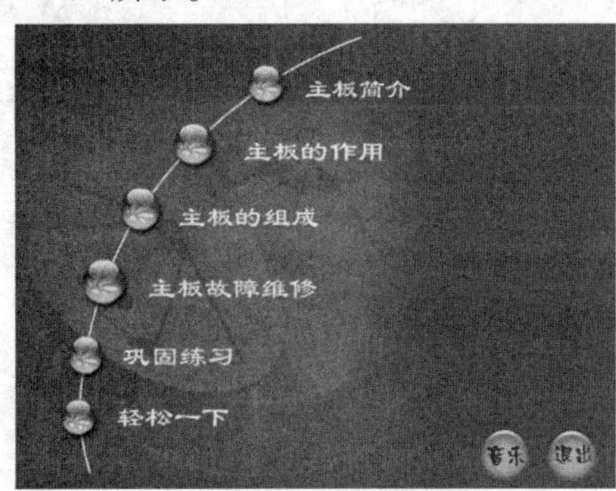

图 8 –2 –22　程序运行效果

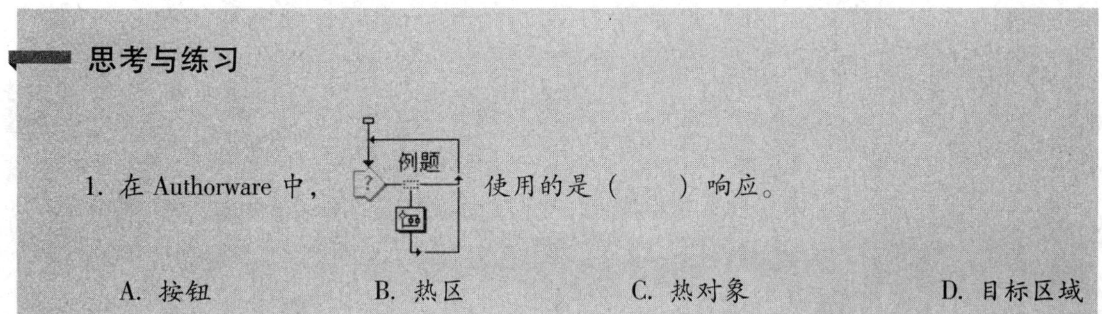

思考与练习

1. 在 Authorware 中，[例题] 使用的是（　　）响应。

A. 按钮　　B. 热区　　C. 热对象　　D. 目标区域

2. 在 Authorware 中要绘制一正方形，用面板工具 [工具 面板] 中哪个工具更合适（　　）。

A. □　　B. ○　　C. ▢　　D. ⏢

3. 如  [1. 美国教育协会视觉教育分会成立于（ ） ○1923 ○1924 ○1928 ○1926] 所示，在 Authorware 中完成的单选题，四个答案选项通过（　　）来实现最为合适。

A. 热区交互　　B. 按钮交互　　C. 热对象交互　　D. 目标区域交互

4. 在 Authorware 中做拼图程序，通常运用（　　）来实现。

A. 热区交互　　B. 按钮交互　　C. 热对象交互　　D. 目标区域交互

5. 在 Authorware 工具箱 [色彩] 中，（　　）修改文字的色彩。

A. 只有[文字颜色]可以　　B. 只有[填充颜色]可以

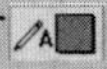

C.  [文字颜色]和[填充颜色]都可以　　D. 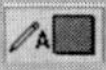 [文字颜色]和[填充颜色]都不可以

参考文献

［1］万华明，雷鸽，涂晶洁．多媒体技术实验教程．北京：科学出版社，2003.

［2］胡小强．虚拟现实技术与应用．北京：高等教育出版社，2004.

［3］吴玲达，老松杨，魏迎梅．多媒体技术．北京：电子工业出版社，2003.

［4］雷运发，田惠英，杨海军．多媒体技术与应用．2版．北京：中国水利水电出版社，2004.

［5］谢宝荣．多媒体软件创作案例教程．北京：电子工业出版社，2003.

［6］郑成增，陈志锋，石敏．多媒体实用教程．北京：中国电力出版社，2002.

［7］马华东．多媒体计算机技术原理．北京：清华大学出版社，1999.

［8］钟玉琢，沈洪，黄荣怀．多媒体技术：中级．北京：清华大学出版社，1999.

［9］钟玉琢，沈洪，黄荣怀．多媒体技术：高级．北京：清华大学出版社，1999.

［10］网冠科技．Director 8.0 时尚创作百例．北京：机械工业出版社，2001.

［11］余亚梅，王高娟，刘敏．课件大师多媒体制作系统 5.0（上篇）．武汉：凡高软件有限责任公司出品，2002.

［12］谢百治，马飞，夏仁康．多媒体教材制作与教学设计．北京：中央广播电视大学出版社，1999.

［13］万华明，涂晶洁．多媒体阶梯教室扩音系统的设计．中国教育技术装备，2002（6）．

［14］李香敏，夏守川，黎丽，等．多媒体教学系统组建与管理．北京：清华大学出版社，2002.

［15］汤庸，彭重嘉，区海翔．多媒体数据库与网络应用．北京：人民邮电出版社，2000.

［16］黎加厚．多媒体课件的设计、开发与应用．上海：上海教育出版社，2002.

［17］吴国勇，邱学刚，万燕仔．网络视频流媒体技术与应用．北京：北京邮电大学出版社，2001.

［18］刘远航，刘文开，丁启芬，等．现代远程教育系统原理与构建．北京：人民邮电出版，2002.